农业生态环境保护政策研究

朱平国　孙建鸿　王瑞波　编著

中国农业出版社
北　京

前　言

实施乡村振兴战略，是党的十九大作出的重大决策部署，是新时代做好“三农”工作的总抓手。习近平总书记指出，推进农业绿色发展是农业发展观的一场深刻革命。农业发展不仅要杜绝生态环境欠新账，而且要逐步还旧账。近年来，党中央、国务院围绕实施乡村振兴战略、打好污染防治攻坚战、推进农业绿色发展作出了一系列决策部署，取得了重大进展和突出成效。

当前，受新冠疫情影响，全球经济重挫、市场萎缩，我国进入以国内大循环为主体、国内国际双循环相互促进的新发展格局，适应新形势新要求，推动国内消费转型升级，支撑国民经济健康发展，满足人们对美好生活的迫切需要，必须把农业供给侧结构性改革作为主线，加快推进农业绿色高质量发展。

近年来，农业农村部农业生态与资源保护总站作为农业农村部从事农业资源环境保护与农村能源生态建设的事业单位，聚焦农业生态环境保护重点领域，组织开展了一系列政策调研工作，研究提出了许多对策建议，为支撑服务农业农村部相关司局业务、促进乡村振兴战略实施和农业绿色发展，提供了重要决策参考。

本书收录农业农村部农业生态与资源保护总站自2015年以来开展的部分政策调研成果，内容涉及农业面源污染防治、耕地重金属污染防治、循环农业发展、生态循环农业建设、农业废弃物资源化利用产业发展、农业生态补偿机制、监测预警体系建设、农村清洁能源开发利用、“两山”理论地方创新实践等方面。这些成果均属于首次公开发表，对于广大读者了解近年来我国农业生态环境保护工作开展情况、政策制定和实施效果及今后政策创设走向等，具有一定参考价值。

需要说明的是，由于本书收集的研究成果时间跨度比较大，同时也为了保持研究成果的独立完整，一些数据资料并没有进行更新，且各研究成果之间的部分内容和资料可能存在重复交叉之处，敬请广大读者谅解。

值本书出版之际，特别感谢农业农村部相关司局对我们开展政策研究工作给予的大力支持和指导，有关地方政府部门为我们开展实地调研提供的积极协助，相关专家学者为我们开展政策课题调研提供的素材数据和咨询服务。由于编者水平和能力有限，本书收录的研究成果难免存在缺漏，敬请广大读者给予批评指正。

编　者

2021年3月

目　　录

农业面源污染防治研究

（2015 年）

随着我国农业集约化程度的不断提高和养殖业的迅猛发展，化肥、农药等农业投入品过量使用及畜禽粪便、农作物秸秆和农田残膜等农业废弃物不合理处置导致的农业面源污染问题日益突出，严重制约着农业和农村经济的可持续发展。但同时应看到，农业集约化、规模化生产使污染源相对集中，治理成本降低；且节水灌溉、测土配方、统防统治等实用技术的推广，也为农业面源污染防治创造了有利条件。本报告主要包括 3 个方面：一是阐述我国农业面源污染的现状及其成因；二是剖析农业面源污染的影响，及当前面源污染防治工作存在的主要问题；三是对我国面源污染防治的对策与建议。由于农产品产地重金属污染具有农业面源污染的某些特征，在报告中也予以关注。

一、我国农业面源污染总体形势

（一）农业面源污染特征

目前，对农业面源污染的定义不尽相同，我们认为，农业面源污染总体上是，由于化肥、农药、地膜、饲料、兽药等化学投入品使用不当，以及作物秸秆、畜禽废弃物、农村生活污水、生活垃圾等农业（或农村）废弃物处理不当或不及时，造成的对农业生态环境的污染。农业面源污染造成的危害主要有 3 个方面：一是危害水体功能，影响水资源的可持续利用，表现为地表水的富营养化和地下水的硝酸盐含量超标；二是危害农田土壤环境，影响土地生产能力和可持续利用能力，表现为土壤有害物质超标和土壤结构遭受破坏；三是危害农村生态环境，影响农村居民的生活环境质量。

面源污染是与点源污染相对而言的，又叫非点源污染。农业面源与工业点源污染有 4 个本质区别：一是排放形式具有分散性。面源为分散排放，点源为集中排放，面源的污染“密度”远远低于点源。二是污染物具有资源性。农业排放的主要污染物是氮、磷和有机物，利用好了是营养资源，而工业排放的污染物则五花八门，有些会对人体造成严重损害。三是进入环境的过程具有间接性。以进入水体为例，点源通过排污口直接进入水体，面源则先经过土壤的缓冲，再由地表径流或雨水淋溶进入水体。四是排放动机具有非主观性。工业排放污染物是生产末端所产生的废物，处理起来需要增加费用，使得工业企业具有偷排、超排的动力；而农业排放污染物则多为生产原料（如农药、化肥等），农业被动排放隐含着排放主体（农户）生产成本的增加。

（二）我国农业面源污染形势

第一次全国污染普查显示，2007 年全国农业源的化学需氧量（COD）排放量、总氮排放量和总磷排放量分别达到 1 320 万吨、270 万吨和 28 万吨，分别占全国排放总量的 43.7%、57.2%和 67.4%。其中，畜禽养殖源 COD 占农业源 COD 的 96%，是农业面源污染的主要“贡献者”。近年来，在全国普查的基础上，农业部进行了典型调查与定位监测，结果显示，2012 年全国农业源 COD 排放量、总氮排放量和总磷排放量分别比 2007 年有所增加，畜禽、水产养殖，化肥、农药和农膜等农用化学品投入是污染主要来源。需要特别指出的是，从农业行为到农业排放，再到最终影响环境，并不是简单的直接因果关系。例如，判断农业面源污染对水体的影响，关键的指标不是化学品投入量及由此核算的排放量，而是污染物进入河流、湖泊的量。我国农田化肥中 35%的氮在当季被作物吸收，剩余部分被农田沟渠、缓冲带、湿地或下季农田所消纳利用；最终，仅约 5%通过地表径流进入地表水体，2%通过淋洗进入地下水体。因此，虽然我国农业源污染物排放总量较高，但真正进入水体的量非常有限。

现阶段农业面源污染形势总体严峻，并存在一些特殊性，需要认真研判、精确施策。

1. 养殖业集约化程度越来越高，由于畜禽粪便等废弃物资源化利用率较低，污染排放呈上升趋势 近几年，我国畜禽养殖总量不断增加，2013年全国生猪出栏超过7亿头。同时，规模化、集约化快速发展，生猪年出栏500头以上的规模养殖比例达到40.8%。与此同时，养殖废弃物处理设施建设却相对滞后，大量畜禽粪便难以得到及时处理或利用，使得畜禽养殖废弃物由传统农家肥变成了污染物。此外，我国的水产养殖规模也在迅速扩大，1978年水产品总量为465.4万吨，其中人工养殖占26.1%；2013年水产品总量达到6 172万吨，人工养殖占到73.6%，水产养殖中大量饵料、鱼药投放造成水环境污染。

2. 主要粮食作物化肥施用量基本合理，蔬菜和瓜果等经济作物中过量施用化肥现象比较突出，总体上化肥消费增长率在下降，但化肥投入量仍然偏大 自2007年以来，我国化肥消费量年度增长率和三年增长率均呈下降趋势。其中，年度增长率由2007年（与2006年相比）的3.7%下降到2013年（与2012年相比）的1.3%，三年增长率由2007年（与2004年相比）的10.2%下降到2013年（与2010年相比）的6.3%。2013年，我国化肥施用量为5 912万吨，占世界的35%，按照20.3亿亩[①]耕地计算，平均单位面积化肥施用量达436.8千克/公顷。值得指出的是，目前我国主要粮食作物化肥施用量约为212千克/公顷，已经低于环境安全上限（发达国家为防止水体污染所设置的化肥施用量安全上限值为225千克/公顷），但果树、蔬菜的化肥平均施用量分别为555千克/公顷、365千克/公顷远高于环境安全要求，是当前化肥不合理施用的主要方面。

3. 单位面积农药使用量高于世界平均水平，但低于美国等发达国家；总体使用量趋于稳定，但利用率偏低 近年来，我国农药使用量稳定在32万吨（有效成分）左右，占世界农药总用量的1/7，高于我国土地面积占世界耕地面积的比例，这与我国土地复种指数高有关系。一方面，我国单位面积农药使用量高于世界平均水平，但低于美国、以色列、日本等发达国家。根据联合国粮农组织的统计，目前发达国家单位面积农药使用量是发展中国家的1.5～2.5倍。另一方面，我国当前农药利用率偏低，仅35%。残留农药经过降水、地表径流和土壤渗滤进入水体中，会导致土壤和水环境质量的恶化，破坏生态、影响生物多样性。第三方面，每年数十亿个农药包装物被随意丢弃于水体或田头，包装自身及其中携带的部分农药残留对农村环境和居民健康造成潜在威胁。

4. 地膜回收率较低，破旧地膜残留问题仍有待破解 我国地膜使用总量和作物覆盖面积均高居世界第一位。2013年，全国农膜用量为249.3万吨，由于超薄地膜的大量使用及残膜回收再利用技术、机制欠缺，"白色革命"逐步演变为"白色污染"，农田地膜残留污染问题日益突出。据农业部监测结果显示，农田地膜年残留率达19.7%，全国每年农田地膜残留量新增达12.10万吨。农田地膜残留危害严重，影响土壤结构，降低耕地质量；影响出苗，造成减产；影响农机作业，造成播种和施肥质量下降；牲畜误食不断发生，危害牲畜健康。

5. 农作物秸秆综合利用率偏低，循环利用能力亟待提升 农作物秸秆是用途丰富的农业资源。据推算，2013年全国秸秆总产量及其可收集利用量分别为9.64亿吨和8.19亿吨，实际利用量约6.22亿吨，综合利用率仅为76%。随着农用能源结构的变化，农作物秸秆在生活用能源中所占比例愈来愈少，多余秸秆仅两条出路：一是就地焚烧，造成空气污染，降低大气能见度，妨碍交通，危害人体健康；二是弃之田沟，或堆入河沟、湖中，经风化、雨淋与腐烂，秸秆中的有机物进入水体造成污染。

6. 农村垃圾污水随意排放，环境状况堪忧 据测算，我国农村生活垃圾每年产生量大约2.8亿吨、生活污水产生量90多亿吨。在广大农村地区，生活污水和垃圾一直处于无人管理的状态，污水

① 亩为非法定计量单位，1亩≈667米^2。

渗漏、垃圾随河水漂流，严重污染了地下水源及河道。农村生活污水大部分没有经过任何处理，直接排放到河流等水体中，造成地表水和地下水污染。在一些重点流域，农村生活污水和垃圾处理率低，处理设施建设不能满足污染减排要求。

7. 我国耕地土壤重金属污染形势不容乐观，防治工作亟待加强 根据环境保护部和国土资源部的调查结果，我国耕地污染超标率为19.4%，主要污染物为镉、镍、铜、砷等，其中轻微污染13.7%、轻度污染2.8%、中度污染1.8%，重度污染仅为1.1%。自2001年以来，农业部也先后进行了4次区域性调查，总调查面积4 380多万亩，超标面积约为447万亩，总超标率为10.2%，重度污染比例低于1%。由于我国耕地重金属污染主要为轻中度污染，采取以农艺措施为主的重金属污染治理措施后，取得效果较明显。例如，湖南省通过“VIP”综合技术（V品种替代、I灌溉水清洁化、P土壤pH调整），在治理产地土壤镉含量0.5毫克/千克的条件下，基本可实现稻米安全生产。但总体来看，由于土壤重金属污染的复杂性及现行评价指标体系的不完善，全国土壤重金属污染家底不清、污染过程及机理不明、防治技术缺乏等问题仍然突出。因此，耕地重金属污染防治工作任重而道远。

（三）农业面源污染的成因

农业面源污染排放不能简单地从农户个体因素去解释，需要从农户所处的制度约束和激励中寻找农业面源污染排放的原因。从制度上可归结为耕种文化和传统、政策环境、农业经营方式、农业市场资源配置4个方面。

1. 我国农业生产正处于转型中，还没有转向生态友好型农业 我国传统农耕文化十分注重平衡和协调，具体表现为两个方面：一是农业活动尊重自然规律，农民以四季、月令、节气作为安排农事活动的主要依据，讲究“顺天时，量地利”，遵照四时之律，以达到“五谷实、草木多、六畜旺、国富强”。二是讲究循环，既包括耕作方式上的循环，又包括物质的循环。例如，我国很早就出现了“田莱制”“易田制”为代表的轮作模式，并强调“人从土中生，食物取之于土，泻物还之于土”。然而，在传统农业向现代农业演进的数千年里，农业制度的变迁基本上沿着产出最大化的路径，以满足不断增长的人口需求，很少考虑生产活动对环境可能带来的不利影响。特别是自20世纪中期以来，伴随着人口的急剧增长，“化学农业”“石油农业”带来产量上更大收获的同时，也给我国农耕传统带来了颠覆性的冲击；同时，其带来的环境与生态问题日益显现。

2. 农业经营方式演变对环境产生负面影响 一方面，尽管农业经营主体从单一走向多元，新型主体不断涌现；但是农户仍然是中国农业生产的基本经营单位，小规模的家庭农场经营方式也将会在相当长的时期延续下去。小规模的家庭经营方式往往需花费更高的成本来使用环境友好型技术，不利于农业面源污染的防治。另一方面，大量研究表明，随着畜禽养殖业由散养向专业化养殖转变，种养结合下的循环农业往往难以实现，畜禽废弃物的利用率逐渐下降，畜禽粪便对环境的污染日趋加重。畜禽养殖污染防治举步维艰的主要原因有3个：第一，目前环境政策规制的对象主要是工业污染源，针对农业污染特别是畜禽养殖污染的政策措施、排放标准、监管机构都存在一定的真空区域；第二，养殖专业化后，种养分离较为普遍，还田利用率降低；第三，市场波动、疫情频发等因素致使我国畜禽养殖企业本身的生存和发展能力有限，更无暇顾及污染防治。

3. 市场的逆向激励不利于环境友好型农业的发展 市场机制直接地影响农户的决策行为，不当的市场激励会加剧农业面源污染的产生。近年来，随着我国城镇化的快速发展，大量农村劳动力获得非农就业的机会，农业俨然已成为农民的“副业”。农民不愿意将劳力分配到繁重而收效较慢的劳作中；如相比使用农家肥，更加愿意选择省事、见效快的化学肥料。在主要粮食作物的种植过程中，化学物资的大量使用造成了污染，还使得畜禽粪便没有合理的出路，变“宝”为“废”。另外，由于市场不完善、信任缺失，导致环境友好型农产品存在“柠檬市场”，优质农产品难以获得应有的溢价。

4. 部分政策间接鼓励了化学品的过量使用 一方面，我国人多地少，土地的细碎化使得测土配方、合理轮作、统防统治等环境友好型技术措施实施的成本极大；同时，土地流转制度的不完善，土地租赁行为的短期性和非合约化，使农户对于承包的土地更倾向于采取掠夺式生产。另一方面，近年来我国为促进农业发展、农民增收出台了大量惠农政策，这些政策在带来增产和增收效果的同时，一定程度上加重了农业面源污染。例如，对化肥等农资在生产、运输和消费等环节实施的优惠和补贴政策，刺激了化肥的过量使用。由于长期过度的化学投入，土地持续生产力下降；为保证产量，又得增加化学投入；农业发展进入“化学陷阱”。

二、我国农业面源污染防治工作进展和存在问题

（一）工作进展与成效

近年来，各级农业部门在保障农业发展的同时，大力开展农业面源污染综合防治工作，取得了积极成效。

1. 强化农业面源污染监测与综合防治能力建设　在全国初步建立了由270余个定位监测点组成的农业面源污染监测网络，在北方农田残膜污染严重的省份建立了由210个监测点组成的地膜污染监测网络，定期开展定位监测与典型调查，基本实现了农业面源污染监测的常态化和制度化。结合公益性行业（农业）科研专项等科技项目，在太湖、巢湖、洱海和三峡库区等重点流域，实施畜禽养殖废弃物及农业氮、磷污染综合防治示范区建设，积极探索流域农业面源污染防控的有效机制。

2. 大面积推广普及节肥节药技术　2005—2013年累计投入71亿元，建设测土配方施肥项目县（场、单位）2 498个，技术推广面积达到14亿亩，三大粮食作物氮肥当季利用率达到33%，比测土配方施肥补贴项目实施前提高了5个百分点；设立106个国家级绿色防控示范区，辐射带动绿色防控面积达5亿亩以上，实施区化学农药使用量普遍下降30%以上；陆续淘汰了甲胺磷等33种农药，鼓励使用生物农药、高效低毒低残留农药；推行专业化统防统治，累计实施统防统治面积12亿多亩次，小麦、水稻重大病虫统防统治覆盖率达到25%左右，项目区农药使用量降低了15%～25%。

3. 积极推进畜禽、水产养殖污染防治　在畜禽养殖污染防治方面，2012年，农业部会同环境保护部印发了《全国畜禽养殖污染防治“十二五”规划》，提出了一批畜禽养殖污染治理重大工程；2014年，《畜禽规模养殖污染防治条例》施行，依法推进畜禽养殖废弃物综合利用和无害化处理；2007—2013年，中央投入216亿元对部分规模化生猪、奶牛养殖场（小区）进行了标准化改造，有效带动了养殖场粪污处理设施建设；2010年，启动全国畜禽养殖标准化示范创建活动，创建了一批国家级标准化示范场，研究推广了一系列畜禽养殖粪污治理技术和模式；因地制宜发展农村沼气，全国沼气用户达到4 300多万户，沼气工程9.2万处，年处理粪便污水能力达到16亿吨。

在水产养殖污染防治方面，自2009年起开始实施水产养殖节能减排技术示范，形成了海水工厂化循环水养殖模式等多项技术模式，可减少养殖废水排放90%；开展了循环水生态健康养殖技术示范，基本可做到污水零排放，节水90%以上。

4. 开展农村清洁工程和农业清洁生产示范建设　全国建成农村清洁工程示范村1 600余个，生活垃圾、污水、农作物秸秆、人畜粪便处理利用率达到90%以上，化肥、农药减施20%以上，有效缓解了农业面源污染。2012年，农业部会同国家发展和改革委员会、财政部启动了农业清洁生产示范项目，在新疆、湖南、山东等8个省份，开展废旧地膜回收利用、生猪清洁养殖和蔬菜清洁生产等示范建设，积极解决农业生产过程中废弃物不合理处置和利用造成的环境问题。2013—2014年继续在新疆、甘肃、山东、吉林等10个省份开展以地膜回收利用为主的农业清洁生产示范项目，支持开展加厚地膜推广、地膜回收网点和废旧地膜加工能力建设，积极解决农田“白色污染”问题。

5. 大力推进秸秆综合利用　2008年，国务院办公厅下发了《关于加快推进农作物秸秆综合利用的意见》（国办发〔2008〕105号）后，农业部与国家发展和改革委员会作为牵头部门，积极会同有关部门大力推进秸秆综合利用工作。2011年，国家发展和改革委员会、农业部、财政部编制印发了

《“十二五”农作物秸秆综合利用实施方案》，大力推进秸秆资源肥料化、饲料化、原料化、基料化、燃料化等多途径利用。目前，我国主要秸秆可收集量约8.1亿吨，利用量约6.0亿吨，综合利用率达到74.1%，在秸秆可收集量较2008年增加1.23亿吨的情况下，秸秆综合利用率提高了5.4个百分点。

6. 加强农业面源污染防治的科学研究 先后启动公益性行业（农业）科研专项“农业清洁生产与农业废弃物循环利用技术集成与示范”“主要农区农业面源污染监测预警与氮磷投入阈值研究”“典型流域主要农业源污染物入湖负荷及防控技术研究与示范”等项目，从农业面源污染的产生机制、排放特征、迁移转化规律、循环利用、农业清洁生产、防治技术及综合示范等方面进行了系统研究，初步形成了一批成果，为全国农业面源污染防治提供了技术支撑。

7. 推进产地土壤重金属污染综合防治 制定了《农产品产地环境安全管理办法》。2012年，农业部会同财政部启动了全国农产品产地土壤重金属污染综合防治工作，中央安排资金8亿元实施全国16.23亿亩农产品产地土壤重金属污染普查，总点位数达130万个，同时布设15.2万个国控监测点开展监测预警工作。针对“镉大米”问题，农业部印发了《稻田重金属镉污染防控技术指导意见》和《稻米镉污染超标产区种植结构调整指导意见》，指导稻米安全生产。2014年，中央财政投入11.56亿元，用于农业部会同财政部启动实施湖南长株潭地区重金属污染修复及农作物种植结构调整试点工作。

（二）存在的主要问题

虽然我国面源污染防治力度不断加大，但由于我国工作起步较晚、基础较弱，仍存在诸多问题。

1. 施肥不均衡现象比较普遍 我国化肥的当季利用率仅33%左右，远低于发达国家50%的水平；果树、蔬菜等经济作物不合理施肥的问题尤其突出。以氮肥为例，我国小麦、水稻、玉米氮肥施用量分别为每公顷210千克、210千克、220千克；蔬菜和果树氮肥施用量分别为每公顷388千克和555千克。不同区域间施肥不均衡，施肥过量与施肥不足并存。以粮食作物为例，当前我国水稻氮肥施用量平均每公顷210千克，但长江中下游地区为每公顷228千克，江苏、浙江等省份过量施肥尤其突出。施肥不合理造成的环境问题日益严重，突出表现在一些高投入集约化生产区，如东部沿海区、大中城市郊区，面源污染继续加重，对地表水体造成严重威胁；土壤酸化的问题加剧了病虫害的发生和土壤重金属污染；NO_2等温室气体排放增加、NH_3挥发增多，加剧了大气灰霾发生。

2. 农药过度使用突出，防治基础设施落后 目前，农民一家一户分散经营农田，由于文化程度和技术水平有限，加上治虫防病心切，不依照防治指标用药，往往盲目用药和擅自增加用药次数、用药量等。有的农民不适时用药，病虫危害猖獗时则不得不增加用药品种、加大药量和缩短间隔期用药，对人畜和环境造成严重危害和污染。另外，喷药使用的喷雾器多是七八十年代的老式器械，“跑、冒、滴、漏”现象严重，用药工艺落后，也加大了用药量，进而导致农药通过流失飘移造成环境污染问题。

3. 畜禽养殖污染物治理滞后，污染防治压力大 畜禽养殖业源污染物（COD）排放量已成为我国农业面源污染的主要来源，是造成水体富营养化和部分地区水环境质量下降的重要原因。随着人口增长、城镇化推进、居民生活水平改善，畜产品需求仍呈增长态势，这就意味着一定时期内我国畜禽养殖污染排放具有刚性，污染防治工作将面临刚性增长导致的增量控制和治理滞后导致的旧账偿还的双重压力。

4. 农田地膜残留回收手段落后，回收效率低，科技支撑不足，缺乏有力的税收优惠 根据2011年新疆、甘肃两个省份农业环保站监测调查的结果，常年覆膜区域平均每亩地膜残留量介于5～20千克，最高可达39.8千克。回收手段落后，主要靠人工捡拾，成本高，在西北地区每亩超薄残膜捡拾成本高达50元，并且回收率低；地膜回收机械技术不过关，机械回收面积小，与根茬等混合回收，难利用。对地膜污染治理缺乏系统科学研究，缺乏有力的税收优惠、财政支持等政策措施，企业无利可图，难以建立以企业为主体的回收利用体系。重推广应用、轻污染治理，对地膜回收的监督管理和监测评估工作薄弱。

5. 秸秆循环利用能力提升不足，直接还田规模化实施受限，秸秆产业化利用步履维艰，政策激励及投入扶持明显不足 据调查，目前全国70%以上农业园区为单一种植业或单一养殖业，其他的农业园区虽然种养兼营，但大多数却又难以实现种植规模与养殖规模的合理匹配。农作物机械收获与秸秆还田综合作业配套能力不高，90%以上的秸秆直接还田采用低水平的旋耕混埋还田，使大量秸秆常年积累于地表和表层土壤内，直接影响到秸秆还田效果和后茬农作物播种。秸秆产业化利用发展缓慢，收储运系统尚处于自发形成的起步阶段，缺乏科学的规划指导。无论是国家还是各地政府的投资扶持，都局限于试点示范引导层面，缺乏普惠性的投资扶持，很难做到对秸秆综合利用的全面推动。

6. 农产品产地土壤污染总体分布和程度尚不清楚，缺乏适合大面推广的技术模式和修复措施，种植结构调整影响因素复杂，相关政策支持的长效机制仍未建立 就农产品产地土壤重金属污染而言，总体底数仍然不清，相关的修复治理和种植结构调整工作仍缺少基础支撑。虽然建立了一些技术模式和修复措施，在局部开展了零星的试点示范，也取得了一些成效，但仍难以达到大面积推广应用的要求。改变农艺措施、调整种植结构、划定农产品禁止生产区等均存在增加农民生产成本或者降低收益的可能性，如何在保障农民利益的前提下确保农产品质量，还缺乏相关的农业生态补偿等长效机制。

三、我国农业面源污染防治的思路和重点任务

"十三五"期间农业面源污染防治的总体思路：以科学发展观为指导，全面贯彻党的十八大和十八届三中、四中全会精神，牢固树立建设生态文明的理念，坚持节约资源和保护环境的基本国策，以保障国家粮食安全和促进农民增收为核心，以促进农业资源永续利用和生态环境不断改善为目标，以规范投入品使用、治理环境污染、修复农业生态为手段，坚持农业面源污染防治与农业生产相统筹，坚持内源污染治理与外源污染防控相协同，坚持政府引导与社会参与相结合，着力推进农业发展方式转变，协同做好农业发展和农业面源污染防控，实现生产发展、生活提高、生态良好的有机结合，不断提升农业生态文明程度。

工作重点：在摸清底数、试点示范的基础上，探索化肥、农药、畜禽粪便、秸秆、地膜、耕地重金属6类农业面源污染问题的治理模式和运行机制，突出重点，有计划、分步骤实施6大战略行动计划，全面推进"一控、二减、三基本"的战略目标，加强农产品产地土壤重金属污染修复治理，有效保障粮食和主要农产品供给安全、农产品质量安全和农产品产地安全。

1. 实施化肥施用量零增长行动 转变发展方式，推进科学施肥，减少不合理化肥投入，力争到2020年，测土配方施肥技术推广覆盖率达到90%以上，主要农作物化肥利用率达到40%以上，化肥施用量控制在6 000万吨以内，农作物化肥施用总量实现零增长。按照"控、调、改、替"的路径，控制化肥投入数量，调整化肥施用结构，改进施肥方式，推进有机肥替代化肥，确保化肥减量目标的实现。重点是深入推进测土配方施肥，扩大测土配方施肥项目的实施范围和规模，继续抓好取土化验、田间试验等基础工作，支持专业化、社会化配方施肥服务组织发展，推进农企合作，提高配方肥到田率。推广新肥料新技术，加快高效缓释肥、水溶性肥料、生物肥料、土壤调理剂等新型肥料的应用，集成推广种肥同播、机械深施、水肥一体化等科学施肥技术。有效利用有机肥资源，推广秸秆还田，鼓励和引导农民积造施用农家肥，推广应用商品有机肥，提高有机肥资源利用水平。

2. 实施农药使用量零增长行动 依靠科技，创新思路，实施农药减量控施，推进病虫害专业化统防统治和绿色防控，推广高效低毒农药和高效植保机械，力争到2020年，主要农作物病虫害绿色防控覆盖率达到30%，全面禁止高毒、高风险农药使用，化学农药使用量控制在30万吨以内，农作物农药使用总量实现零增长。按照"控、替、精、统"的路径，有效控制农药使用量，推进高效、低

毒、低残留农药替代高毒、高残留农药和高效大中型药械替代低效小型药械，推行精准用药，实施病虫统防统治，提高防治效果，实现农药减量控害。继续开展高毒农药定点经营试点，建立高毒农药可追溯体系。扩大低毒生物农药示范补贴试点范围，发挥示范带动作用。加强农药使用安全风险监控和农药残留监控。推动农作物病虫害统防统治和绿色防控，积极引导优先采用生态控制、物理防治和生物防治措施；强化农药生产者责任，建立农药包装废弃物回收制度，实现无害化处理。

3. 实施秸秆基本资源化利用行动 加大示范力度和政策引导力度，分区推进秸秆全量化利用，到2020年，秸秆综合利用率达到85%以上，粮食主产省份实现秸秆全量化利用。按照“禁、用、产、全”的路径，推进秸秆全量化利用。禁止秸秆露天焚烧，严格秸秆禁烧执法管理，加强督促检查，加大实时监测和现场执法力度，依法查处违规焚烧行为。以秸秆肥料化、饲料化、基料化利用为主，推进秸秆循环利用，积极发展秸秆新能源和原料工业。实施秸秆机械还田、青黄贮饲料化利用，建设秸秆气化集中供气、供电站、秸秆固化成型燃料供热、材料化致密成型等工程。建立秸秆综合利用长效机制，配置秸秆还田深翻、秸秆粉碎、捡拾、打包等机械，建立完善的秸秆收储运体系，加快秸秆综合利用的规模化、产业化发展。在京津冀等重点地区率先实现秸秆全量化利用，为全面实施秸秆全量化利用提供经验和借鉴。

4. 实施地膜基本资源化利用行动 加快推广使用加厚地膜，防治“白色污染”，到2020年，化学地膜覆盖面积控制在3亿亩以内，当季地膜回收率达到80%以上，实现资源化利用。按照“标、推、收、降”的路径，综合治理地膜污染。加快加厚地膜标准制修订和推广使用，加大财政对地膜回收利用农业清洁生产示范项目支持力度，建设一批农田残膜回收与再利用示范县，扩大新标准地膜推广补贴试点范围，扶持建设一批废旧地膜回收加工网点，逐步健全废旧地膜回收加工网络。加快推进地膜残留捡拾和加工机械产学研一体化，统筹资金、技术和监管措施，强化地膜监管和责任考核。开展可降解地膜覆盖试点验证工作，加快可降解地膜研发和推广。

5. 实施畜禽粪污基本资源化利用行动 按照农牧结合、种养平衡的原则，科学规划布局畜禽养殖，到2020年，75%以上的规模化畜禽养殖场（小区）配套建设废弃物储存处理利用设施，基本实现粪污资源化利用。按照“准、配、限、推”的路径，推行畜禽清洁养殖和废弃物资源化利用。支持规模化畜禽养殖场（小区）开展标准化改造和建设，提高畜禽粪污收集和处理机械化水平。强化规模化养殖场（小区）配套建设废弃物处理设施建设和监管，大力建设畜禽散养密集区粪污收集处理中心，提高养殖废弃物综合利用率。在饮用水水源保护区、风景名胜区等区域划定畜禽禁养区、限养区，全面完善污染治理设施建设。建设病死动物无害化处理设施，严格规范兽药、饲料添加剂生产和使用，健全兽药质量安全监管体系。在畜禽养殖优势省份，以县为单位建设一批规模化畜禽养殖场废弃物处理与资源化利用示范点、养殖密集区畜禽粪污处理和有机肥生产设施。因地制宜推广“三改两分再利用”“沼气综合利用”等技术模式，规范和引导畜禽养殖场做好规模化畜禽养殖废弃物资源化利用。

6. 实施农产品产地土壤重金属修复治理行动 总结推广湖南省农产品产地土壤重金属修复治理试点经验，加大修复治理范围和力度，到2020年，轻、中度污染治理区农产品产地基本实现农产品达标生产。按照“摸、修、试、补”的路径，加强农产品产地土壤重金属治理。在完成全国农产品产地土壤重金属污染普查的基础上，适时启动农产品产地重金属污染加密调查和土壤与农产品的协同调查，进一步摸清农产品产地重金属污染底数。在此基础上，因地制宜加大耕地重金属污染修复治理试点示范工作。在轻度污染区，通过灌溉水源净化、推广低镉积累品种、加强水肥管理、改变农艺措施等，实现水稻安全生产；在中重度污染区，开展农艺措施修复治理，同时通过品种替代、粮油作物调整和改种非食用经济作物等方式，因地制宜调整种植结构；在少数污染特别严重区域，将其划定为禁止种植食用农产品区。进一步探索建立农产品产地重金属污染修复治理的生态补偿机制，确保农民利益和农产品质量。

四、农业面源污染防治的对策与建议

农业面源污染防治是一场持久战、攻坚战，需要立足当前、着眼长远、规划落地、依法推动、加大投入、落实责任、协同推进农业面源污染防治。

1. 加强顶层设计，强化规划落实　在统筹现有规划的基础上，国家“十三五”规划中进一步明确农业面源污染防治的重点方向任务，强化有关部门职能，加大财政支持力度。做好与《农业环境突出问题治理总体规划（2014—2018年）》和《全国农业可持续发展规划（2015—2030年）》的衔接，切实做好规划落实，实施好重点流域农业面源污染治理、重点地区耕地重金属污染综合防治等试点示范工作。

2. 强化依法推动，加大监管执法　加强法治创新，逐步建立最严格的农业面源污染防治制度、农产品产地保护制度、农业环境保护治理与生态修复制度。推动《土壤污染防治法》《耕地质量保护条例》制定工作，启动《农产品产地环境安全管理办法》的修订工作和《农业投入品管理办法》的制定工作。完善农业环境调查与监测监察制度、环境安全监管制度、环境影响评价制度、水土污染整治与修复制度。研究制定农业投入品管理条例或管理办法的可行性，对化肥、农药、农用薄膜等农业投入品的生产、经营、使用作出明确规定。健全执法队伍，整合执法力量，加强跨行政区合作执法和部门联动执法。加大对破坏农业环境违法行为的处罚力度，健全重大环境事件和污染事故责任追究制度。

3. 强化财政保障，引导社会参与　探索建立重大生态环境补偿机制，建立完善农业生态补偿制度。从土地出让金收益中拿出一定比例，建立农业生态补偿基金。加大国家重大科研计划专项支持力度。建立有机肥和高效低毒农药使用，产地土壤重金属防治，地膜秸秆和农药包装物回收利用等方面补贴政策。制定财税、用电、用地、机械化等方面优惠政策，引导企业和社会资金投入农业面源污染治理工作。探索引入合同环境服务、碳减排和排污权交易等市场机制，推动农业源污染治理市场化和产业化。

4. 强化监测预警，加大科技支撑　建立完善农业面源污染监测网络，实现农业环境监测的常态化和制度化运行，构建长效的监测预警机制，及时掌握农业资源环境状况动态变化。加强农业资源环境监测机构建设，提升农业生态环境例行监测、监管执法、仲裁监测和应急处理能力。整合优势科技力量，重点加强农业资源动态监测、农业清洁生产、耕地重金属污染修复、农业面源污染防控、农业废弃物高效循环利用和生态友好型农业等关键技术和集成技术研发，尽快形成适合我国国情的高效实用技术和模式。加快科研成果转化，建设全国农业面源污染技术服务中心和成果转化交易平台，加强技术评估。

5. 强化政策创设，加强政绩考核　在组织落实上，明确部门分工，落实地方责任，推动建立“各负其责、整体推进”的农业面源污染工作协调机制。在管理创新上，在农业资源环境承载力研究的基础上，以农产品产地为重点，建立保护分级制度，设立“红、黄、绿三线控制区”，为区域农业生态环境保护和农业规划提供依据和思路。在监管考核上，建立健全农业面源污染保护责任制，加强问责监管，强化对农业面源污染防治的全过程监管，依法依规严肃查处各种破坏生态环境的行为，完善农业生态环境责任终身追究制。在经营制度上，按照农牧结合、种养平衡的要求，创新农业生产经营制度。加大农业面源污染防治示范区建设力度，探索流域农业面源污染防治的有效机制。

生态补偿立法问题研究

（2015年）

党的十八届五中全会明确提出："建立系统完整的生态文明制度体系""用制度保护生态环境"。生态补偿是最能体现中国特色和道路自信的制度创新。当前，我国自然资源短缺、生态系统破坏、环境污染加剧等制约着经济社会可持续发展，迫切需要通过生态补偿立法将生态补偿实践活动和制度建设纳入法治轨道。本研究通过文献调研，梳理总结国内关于生态补偿立法概念界定、适用范围、法律关系要素、机制设置等研究成果，结合我国政府和市场长期生态补偿实践经验，对我国生态补偿立法相关问题作出辨析和判断，为科学建立生态补偿制度、深入推进生态补偿实践提供理论基础与经验借鉴。

一、生态补偿概念界定

生态补偿概念的界定是生态补偿立法的理论前提。当前，"生态补偿"一词广泛应用于社会各领域，内涵非常宽泛。因此，从生态补偿立法的角度而言，首先需要对生态补偿概念进行界定，明确生态补偿的内涵和外延，厘清生态补偿在法律范畴与其他领域使用的差别。

（一）生态与环境概念辨析

1. 生态的概念 生态（Eco－）一词源于古希腊文 oikos，原意为"住所"或"栖息地"；现在通常指一切生物的生存状态，以及生物之间和生物与环境之间环环相扣的关系。在学科角度上，杨持教授主编的《生态学》教材认为，生态学是研究生物及环境之间相互关系的科学。由于生物是呈等级组织存在的，有生物分子-基因-细胞-个体-种群-群落-生态系统-景观直到生物圈的多个层级，因此从分子到生物圈都是生态学的研究对象。

2. 环境的概念 《现代汉语词典》将环境解释为周围的地方或周围的情况和条件；即环境总是相对于某一主体而言的，指围绕着某一主体并对该主体会产生某些影响的所有外界客体。主体不同，环境的大小、内容等也就不同。在学科角度上，根据刘培桐教授主编的《环境学概论》，环境学是以"人类-环境"系统为特定的研究对象，研究"人类-环境"系统的发生和发展、调节和控制、改造和利用的科学。在法律范畴上，《环境保护法》明确指出"本法所称环境，是指影响人类生存和发展的各种天然的和经过人工改造的自然因素的总体，包括大气、水、海洋、土地、矿藏、森林、草原、野生生物、自然遗迹、人文遗迹、自然保护区、风景名胜区、城市和乡村等。"

3. 二者关系辨析 生态与环境具有不同的概念界定。一是生态与环境关注的主体不同。生态概念明确其主体是一切生物及其生存状态；环境概念通常是以人类为关注主体。环境是以人类为主体的外部世界，即人类生存和发展物质条件的整体，包括自然环境和社会环境。二是生态概念的外延大于环境概念的外延。生态概念涵盖的范围是一切生物及生存状态，及生物之间、生物与环境之间的关系；而环境仅局限于"人类-环境"特定系统及其关系。三是生态学的"环境"与环境学的"环境"在内涵上都具有相对性。生态学的"环境"概念内涵是根据所研究的目标来确定的。在个体水平，所研究的目标个体周围的一切生物和非生物因素都是这个目标个体的环境；种群层次，环境的内涵就不包含种群内部的个体，其他物种的种群和非生物环境就构成了这个目标种群的环境；群落层次，研究的目标是群落内所有物种种群的集合体（包括动物、植物、微生物等），此时的环境就只有非生物环境；生态系统层次，研究目标是包含生物和非生物（群落加非生物环境）的一个系统，所以环境的内涵就是其他的生态系统。环境学的“环境”概念同样具有人类与其外部世界的相对性。

上述关于生态与环境概念的界定与辨析，有助于确切地把握生态与环境概念的内涵与外延，也有助于认识二者的区别与联系。从生态补偿立法的角度而言，确切把握生态与环境的本质联系与区别，有助于认识和阐释生态补偿法律与现行环保资源法律的区别，防止立法上的重复、多义甚至对立。从法律的意义而言，生态补偿法律所调节和规范的社会关系应与现行环保资源法律所规涉的社会关系是不同的，否则，设立生态补偿相关法律就失去了意义。

（二）补偿与赔偿概念辨析

1. 补偿的概念 补偿，《现代汉语词典》解释为抵消、补足之意。在自然科学中，补偿一词有特定含义，原指受到害虫取食的作物所具有的一种自发性自我弥补损害的能力。这一自发性能力，也可以扩展到整个生态系统。我国的生态学研究已有类似观点：“在长期进化过程中，通过物质循环与能量交换，生物圈与生态系统之间建立了相互协调与补偿关系，并使生物圈及生态系统都具有一定限度的调节功能……”在社会科学中，补偿一般是法律基于公平原则而作的填补性规定，目的是填补受害人的损失，对承担补偿责任的个体并不进行否定性评价。补偿与等价性赔偿相比，更强调正义、公正、平等的政治性色彩，具有非等价性、象征性。

2. 赔偿的概念 赔偿，指对损失、损坏或伤害的补偿。通常是指补偿因自己的错误给他人造成的损失。从法学含义来看，赔偿一词常见于两个领域：国家赔偿与损害赔偿。国家赔偿是行政法的一个专门领域，我国制定有《国家赔偿法》。损害赔偿则常见于民事法律关系中，最有代表性的损害赔偿是侵权责任中的损害赔偿与违约责任中的损害赔偿；而在这些损害赔偿情形中，都存在具体的责任人，责任人的行为与损害后果存在关联，由责任人承担损害赔偿责任。赔偿一词在法律概念中的使用，大体上与其在现代汉语中的含义是相吻合的。

3. 二者关系辨析 根据补偿与赔偿概念界定，两者的共性在于都具有损失弥补功能，但法律机理不同。赔偿通常是基于可归责性，要求行为人对自己的违法行为造成的损失予以弥补；而补偿通常是基于公平正义理念，要求行为人对自己合法行为造成的损害后果予以一定程度的弥补。赔偿以完全弥补全部损失为原则，而补偿仅要求对损失给予合理的弥补。具体到生态保护领域，生态资源利用行为是否具有合法性是判定补偿与赔偿的首要标准，也就是说合法或违法直接影响到行为人承担的义务是补偿或赔偿。“补偿”意味着生态资源利用行为的合法性，而合法的资源利用行为通常是经过政府有关部门审核批准，甚至已缴纳相关费用。违法的生态资源利用行为适用于赔偿责任，应由其他有关侵权责任法进行规范，生态补偿立法对此类行为不应纳入规范调整范围。

上述关于补偿与赔偿概念的界定与辨析，从生态补偿立法的角度而言，首先提供了一个关于生态补偿法律适用范围的思考；再者，提供了关于生态补偿法律约束性的思考，即生态补偿法律是否具有管制性。关于生态保护与管理方面，我国已出台了《民法》《环境保护法》及关于森林、草原、矿产资源等的一系列成熟法律。法学上生态补偿作为一种新生法律规范，必须充分反映和规范新的特定社会关系，与现有法律存有本质的区别；因此，生态补偿是有别于生态损害赔偿的另一项制度安排。此外，生态补偿与管制型法律也应存在根本差异。管制型法律通过控制人们对生态资源的利用来实现污染防治、保护的目的。也就是说，管制型法律的中心问题是界定行为合法与非法的界线。在界线以内，行为合法有效，他人或者社会公众负有容忍义务；在界线以外，行为违法，管制型法律对其施加法律上的制裁。对于生态补偿立法而言，倘若保持这条界线不变，那么对于在界线以外的违法生态资源利用行为仅需要强调执法的严格性即可；而对于人们负有容忍义务的合法生态资源利用行为带来或多或少的环境问题，如何让合法行为也关注这种关联性并最终实现生态资源保护目的，才是生态补偿立法的关切所在。

（三）生态补偿法律概念界定

对中国期刊文献的检索可以发现，“生态补偿”一词最早是由福建林业学者张诚谦于 1987 年在其《论可更新资源的有偿利用》一文中提出的。他认为，所谓生态补偿就是“从利用资源所得到的经济收益中提取一部分资金并以物质或能量的方式归还生态系统，以维持生态系统的物质、能量、输入、输出的动态平衡。”此后，生态补偿一词随着社会经济的发展，广泛应用于环境学、生态学、法学等学理界和政府文件及社会用语等领域。

1. 政府文件中的生态补偿概念 在我国政府文件中，首先提出生态补偿概念的是 1997 年 11 月由国家环境保护总局发布的《关于加强生态保护工作的意见》。该意见要求开发企业必须对湿地的破坏采取经济补偿，并且还要求环保部门按照“谁开发谁保护、谁破坏谁恢复、谁受益谁补偿”的方针积极探索“生态环境补偿机制”，重点加强对矿产资源开发生态破坏的监督管理，确定重点恢复治理区，实行生态破坏限期治理；而在有关自然保护区建设、生态示范区建设、生物多样性保护及特殊生态功能区域等方面则未提及生态补偿。之后，伴随国际上生态系统服务价值观念的兴起及我国生态保护形势的日益严峻，政府开始在政策层面关注生态补偿制度的构建。生态补偿开始提升到“机制”的高度，成为一个典型的社会环境政策用语。生态补偿机制的表述形式也从“生态建设和环境保护补偿机制”“生态环境恢复补偿机制”“生态环境补偿机制”等不同形态逐渐统一为“生态补偿机制”。

从上述定义看，我国政府文件所谓的“生态补偿”包括如下含义：一是生态补偿的目的是明确界定生态保护者与受益者权利义务关系，使生态保护经济外部性内部化；二是生态补偿的方法是采取财政转移支付或市场交易等方式；三是确立生态补偿应当综合考虑生态保护成本、发展机会成本和生态服务价值。

2. 学术界研究中的生态补偿概念 有关学者通过中国期刊网（CNKI）检索统计，2008 年以后论题中含有“生态补偿”文字的论文每年发表 500～600 篇；而全文中含有“生态补偿”文字的论文在 2011 年以后每年发表 10 000 篇以上。本文分别从非法学视角和法学视角两个层面分析学理界对生态补偿概念的研究成果。

（1）非法学视角下的生态补偿概念。归纳起来看，非法学学科对生态补偿的定义大体上可以分为两类。第一类定义强调生态补偿对于保护生态系统服务（生态功能）的重要意义，同时也强调通过经济手段实现利益关系调整的重要作用。这类定义把生态系统服务、经济手段、利益关系作为生态补偿的核心因素，其主要考虑因素是建立生态补偿机制是落实科学发展观、构建和谐社会的重要措施，也是健全生态保护经济激励机制和融资机制的有效手段。第二类定义强调生态补偿是将生态保护活动外部性予以内部化的经济手段，生态补偿制度的设计目标是运用制度推动人们提供生态产品这一公共物品。例如，刘峰江、李希昆认为，生态补偿是防止生态资源配置扭曲和效率低下的一种经济手段，具体而言是通过一定的法律手段将生态保护的外部性内部化，让生态保护产品的消费者支付相应的费用，生态保护产品的生产者获得相应的报酬；通过制度设计解决好生态产品这一特殊公共产品消费中的“搭便车”现象，激励公共产品的足额提供，通过制度创新解决好生态投资者的合理回报，激励人们从事生态保护投资并使生态资本增值。

上述两类生态补偿定义的共同点在于，都突出了生态补偿主要利用经济手段来调整相关主体之间的利益关系，并且这种调整必须通过制度化的形式表现出来。这为从法学视角分析生态补偿提供了基础，因为法律正是调整主体之间社会关系的工具，同时相较于其他制度领域，法律制度更加重视自身的体系化、规范化。

（2）法学视角下的生态补偿概念。归纳我国法学者对生态补偿概念的界定，主要有 4 种代表性观点。第一种观点从资源开发利用行为入手，认为生态补偿指国家或社会主体之间约定对损害资源环境的行为向资源环境开发利用主体进行收费或向保护资源环境的主体提供利益补偿性措施。第二种观点从人与自然之间、人与人之间的关系来解析生态补偿所体现的利益关系，认为生态补偿在法律层面，至少包括从事对生态环境有影响的行为时对生态环境自身的补偿、开发利用环境资源时对受损的人们的补偿、开发利用所带来的生态风险（包括对环境的风险和对人的风险）的补偿及对保护治理生态环境的补偿4个方面。第三种观点以更宏观的视角从生态补偿活动的具体表现来定义生态补偿，认为生态补偿从狭义角度理解是指对由人类的社会经济活动给生态系统和自然资源造成的破坏及对环境造成的污染的补偿、恢复、综合治理等一系列活动的总称；广义的生态补偿则还应包括对因环境保护丧失发展机会的区域内的居民进行资金、技术、实物上的补偿，政策上的优惠，以及为增进环境保护意识、提高环境保护水平而进行的科研、教育费用的支出。第四种观点围绕着国家的行为来定义生态补偿，认为生态补偿应包括两层含义：一是指在环境利用和自然资源开发过程中，国家通过对开发利用环境资源的行为进行收费以实现所有者的权益，或对保护环境资源的主体进行经济补偿，以达到促进保护环境和资源的目的；二是国家通过对环境污染者或自然资源利用者征收一定数量的费用，用于生态环境的恢复或者用于开发新技术以寻找替代性自然资源，从而实现对自然资源因开采而耗竭的补偿。

上述4种代表性观点为我们理解生态补偿提供了一定的参考。法学视角下的生态补偿定义应当关注对不同主体之间发生的、以生态保护为内容的社会关系、利益关系或法律关系的调整。因而，相对具体的主体特征、主体间的权利义务关系内容应是生态补偿法学定义的核心要素。从法律的意义上考察，它们的共同之处在于：一是都强调生态补偿的功能，即保护生态服务价值；二是都强调生态补偿是一种经济手段；三是都强调生态补偿是一种制度安排。

3. 生态补偿立法对生态补偿概念的界定 从中国已经开展的各领域生态补偿实践的范围及其历史发展看，以生态环境和自然资源的公有制为基础，由政府主导实施的生态保护建设工程、生态修复与恢复治理工程及通过财政转移支付手段给为保护生态而遭受损失的个人予以实际补助和奖励等方面资金投入，共同构成了具有中国特色的生态系统服务付费机制，初步勾画出中国生态补偿制度的雏形。离开这一实际将生态补偿概念作狭义化或扩大化的任何解释，都不符合中国生态补偿制度建设的特征。只有从各领域生态补偿实践的共通性出发来确定生态补偿的定义，才能使生态补偿立法更具有各领域生态补偿的综合性、统领性和代表性，才能契合生态补偿制度构建的实际需要。

综合比较上述各种类型的定义，考虑到中国各领域已经开展的生态补偿实践的方式方法，生态补偿法律在确立生态补偿的概念时，方法上应当以涵盖中国政府文件与生态补偿实践的外延和内涵为原则，以学术界对生态补偿所下的定义为参考。基于上述研究成果的基础上，本研究认为，从立法角度而言生态补偿是指对个人或组织在生态系统维护、修复和还原活动中，对生态系统造成的符合人类需要的有利影响，由国家或其他受益的组织和个人进行价值补偿的法律制度安排。本研究在下文中使用了这个概念，并以此作为核心范畴研究界定生态补偿法律关系相关构成要素。

二、生态补偿立法的必要性

目前，我国还没有生态补偿的专门立法，现有涉及生态补偿的法律规定分散在多部法律之中，缺乏系统性和可操作性。尽管近年来有关部门出台了一些生态补偿的政策文件和部门规章，但其权威性和约束性不够。自党的十八大以来，关于生态文明体制建设的重任和现行生态补偿实践活动迫切需要对生态补偿进行立法。

（一）现行法律法规关于生态补偿规范管理不力

在2005年党的十六届五中全会《中共中央关于制定国民经济和社会发展第十一个五年规划的建议》首次提出要“按照谁开发谁保护、谁受益谁补偿的原则，加快建立生态补偿机制”之前，我国已经在森林（1999年以后）、湿地（2000年以后）领域开展了生态补偿实践。随着生态补偿机制正式纳入官方决策，2005年之后我国又陆续在自然保护区（2005年以后）、矿产资源开发（2006年以后）、流域（2007年以后）、海洋（2009年以后）、草原（2010年以后）、重点生态功能区（2011年以后）等开展生态补偿试点。尽管这些法律法规促进了环境资源的保护与利用，但是我国的生态补偿法律法规中还存在以下问题。

1.《环境保护法》对生态补偿存在一定盲区 1989年12月26日第七届全国人民代表大会常务委员会第十一次会议通过的《环境保护法》，作为环境资源领域的综合性基本法存在着结构性缺陷，其实质是防治污染的法律，没有明确规定生态保护和补偿的基本原则、基本制度和监督管理机制。第十二届全国人民代表大会常务委员会第八次会议于2014年4月24日修订通过新的《环境保护法》，从经济学角度分析，仍然偏重于污染防治，只规定了对排污行为所产生的外部不经济进行收费，而没有系统考虑对生态补偿行为所产生的正外部性增益，并对其进行激励和规范。

2. 自然资源单行法对生态补偿规范的力度不够 主要表现在自然资源保护法律中资源有偿使用原则未体现资源生态效益价值，对开发利用自然资源的主体应承担的保护生态的义务未作规定，现行的立法对脆弱的生态系统难以有效保护。有些资源保护法未将维护生态平衡作为其立法目的，资源保护法律的有些规定不利于生态环境保护等方面。例如，《水法》《矿产资源法》《渔业法》等偏重于经济利益，没能明确规定将维护生态平衡作为该法的立法目的，因而为实现立法目的而采取的经济手段，没有着眼于生态补偿等问题；《草原法》在规定建设用地征用时，重征用土地的经济补偿，轻生态系统的补偿。有的法律立法措施过于抽象化，法规之间缺乏协调性。例如，《森林法》仅规定对林木和林地的保护，未涉及依存森林的各种野生动植物资源的保护；《野生动物保护法》仅以珍稀濒危动物为保护对象，未从生态平衡的角度对所有在生态系统功能维持中具有重要作用的野生动物提供保护。

3. 一些重要法规对生态补偿的规范不到位 《矿产资源法》规定了“矿产资源开发必须按国家有关规定缴纳资源税和资源补偿费”，并明确要求矿产资源开发应该保护环境、帮助当地人民改善生产生活方式，对废弃矿区进行复垦和恢复；但在财政部和国土资源部联合发布的《矿产资源补偿费使用管理办法》（财建〔2001〕809号）中却没有将矿区复垦和矿区人们生产生活补偿列入矿产资源费的使用项目。《水法》规定了水资源的有偿使用制度和水资源费的征收制度，各地也制定了相应的水资源费管理条例，但大多没有将水资源保护补偿、水土保持纳入水资源费的使用项目。

4. 生态补偿相关法律要素缺失或不明确 生态补偿是多个利益主体（利益相关者）之间的一种权利、义务、责任的重新平衡过程，实施补偿要明确各利益主体之间的身份和角色，并明确其相应的权利、义务和责任内容。目前，涉及生态补偿的法律法规，都没有对利益主体作出明确的界定和规定，对其在生态环境方面具体拥有的权利和必须承担的责任仅限于原则性的规定，强制性补偿要求少而自愿补偿要求多，导致各利益相关者无法根据法律界定自己在生态环境保护方面的责、权、利关系，使生态补偿陷入“公地悲剧”的局面。

5.《刑法》对破坏自然资源罪的规定欠缺生态效益考量 如果法律对破坏生态的处罚规定没有产生一定的威慑力，就难以有效阻止破坏生态的行为。例如，现行《刑法》对破坏生态系统的犯罪行为处罚偏轻。盗伐林木罪的最高处罚为7年以上有期徒刑，而盗窃罪法定最高刑为死刑。其背后似有盗伐林木罪的社会危害性小于盗窃罪隐含逻辑，体现出《刑法》欠缺对森林资源生态效益重要性的考量。而生态资源的效益在人类社会发展中起着举足轻重的作用，尤其是在环境问题日益成为全球问题的今天，其作用不容置疑。

（二）生态补偿立法的现实必要性

自1992年以来，国际社会已经广泛地开展生态补偿立法相关的制度研究。我国生态补偿制度也经历了一个从政策调整到国家立法调整及地方立法试点的渐进过程。但是，目前我国生态环境保护立法仅有关于生态补偿的原则性规定，如《环境保护法》关于“生态保护补偿制度”的规定、《森林法》关于“森林生态效益补偿基金”的规定、《水污染防治法》关于“水环境生态保护补偿机制”的规定、《水土保持法》关于“水土保持生态效益补偿”的规定。从实践看，上述生态补偿试点工作更多的是依据政府制定的规范性政策文件和国务院部门规章推行实施。这些规范性文件和规章为生态补偿试点提供了法律依据，但是并不能满足全面建立生态补偿机制的立法需求。从形式看，这些规范性文件和规章权威性及约束性不够；从内容看，这些规范性文件和规章具有高度的分散性，通常只专注于某个生态保护领域，导致各领域生态补偿的资金来源与使用、补偿方式、补偿标准等均不统一和规范。

概而言之，生态补偿涉及不同的投资保护主体的利益关系及责任关系，单靠过渡性的政策措施和行政手段来推进生态建设很难形成长效机制。因此，我国必须立足实际情况，依靠具体可行的法律制度来调节各主体的责权利关系。生态补偿法律制度的完善是生态补偿机制稳定高效运行的保障。在这种背景下，通过《生态补偿条例》将现有分散在多部法律法规和规范性文件之中的涉及生态补偿的规定和政策，逐渐统合成为国家的一项综合性生态补偿法律制度，对于促进生态补偿制度的建立和完善、促进生态文明的建设具有重要意义。

三、生态补偿立法的构成要素

在明确了生态补偿的法学含义及立法必要性后，根据其应有的内涵范围、功能指向和理论逻辑，结合我国的生态补偿法律、政策实践及生态补偿法律研究的代表性观点，本文认为我国生态补偿立法实践在总体操作上已日臻成熟，具体法律制度可以从以下几个方面着手构建。

（一）生态补偿法律主要原则

法学上的生态补偿是一种新生制度现象，作为法律制度创新，必须充分反映新的社会关系。生态补偿法律所反映的社会关系，与传统社会关系最根本的区别就是以生态系统正外部性为特征的生态功能性价值创造关系，不能把已有的以生态系统负外部性为根本特征的开发者还原性与污染者治理性社会关系作为生态补偿法律制度研究的对象。与生态功能性价值创造关系对应的生态功能性价值，也即生态系统正外部性行为产生的生态效益或生态利益，应构成生态补偿法律关系的本质特征。生态补偿完整的含义应是生态利益的补偿，补偿的对象就是由生态系统正外部性创造的生态功能性价值。基于这样的法理，生态补偿法律所应坚持的主要原则可以归纳为“保护者获益，受益者付费”的原则，也即“谁保护、谁获益；谁受益、谁付费”的原则。

1. 保护者获益原则　保护者获益原则是指为生态系统的保护和可持续发展提供维护性服务的个人、企业或其他组织获得生态的价值性利益的原则。保护者获益中的“保护者”，即生态功能性价值的创造者，如森林营造者、生态林管护者、权利所有者、退耕还林（草）的实施者、水环境保护者、环境功能区保护的贡献者、珍贵动植物的养护者，以及其他为生态系统保护作出积极贡献并付出实际行动的个人、企业和组织。保护者获益中的“获益”是指得到生态保护的利益，这里的利益是指生态功能性价值的对价。生态功能性价值（或生态利益）是“保护”的直接成果，这种成果作为“生态公益”被其他人所享用。相比其他人，保护者事实上额外承担了创造“生态公益”的特殊义务，其他人为其享用的生态功能性价值给付的对价，就是“保护者”的“受益”。

2. 受益者付费原则　受益者付费原则是指获得生态功能性价值的个人、企业或其他组织对其所获利益进行价值支付的原则。这里的“受益者”是指生态功能性价值（或生态利益）的享用者，“付费”是对其所获生态利益的价值给付。由于“受益者”所获生态利益，是基于他人的生态功能性价值创造的成果；因而，对来自他人劳动成果的利益进行价值补偿，是为受益者付费原则。

（二）生态补偿法律关系客体

生态补偿的对象是对生态系统正外部性引起的生态功能性价值的补偿，创造生态功能性价值的领域就构成了生态补偿的法律关系的客体。现有生态补偿的规定及学术界的研究，因为未能对生态补偿法律制度进行立法解析，不了解生态功能性价值的含义及其来源，仅从环境科学关于生态补偿的一般含义出发，以为只要是涉及生态系统的还原和修复，而不区分这种还原和修复的性质，以及对应的还原和修复是否已经在现行法的调整范围内，就简单地认为由还原和修复引起的费用支出都属于生态补偿的范围。这种认识混淆了生态补偿的应有含义，某种程度上把生态补偿理解成了污染赔偿。对此，李文华院士曾提醒相关研究者注意这种错误倾向，“由于在排污收费方面已经有了一套比较完善的法规，急需建立的是基于生态系统服务的生态补偿机制。”

从法律制度建构的意义上看，既然对污染治理“已经有了比较完善的法规”，那么再将其作为生态补偿的内容，其理论基础和作为生态补偿法律调整对象的独特性显然是值得怀疑的。这种在法律规定和政策操作上对生态补偿与现行相关法律规定的混淆及认识上的谬误，造成了对生态补偿客体认识上的混乱。因此，准确界定生态补偿法律关系客体，最核心的标准是看哪些领域创造生态功能性价值、哪些领域不创造生态功能性价值。根据前述分析，只有生态系统功能性修复活动才创造生态功能性价值，因而，生态补偿法律关系客体应严格限定在生态功能性保护和修复领域。本文归纳出生态功能性保护和修复领域的几个特点。

1. 该领域以产生生态系统正外部性为根本特征 所有产生生态系统负外部性的领域，如由资源开发引起的生态破坏及由环境污染引起的生态损害都不包含在该领域内。

2. 该领域以创造生态功能性价值为基本标志 创造价值是基于生态系统的维护性活动创造了于人类有积极影响的利益，而开发或污染的负外部性行为是对生态系统的功能性损害，与“创造价值”具有完全相反的含义。因此，以生态系统负外部性为特征的资源开发与环境污染等领域不能包含在生态补偿范围内。

3. 该领域产生生态系统正外部性功能性价值具有非排外性特征 例如，流域水土保持、水环境治理形成的生态价值主要被流域下游所获得，这构成该领域最重要的法律特征。而资源开发与环境污染引起的生态修复性活动，产生的只是对被破坏的生态系统在原有基础上的一种“责任性”还原，没有产生于他人有利的积极价值，更多的是对造成他人危害的一种排除。

（三）生态补偿法律关系主体

生态补偿法律关系主体是指生态补偿法律关系的参加者，即在生态补偿法律关系中享有权利或承担义务的人。关于生态补偿主体的研究，目前学术界有代表性的观点存在的问题为，认为生态补偿法律关系既包括法律调整的生态功能性保护和修复关系，也包括法律调整的资源开发性修复和环境污染治理性修复关系，即认为生态补偿法律关系是多重关系的组合。因而，也对主体的确定采取了复合性的标准，得出了生态补偿的主体具有多元性的结论。造成生态补偿主体确定方面的混乱，法制方面的欠缺是主要原因，如还未有生态补偿专门法律。现有生态补偿法制实践大多是根据《森林法》《水污染防治法》关于生态补偿的原则规定，以及相关的政府规章、政策和某些地方立法来进行的。对补偿社会关系、补偿对象及补偿本质的认识谬误，也是导致混乱的重要理论原因。

从前述分析可知，生态补偿社会关系仅限于生态功能性修复关系，补偿的本质是对由生态系统正外部性引起的生态功能性价值的补偿。因此，针对这种清晰而独特的社会关系，作为生态补偿的主体只能具有两元性质，即补偿主体和受偿主体。从已有的生态补偿实践看，本文对生态补偿法律关系主体归纳如下。

1. 市场补偿形式中的主体 在生态补偿法律实践活动中，对于可以确定生态功能性价值创造者和受益者，如饮用水水源地生态补偿，适合采取市场补偿的方法。在市场补偿中，补偿方包括获得生态功能性价值的所有受益者，如个人、企事业单位和其他社会组织；受偿方是指生态功能性价值的创造者，如森林生态效益创造者（含林权所有制）、水土保持的贡献者、生态功能区的维护者和其他为生态功能的改善作出积极贡献的个人和组织。

2. 国家补偿形式中的主体 对不容易确定创造者和受益者的生态功能性价值，如长江流域生态补偿，应采取国家补偿的方法。在国家补偿中，根据我国现有的财政体制，补偿方可以设定为省级政府和中央政府；在不容易区分生态功能性价值具体创造者的情况下，除了与市场补偿的受偿方类似的个人和组织主体外，当地地方政府，包括省级地方政府，也可作为受偿主体。

（四）生态补偿法律核心内容

生态补偿法律的核心内容应当根据生态补偿实践的需求决定。从我国的生态补偿实践看，生态补偿法律应当对生态补偿标准、生态补偿资金和生态服务价值评估3个方面设立科学的制度安排，并作为核心内容进行重点规范和调整。

1. 生态补偿标准 生态补偿标准是生态补偿制度有效实施的技术保障。考虑到法律规范与技术规范的分工，生态补偿法律应对生态补偿标准制定权限、程序、应考虑的因素进行规定，至于具体的标准则留给技术规范解决。

（1）制定权限。考虑到生态补偿统一性，应当由国务院生态补偿主管部门会同国务院财政部门分别制定各领域生态补偿标准，并根据社会经济发展水平适时修订。

（2）制定程序。生态补偿法标准应统一适用《标准化法》规定的国家标准制定程序。

（3）价值要素。标准应考虑的因素包括生态保护与工程建设的直接投入，不能自主开发利用森林、草原、湿地、水、海洋、土地等自然资源的直接权益损失，重要生态功能区所在地人民政府的经济和发展机会损失，区域和农牧渔业者因生态保护导致的发展机会损失等因素。

2. 生态补偿专项资金 生态补偿专项资金是生态补偿的核心制度安排。从目前的实践看，生态补偿资金更多是通过专项资金的方式，纵向转移支付给受益地政府。结合我国的生态补偿实践和专项资金管理状况，生态补偿法律应当对中央层面的生态补偿专项资金来源、使用程序、监督管理等内容作出规范。

（1）资金来源。可以包括从中央财政上年度总收入中提取一定比例的资金；从省级人民政府上年度总收入中提取一定比例的资金；从资源环境费（税）中提取一定比例的资金；从占用、征用资源所缴纳的补偿费中提取一定比例的资金；社会捐助或其他来源的资金。国家生态补偿专项资金主要用于国家级和省级生态补偿试点地区、跨省流域与区域及其他重点生态功能区的生态保护与建设。

（2）管理监督。生态补偿专项资金的拨付和管理实行计划先行、统筹安排、分类管理、分账核算、分级使用、专款专用的原则，并实行年度预决算制度。同时，为保障生态补偿专项资金被合法、有效使用，还应当专门对生态补偿专项资金的使用监督进行规定。审计机关应当加强对生态补偿专项资金使用和管理的审计监督。任何单位和个人有权对生态补偿专项资金的使用进行监督，并向各级人民政府及其生态补偿主管部门检举和控告违法行为。

3. 生态服务价值评估 随着横向和市场化生态补偿的社会实践，以及生态功能服务价值评估技术的发展，生态服务价值将成为生态补偿的核心内容。对此，生态补偿法律应当发挥指引功能，对生态服务价值评估的技术指标、评估机构、评估效力等问题进行前瞻性规定。

（1）评估机构。生态服务评估机构是从事生态服务价值评估和生态服务效益评估并提供相关服务的社会中介组织。由于生态服务价值评估的技术特性，生态服务评估机构应当具备特定的资质。

（2）法律效力。生态服务价值评估报告应当具有法律效力。结合前述关于生态补偿专项资金的立法设想，生态服务价值评估报告应当作为调整生态补偿资金的使用计划、实施方案及生态补偿绩效评价的依据。一方面，确定生态补偿专项资金使用年度计划时，应当以生态服务评估报告作为依据；另一方面，对生态补偿专项资金的使用情况进行效益评估时，也应当将生态服务价值评估报告作为依据。

四、关于生态补偿立法相关工作的思考

（一）生态补偿立法概念适用问题

生态补偿，国外文献通常称之为对生态（环境）服务付费（Payments for Ecosystem/ Environmental Services，PES），已逐渐发展成为世界各地用以保护生态的重要手段和学者们研究的热点，目前我国在不同学科及政府文件中也已广泛使用生态补偿的概念。自20世纪80年代中期以来，生态补偿的概念开始出现在我国的学术研究中，并吸引大批环境法学者也开始关注这一概念。2007年8月，环境保护部《关于开展生态补偿试点工作的指导意见》发布，提出根据“生态系统服务价值、生态保护成本、发展机会成本”等确定生态补偿政策和机制，生态补偿的范围和内涵进一步扩大。近几年的研究基本都是在这一基础上进行的。但因为生态补偿的概念滥觞于环境科学的研究，而且经济学、法学等不同学科的专家分别从各自角度对其进行着探索，也导致了对生态补偿的法学含义及生态补偿的范围仍然存在许多争议。

本文以生态资源利用行为的正负外部性作为参照指标，比较研究了目前我国对生态补偿的法学含义及生态补偿的范围的各种定义和观点，认为大体可以分为以下两类。

一类认为生态补偿“既包括对生态系统和自然资源保护所获得效益的奖励或破坏生态系统和自然资源所造成损失的赔偿，也包括对造成环境污染者的收费”；生态补偿是“指国家或社会主体之间依法或按照约定对损害资源环境的行为向资源环境开发利用主体征收税费或向保护环境资源的主体提供利益补偿性措施”。此种概念界定把生态破坏、环境污染和环境生态价值全部纳入“补偿”当中，“生态补偿”几乎囊括了环境法的所有内容，包括《指导意见》也存在同样的倾向。

另一类从生态补偿社会关系的分类及生态补偿的经济学本质出发，以生态补偿功能的正、负外部性为判断标准，认为生态补偿针对生态负外部性的解决，如开发者的还原性修复和污染者的治理性修复。《环境保护法》早已创设了“谁开发谁保护，谁污染谁治理”的原则，并规定了土地复垦、草原植被恢复、更新造林、损害赔偿、排污收费、污染物排放总量控制、排污许可、落后设备淘汰、污染损害赔偿等具体法律制度；生态补偿作为一种法律制度创新，应该把已有法律规制的负外部性影响以及内部经济问题排除在外，而特别针对产生正外部性的生态功能性修复进行生态效益或生态利益的补偿。

以这样的分类结果来看，上述分歧是目前我国生态补偿立法首先应该辩证的问题，生态补偿法律概念的界定涉及生态补偿范围、补偿主体及生态补偿法律关系中权利和义务内容的界定。如果采纳广义上的生态补偿立法概念，不区分生态功能性价值的正负外部性，则新的生态补偿法律与现行《环保法》《森林法》《水污染防治法》等存在一定的管制范围的重合性、规范标准的不一致性。在这样的情况下，可以考虑将生态文明和生态权入宪，研究制定《生态法》，确立其为生态资源环境领域基本法，统筹协调现行资源环境领域相关法律；加快对民法、行政法、刑法和经济法等传统部门法和相关法律的生态化“改造”，全面梳理现行法律中不适应生态文明建设需求的条款，理顺法律之间的关系；相应的，这种立法设置扩大了生态补偿的范围，加重了政府生态补偿的负担。在综合比较的基础上，本研究认为，我国生态补偿立法宜把已有法律规制的负外部性影响及内部经济问题排除在外，以生态系统正外部性矫正为目标，仅针对产生正外部性的生态功能性维护或修复进行生态效益或生态利益的补偿。

（二）生态补偿管理体制建设问题

中共十八大和十八届三中全会对生态文明建设的重要性和紧迫性作出了科学论述，把生态文明建设纳入“五位一体”总体发展战略中进行谋划和部署，明确要求建立反映市场供求和资源稀缺程度、体现生态价值和代际补偿的生态补偿制度。生态补偿制度建设作为一项事关全局、纷繁复杂的系统工程，在当前我国资源稀缺与生态恶化的形势下，应当以法律保障为前提、国家宏观调控为主导、市场调节为手段进行顶层设计与建设。然而，在实践操作中，我国生态保护管理分别涉及林业、农业、水利、国土、环保等部门，这些部门主导着生态保护政策的制定和执行，生态补偿实际上成为“部门主导”的补偿。以部门为主导的生态补偿，责任主体不明确，缺乏明确的分工，管理职责交叉，在监督管理、整治项目、资金投入上难以形成合力，资金使用不到位，生态保护效率低，易造成生态保护与受益脱节的“三多三少”现象。“三多三少”现象一是部门补偿多，生态保护区农牧民得到补偿少；二是物资、资金补偿多，扶持生态保护区产业、生产方式转换补偿少，输血多，造血功能弱；三是直接向生态建设补偿多（如栽树），支持经济发展、扶贫补偿少。

生态补偿制度是建立在环境资源价值理论、环境经济学与循环经济理论、生态学理论等基础上的一种合理模式。本研究在充分总结国外现有研究成果的基础上，针对我国生态管理部门化情况，提出以下建议。

中央政府要明确各部门在生态补偿体系中的职责和任务，加强部门之间的协作；如可以建立国家生态环境保护协调委员会，或者成立统筹各部门的大生态环境资源保护部，专项推进生态环境资源保护工作，特别是统筹协调各部门在国土功能开发区的生态保护政策，以整合各部门生态保护与建设资金，完善生态保护的投资融资体制，提高生态保护区管理的效率和质量。在地方管理体制上，可以试行改变行政区划和行政管理体制，如撤市改局。例如，撤销在特定生态保护区内的地市州政府和县级政府，新设立直属中央政府或省政府的生态保护管理局（类似于我国现存的农垦垦区建制）。生态保护管理局的主要职能：一是贯彻执行中央政府和省政府生态保护政策，为中央政府生态保护的决策和执行提供信息和咨询意见，监督和检查局下属机构执行中央政府和省政府生态保护的情况，依法予以奖惩；二是为保护区内人民提供公共服务，发展公共卫生、教育、科技、文化事业，提高居民生活水平和生活质量；三是开发利用保护区内的旅游资源和自然资源；四是安置生态移民；五是维护地方治安和社会稳定等。

构建农业生态补偿机制研究

（2015年）

当前，我国农业处于传统农业向现代农业转型升级的关键时期，一方面随着农业综合生产能力不断增强，我国粮食等重要农产品的供给保障水平不断提高；另一方面，传统粗放的生产方式导致农业投入品过度施用、资源消耗过大、生态环境污染严重。2010年2月，公布的第一次全国污染源普查结果显示，在农业源污染物排放中，化学需氧量（COD）、总氮（TN）、总磷（TP）的排放量分别占全国排放总量的43.7%、57.2%、67.4%，对农业可持续发展构成严重威胁。

近年来，党和政府采取了一系列加强农业生态环境保护的政策措施，先后实施了生态农业试点示范县、农村沼气、秸秆还田、测土配方施肥、湿地和生物资源保护、渔业资源环境保护和草原保护等相关项目与工程，有力地遏制了农业生态环境不断恶化的趋势。但是，对农业生态环境保护作用最直接、效果最明显的生态补偿政策严重短缺，造成受益者无偿占有生态效益、保护者得不到应有的经济激励、破坏者未能承担破坏生态的责任和成本及受害者得不到应有的经济赔偿，影响了农业生态环境的有效保护。

党的十八届三中全会《中共中央关于全面深化改革若干重大问题的决定》提出，要实行资源有偿使用制度和生态补偿制度，按照“谁受益、谁补偿”原则，完善对重点生态功能区的生态补偿机制，推动地区间建立横向生态补偿制度。加快构建完善农业生态补偿机制既是全面贯彻落实党的十八届三中全会精神的要求，又是解决农业生态环境问题、提高农业比较效益、保护生产主体积极性的重要措施，也是健全支持保护农业政策体系的重要内容。

本研究立足农业可持续发展和保障农产品质量安全，以提高农业资源利用效率、促进农业生态环境保护为目的，从影响农业生态环境的主要因素入手，深入剖析农业投入品施用、农业资源利用、农业废弃物处理等方面的保护者、受益者、破坏者之间的经济利益关系，研究如何运用法律法规、财政、税收、市场等政策手段构建农业生态补偿机制，从而对各利益相关方的行为进行规范，促进农业资源环境保护与可持续发展。

一、当前农业生态环境突出问题及生态补偿机制建立情况

我国农业生态补偿工作始于20世纪90年代的西部退耕还林、还草补贴政策。近年来，为了解决农业投入品使用不合理、农业资源过度开发、农业废弃物未有效处理等资源浪费和环境污染问题，我国在建立完善农业生态补偿机制方面进行了很多有益探索。进入21世纪以后，我国草原生态补偿、沼气建设、测土配方施肥等农业生态补偿项目相继实施，并出台了一系列相应的扶持政策。

（一）主要投入品施用情况及生态补偿政策措施

1. 化肥 我国是化肥生产和消费大国，化肥的总产量和消费量均占世界1/3以上。据统计，2012年我国农用化肥施用量折纯养分5 838.8万吨；其中，氮肥2 399.9万吨，磷肥828.6万吨，钾肥617.7万吨，复合肥1 990万吨。目前，国际公认的化肥施用安全上限是225千克/公顷，而我国农用化肥平均施用量达到440千克/公顷，是安全上限的近2倍。化肥单季利用率仅为30%左右，低于发达国家20个百分点以上，多余的氮、磷已成为水环境主要污染物。化肥的过量施用不仅增加了生产成本，浪费了煤炭、磷矿等资源，也增加了农业源温室气体排放，污染了水体。2012年的统计数据表明，全国化学需氧排放量中农业源占47.6%，氨氮排放量中农业源占31.8%。

为了减少化肥施用量、科学合理施肥，2005年，国家启动了测土配方施肥补贴项目，重点补贴测土、配方、配肥等环节。截至2012年，中央财政累计投入64亿元，项目县（场、单位）达到2 463个，技术推广面积达到13亿亩。通过测土配方施肥，全国累计减少不合理施肥800多万吨，亩均增产粮食4%左右，减少氮、磷流失6%～30%，有效减轻了面源污染。此外，农业部、财政部于2006年启动了土壤有机质提升补贴项目，旨在通过技术物资补贴方式，鼓励和支持农民应用土壤改良、地力培肥技术，促进秸秆等有机肥资源转化利用，减少污染，改善农业生态环境，提升耕地质量。截至2011年，中央财政累计投入转移支付资金25亿元，对秸秆还田、种植绿肥、施用商品有机肥和土壤改良培肥等进行补贴，项目覆盖全国近700个县。根据2013年项目补贴标准，秸秆还田每亩补贴15元，地力培肥每亩补贴30元，绿肥种植每亩补贴15元，大豆接种根瘤菌每亩补贴5元。补贴对象为农民合作社、种粮大户及从事相关农业生产的农户。一些地方也探索出台了鼓励农民使用有机肥的政策措施。例如，北京市政府有机肥采购价每吨600元，补贴480元；上海市每吨补贴200元；山东、河南和江苏等省份的补贴标准则在180～250元不等。

云南洱海流域实施控氮减磷生态补偿

云南省洱海流域面积2 565千米^2，包括大理市和洱源县。在洱海的总氮和总磷负荷中，农业面源分别占53%和42%。为有效控氮减磷，大理白族自治州政府实施了生态补偿项目，对项目区农户每亩补贴100元，全部用于购置肥料发放。2003—2009年累计推广“控氮、减磷增施有机肥，隔年隔季施肥”面积20.78万公顷。通过项目实施，平均每亩减施氮肥2.49千克、磷肥2.23千克，增施有机肥2.14千克，减施化肥直接经济效益达163万元。

2. 农药 农药是保障农业生产的重要投入品，但是农药的过量和不合理使用，既污染农业生产环境、影响农产品质量安全，又对生物多样性也造成严重威胁。我国生产和使用的农药有几千种，每年用量达50万～60万吨，使用农药面积2.8亿公顷以上。但我国农药利用率仅为33%左右，低于发达国家20～30个百分点，使用的农药中有60%～70%残留在土壤中，污染了耕地，全国约有1.4亿亩耕地受农药污染。

为减少农药使用量，转变农药使用方式，降低对农产品质量安全和环境的影响，农业农村部积极采取措施，加强农药管控、规范使用。一是不断推动病虫害绿色防控和综合防治，建立了106个国家级、1 500多个省级和县级示范区，引导农民优先采用生态控制、物理防治和生物防治措施，选用高效、低毒、低残留化学农药防控病虫害，2011年综合防治面积达到10.18亿亩次；二是严格限制高毒、高残留农药的使用，大力推广高毒农药替代技术，全面禁止甲胺磷等5种高毒农药在农业上使用；三是大力推进专业化统防统治，2011年小麦、水稻等主要粮食作物专业化统防统治面积达6.5亿亩次；四是新修订发布《食品中农药最大残留限量》（GB 2763—2014），规定了387种农药在284种（类）食品中3 650项限量指标。从2011年开始，我国在8个省份开展低毒生物农药示范推广补贴试点，引导农民使用高效、低毒、低残留农药。一些地方还出台政策措施，对农药包装袋、瓶子等进行回收利用、集中处理，减少了农药污染。

上海市嘉定区捆绑农药补贴强制回收处理农药包装物

上海市嘉定区将农药包装废弃物回收与补贴农药挂钩。该区每年更新补贴农药目录，对目录内的农药农户只需自付20%的药价，补贴农药实行连锁经营和统一发放，农户每次购买补贴农药必须身份证、IC卡、田间档案、上次购买的农药包装“四物齐全”；通过这种强制措施，基本实现补贴农药包装废弃物全回收。目前，补贴农药占全区农药消耗量的1/2左右。同时，区财政对回收网点以每吨农药包装废弃物14 233元进行补贴，另外支付处置费用（含运输）每吨3 585元。

3. 地膜 地膜覆盖是合理利用土地资源、提高土地生产力和农作物产量的有效耕作措施。我国地膜应用已有20多年历史，自20世纪80年代中期开始，我国地膜覆盖面积和使用量一直位居世界首位；2012年地膜使用量达到131.1万吨，农作物覆盖面积达到1 758.2万公顷。地膜应用区域遍布全国，特别是东北、西北、西南等高寒、干旱、冷凉地区使用更为普遍。但是，由于特殊的化学分子结构，地膜很难在自然环境中降解。我国使用地膜的平均厚度仅为0.005～0.008毫米，极易破碎，用后难以回收，大量残膜留在耕地中造成永久性污染，影响农作物生长、毒害人体和牲畜健康。由于废旧地膜回收费时费力，且价值低，导致农民收捡残膜的积极性不高。据统计，2012年我国地膜回收率不足60%，农田年地膜残留量占使用量的20%～30%。

为了防治地膜污染，2012年国家发展和改革委员会、农业部、财政部首次联合启动包括地膜回收利用在内的农业清洁生产示范项目，中央投资1.5亿元，在新疆维吾尔自治区、甘肃省实施27处地膜回收利用清洁生产示范项目。2013年，中央继续投资2.88亿在全国10个省份80个县实施地膜回收清洁生产项目。此外，还启动全国地膜残留国控监测网建设，建立了210个地膜残留国控监测点，每点补助2万元。推动出台了《甘肃省废旧地膜回收利用条例》等地方法规。甘肃省财政每年拿出2 000万元推广0.008毫米地膜，地膜回收率达到70%多，基本解决了当地农膜的污染问题。对从事废旧农膜回收利用的企业，通过以奖代补、贷款贴息等方式进行扶持，并享受农用电价格等优惠政策。新疆维吾尔自治区财政2013年安排3 800万元农田废旧地膜污染综合治理专项资金，在13个县（市）开展农田废旧地膜污染综合治理工程，在地膜使用、回收和资源化利用等环节进行政策扶持和资金补贴，项目实施面积133万亩，辐射面积161.23万亩，回收农田废旧地膜8 920吨，废旧地膜造粒量7 254吨。

此外，为了防治农业面源污染，农业部还在太湖、巢湖、滇池、三峡库区等重点流域开展了农业生态补偿试点，采取物化补贴方式，对采用化肥减施、农药减施、农药残留降解等环境友好型技术和应用高效、低毒、低残留农药和生物农药的农户进行补贴，鼓励农户采用清洁生产方式，从源头上控制农业面源污染的发生，探索建立农业生态补偿机制。江苏省苏州市通过项目实施，推广应用商品有机肥13.7万吨，绿肥种植面积14万亩，推广应用高效低毒低残留农药2 476万亩，生物农药1 020万亩，全年化学氮肥施用量减少3.2%，化学农药使用量减少7.97%，取得了显著的综合效益。

（二）主要废弃物利用处理情况及生态补偿政策措施

1. 畜禽粪便 改革开放30年来，我国畜牧业生产得到快速发展，畜牧业养殖方式也从农户散养逐渐向专业化饲养转变，规模化养殖比例不断提高，2010年生猪年出栏500头以上的规模养殖比例达到34.5%。然而，随着畜禽养殖业由散养向专业化养殖转变，畜禽粪便的利用率逐渐下降，畜禽粪便对环境的污染有日趋加重的趋势。据测算，目前我国畜禽养殖粪污产生总量约为30亿吨，粪便产生量9亿吨，尿液产生量7亿吨，其余均为粪污，但是畜禽粪污的有效处理率仅为42%。据第一次全国污染源普查，畜禽养殖排放化学需氧量1 268.26万吨、总氮102.48万吨、总磷16.04万吨，分别占农业源总排放的95.78%、37.89%、56.34%。

防治畜禽养殖污染必须加快推进畜禽粪便的资源化利用和无害化处理，我国在防治畜禽污染方面主要采取了以下措施。

（1）推进畜禽标准化养殖小区建设。2006年，中央财政安排专项资金1 500万元，在山西、黑龙江等7个省选择20个畜禽养殖小区，开展标准化畜禽养殖小区建设试点，重点支持奶牛和生猪养殖小区建设粪污处理设施。目前，畜禽标准化养殖小区建设项目已覆盖生猪、奶牛、肉牛、肉羊等品种，2013年中央财政投入超过36亿元，每个养殖场（小区）补助标准为15万元到100万元不等，主要用于粪污处理设施建设，做到干清分离、固液分离、雨污分离，实现粪污无害化处理。2013年，发布的《畜禽规模养殖污染防治条例》从法律上对畜禽污染防治和粪污无害化处理与综合利用等作出了具体严格的规定。

（2）大力发展农村沼气。为了推进畜禽粪便无害化处理和综合利用，从2003年开始，中央财政投入10亿元，启动农村沼气建设项目，从户用沼气开始，到大中型沼气工程建设。截至2013年，中央财政累计投入339亿元，建设户用沼气4 300万户、大中型沼气工程10万处，年处理畜禽粪污16亿吨，产气量近180亿米^3，1.5亿农民受益，替代2 500万吨标准煤，减少二氧化碳排放6 000万吨。中央投资主要用于沼气基本建设和设备补助。

（3）生产有机肥。目前，我国生产有机肥厂家4 000多家，生产复合肥厂家4 000多家，每年处理粪便1亿吨左右。在生产有机肥补偿政策方面，2004年上海市率先试行对商品有机肥的扶持政策，对生产和使用有机肥按照施用面积大小和购买数量进行一次性补贴；此后，江苏、山东等地也陆续实行有机肥补贴政策。2008年4月，财政部、国家税务总局联合发布了《关于有机肥产品免征增值税的通知》，规定自2008年6月1日起，纳税人生产销售和批发、零售有机肥产品免征增值税。但是，总体上看，补贴范围小，补贴资金有限，一些有机肥企业在用电、运输等方面没能享受优惠政策。

2. 秸秆 据国家发展和改革委员会、农业部联合调查，2012年我国主要秸秆可收集量为8.17亿吨，秸秆品种以玉米、水稻、小麦为主；其中玉米约3.2亿吨、水稻约2.0亿吨、小麦约1.7亿吨，秸秆利用量为6.05亿吨，综合利用率达到74.1%。目前，农作物秸秆作为可再生的生物质资源的利用价值逐渐被认识，开发利用途径和领域不断拓宽，主要归纳为肥料化、饲料化、燃料化、基料化、材料化“五料化”利用途径。

（1）秸秆肥料化利用。主要有直接还田、堆肥还田及制造有机复混肥等方式，现阶段以秸秆直接还田为主。2012年，全国秸秆肥料化利用量2.1亿吨，占秸秆可收集量的26.4%。

（2）秸秆饲料化利用。主要有物理加工（如粉碎、热喷、制粒）、化学处理（如碱化、氨化）、生物处理（如青贮、微贮）等方式。2012年，全国秸秆饲料化利用量2.2亿吨，占秸秆可收集量的27.8%。

（3）秸秆燃料化利用。主要有直接燃烧（包括通过省柴灶、节能炕、节能炉燃烧及直燃发电）、固体成型燃料技术、气化和液化等方式。2012年，全国秸秆能源化利用量约1.1亿吨，占秸秆可收集量的13.6%。

（4）秸秆基料化利用。秸秆含有丰富的碳、氮、微量元素及维生素，适合做多种食用菌的培养料，还可用于生产供花卉、苗木和水稻育秧使用的基质。2012年，全国秸秆基料化利用量0.2亿吨，占秸秆可收集量的2.9%。

（5）秸秆原料化利用。秸秆可替代木材用于造纸、生产板材、制作工艺品、生产活性炭等，也可替代粮食生产木糖醇等。2012年，全国秸秆原料化利用量0.3亿吨，占秸秆可收集量的4.2%。

目前，我国在运用生态补偿手段、推进秸秆综合利用方面的主要政策措施：一是在农机购置补贴方面，已有20个品目、100多种型号的秸秆处理利用机械纳入了农机购置补贴范围，2013年中央财政共安排秸秆综合利用机具补贴资金2.1亿元、补贴机具4.9万台。二是在秸秆还田方面，2008—2013年中央财政累计安排补贴资金32亿元，组织实施土壤有机质提升补贴项目，累计实施面积1亿多亩。三是在秸秆养畜方面，中央财政仅2012年和2013年就投入2.9亿元，建设秸秆养畜示范项目281个。四是在秸秆能源化利用方面，开展秸秆沼气集中供气示范工程建设，已建成秸秆沼气集中供气工程434处；推广生物质成型燃料技术，累计建成秸秆固体成型燃料示范工程1 060处、年产量482.77万吨；对从事秸秆成型燃料、秸秆气化等秸秆能源化利用规模企业给予综合补助；对新建农林生物质发电项目，统一执行标杆上网电价0.75元/度。

此外，一些地方还结合实际出台了相关秸秆综合利用补偿政策。例如，安徽省合肥市对秸秆禁烧的每亩补贴30元，搬运离田并在指定地点堆放的每亩补贴20元，就地堆腐还田的每亩补贴20元，田头窖堆腐还田的每亩补贴30元。对新建500户以上的秸秆气化站一次性补助建设费60万元，对以秸秆生物质燃料作能源的锅炉改造奖补10%的费用，新建秸秆固化加工厂补贴设备总价的50%。江苏省对于秸秆机械化还田给予专项补助，苏南地区、苏中地区、苏北地区补助标准分别为每亩8元、

10元和15元。南京市于2013年提出建立“划片收储、集中转运、规模利用”的秸秆收储利用体系，明确秸秆集中收储补贴发放对象为集中收储田间秸秆的村社集体、收储组织或企业。

（三）农业资源保护与开发利用及生态补偿政策措施

1. 草原 我国有天然草原面积近4亿公顷，占国土面积的41.7%。目前，我国90%以上的草原都有不同程度的退化，草原生态局部改善、总体恶化的趋势尚未得到根本遏制，草畜矛盾仍然十分突出，草原生物多样性遭到破坏。

为了遏制草原生态环境不断恶化的趋势，从2003年开始，我国在西部地区11个省份实施退牧还草工程，计划用5年时间在蒙甘宁西部荒漠草原、内蒙古东部退化草原、新疆北部退化草原和青藏高原东部江河源草原，先期集中治理6 667万公顷，约占西部地区严重退化草原的40%。退牧还草采用禁牧、休牧和划区轮牧3种方式进行，退牧还草期间，国家将对牧民进行粮食和饲料补助。

为了保护草原生态、保障牛羊肉等特色畜产品供给、促进牧民增收，从2011年起，国家在内蒙古、新疆、西藏、青海、四川、甘肃、宁夏和云南8个主要草原牧区省份和新疆生产建设兵团投入中央财政资金136亿元，全面建立草原生态保护补助奖励机制。主要内容：一是实施禁牧补助。对生存环境非常恶劣、草场严重退化、不宜放牧的草原，实行禁牧封育，中央财政按照每亩每年6元的测算标准对牧民给予禁牧补助，5年为一个补助周期，禁牧期满后，根据草场生态功能恢复情况，继续实施禁牧或者转入草畜平衡、合理利用。二是实施草畜平衡奖励。对禁牧区域以外的可利用草原，在核定合理载畜量的基础上，中央财政对未超载的牧民按照每亩每年1.5元的测算标准给予草畜平衡奖励。三是给予牧民生产性补贴。包括畜牧良种补贴、牧草良种补贴（每年每亩10元）和每户牧民每年500元的生产资料综合补贴。

2012年，草原生态保护补助奖励政策实施范围扩大到山西、河北、黑龙江、辽宁、吉林5个省份和黑龙江农垦总局的牧区半牧区县，全国13个省份所有牧区半牧区县全部纳入政策实施范围内。2013年，国家继续在13个省份实施草原生态保护补助奖励政策，中央财政投入补奖资金增加到159.46亿元，全国12.3亿亩草原实行禁牧休养生息，26.1亿亩草原实现草畜平衡。

2. 渔业 我国渔业资源蕴藏量和鱼类种质资源非常丰富，共有43目282科1 077属2 831种鱼类，具有可观的经济价值和广阔的开发前景。但是，由于长期以来过度捕捞和水体污染等原因，渔业资源不断减少和水域生态恶化等问题非常突出。

为有效保护水生生物资源及水域环境质量、保障渔业可持续发展，近年来，农业部在渔业资源保护及生态补偿方面进行了有益探索，取得了积极成效。

（1）实施专项补偿项目。根据有关法律规定要求，积极参与各类涉渔工程项目的环境影响评价工作，得出工程建设对渔业资源环境造成影响的评价结果及补救措施，争取相关补偿项目并落实补偿资金，直接协调落实了洋山港一期工程、金沙江一期工程和三峡工程生态补偿项目等较大补偿项目，最大限度地保护渔业生态和维护渔民权益。

（2）实施渔业资源保护补助政策。2002年，我国全面启动沿海捕捞渔业转产转业工程，连续3年每年安排2.7亿元用于实施渔船强制报废和渔民转产转业项目补助。2009年，中央财政安排转产转业和渔业资源保护转移支付专项资金，除继续推进沿海渔民减船转产和海洋牧场示范区建设外，在全国全面推进水生生物增殖放流工作，进一步加大对水生生物资源的养护和修复力度；2011年，变更为渔业资源保护与转产转业转移支付项目；2013年该项目资金投入4亿元，其中用于水生生物增殖放流30 600万元、用于海洋牧场示范区建设9 400万元。

（3）实施以船为家渔民上岸安居工程。2013年，中央财政安排5亿元，在江苏、浙江、安徽、山东、湖北、湖南、广东、广西8个省份实施以船为家渔民上岸安居工程，户均补助标准为20 000元、7 500元两档，力争用3年时间实现以船为家渔民上岸安居，改善以船为家渔民居住条件，推进水域生态环境保护。

3. 农田生物多样性 农田既是重要的自然资源和资产，又是介于自然生态系统（如草地和森林生态系统）和人工生态系统（如城市生态系统）之间的特殊生态系统。据测算，我国粮食主产区农田单位面积生态服务价值平均为4 044.55元/(公顷・年)，东北、华北和长江流域的三大平原农田总生态服务价值为3 128.82亿元/年。农田生态系统生物多样性的保持对水土保持、土壤改良、空气净化、有机残留物及有毒物质分解等具有重要作用。此外，生物多样性保护还可以提供授粉机会、传播种子、增加天敌数量、调控害虫发生、恢复生态系统平衡等。

目前，我国针对农田生物多样性的生态补偿政策尚处于初期，企业参与或者市场化的生态补偿做法几乎没有，农田生物多样性多是以农田生态保护工程为投入重点，且以政府投入为主，如农业生态环境保护项目、湿地保护项目等。调查发现，一些地方在探索农田生物多样性补偿方面进行了有益尝试，如重庆市巴南区农业环保部门支持推广稻田养鸭模式，对其中的鸭苗进行了生态补偿，鸭苗成本为每只3.2元，每亩放养鸭苗数量15～20只，等稻田秧苗缓苗后即可放养鸭苗，水稻收获后，鸭子归农民或农业企业所有。

（四）农产品产地土壤重金属污染修复及生态补偿政策措施

全国土壤污染状况调查公报显示，我国土壤总的超标率为16.1%，耕地点位超标率为19.4%。在3.5亿亩被污染耕地中，轻微、轻度、中度和重度污染的耕地点位分别占耕地点位的13.7%（2.5亿亩）、2.8%（0.5亿亩）、1.8%（0.3亿亩）和1.1%（0.2亿亩）；重度污染耕地很少，主要集中在工矿企业周边及南方水稻产区，主要污染物为镉、镍、铜、砷、汞、铅、滴滴涕和多环芳烃。

自2006年以来，农业部先后在天津、广西、湖南、海南、江苏、福建等地开展农产品产地重金属污染治理修复试点，采用黏土矿物（海泡石和膨润土）、生物炭、磷肥、石灰、有机肥（鸡粪）及高积累植物等化学和生物措施，对天津市东丽区长期污水灌溉菜地、湖南湘阴污灌稻田及广西河池矿区污染农田等进行了原位钝化修复和生物修复示范，筛选综合防治技术，并示范研究治理修复技术对农产品产地环境质量及农产品安全的影响，为今后大规模开展污染土壤的治理修复提供技术支撑和保障。

2014年，财政部投入11.65亿元，在湖南省长潭株地区开展农产品产地土壤重金属污染修复示范试点。在长潭株地区156万亩重金属污染耕地中（达标生产区76万亩，管控专产区80万亩），通过全面施用石灰，降低土壤重金属活性，达到提升耕地质量与修复治理污染耕地的目的；中央财政采购施用生石灰精粉的，每亩补贴60元。此外，还在76万亩达标生产区，全面推广增施商品有机肥、喷施叶面肥、种植绿肥、深耕改土和优化水分管理5项土肥水技术。其中，增施商品有机肥50万亩，补贴标准140元/亩；喷施叶面肥76万亩，补贴标准20元/亩；种植绿肥50万亩，补贴标准50元/亩；深耕改土76万亩，补贴标准40元/亩；优化水分76万亩，补贴标准20元/亩。

二、构建农业生态补偿机制面临的主要问题和障碍因素

（一）思想认识不到位

从农民来讲，对生态环境保护缺乏足够的认识、相关的知识和主动参与的意识；在农业污染控制方面，既是破坏者，也是受害者；在获得生态补偿方面处于弱势地位，维权意识和能力较差。从政府来讲，对农业生态补偿的重视程度不够，过于关注森林、自然保护区、流域治理、矿产资源开发及重大生态建设工程的生态补偿，对于农民减施化肥农药、增施有机肥等农业生产措施缺乏相应的补偿政策。从社会来讲，公众在体验农业的多种功能性同时，常常忽视了农业的生态功能，在关注农产品质量安全的同时，往往忽视了产地环境安全和生态补偿的重要性，难以形成多元化的投入补偿机制。

（二）主体权责不明确

农业生态补偿应按照“破坏者付费、使用者付费、受益者付费、保护者得到补偿”的原则区分主

体权责关系，但在实践中由于没有对各相关主体的责权利进行明确界定，出现受益者无偿占有生态效益而保护者却得不到应有的经济激励、破坏者不承担破坏生态的责任和恢复的成本而受害者却得不到应有的经济赔偿的现象，造成生态效益及相关经济效益在保护者与受益者、破坏者与受害者之间的不公平分配。例如，目前的肥料补贴，大多倾向于按照生产吨数向肥料生产企业进行补偿，影响农民积极参与和科学施肥积极性。同时，我国目前的农业生态补偿工作基本上由政府主导，缺乏利益相关者的广泛参与和有效监督，影响了生态补偿的实施效果。例如，在草原生态补偿中，由于草原产权不明晰，导致国家对草原的所有权空置、集体对草原的处分权虚置、牧民对草原的使用权时常被剥夺，各方面积极性难以有效调动起来。

（三）法律制度不健全

一是缺乏专门的法律法规。国家层面的生态补偿相关条例迟迟没有出台，涉及农业生态补偿具体领域的专门法规（如地膜回收处理法规、秸秆综合利用法规等）也没有。现有涉及生态补偿的法律规定分散在多部法律之中，缺乏系统性和权威性，甚至出现交叉打架现象，如《农业法》《水污染防治法》《固体废物污染防治法》对畜禽规模养殖的相关规定。一些省份虽然制定了《农业生态环境保护条例》，提出了农业生态补偿制度，但往往没有具体内容和实施细则，可操作性不强。二是现行的农业生态补偿政策措施由于缺乏相应的法律依据，造成各项政策在实际运行中操作性不强、随意性现象严重。很多地方把农业生态补偿看作是一种补助、补贴或福利，可有可无、可多可少，随意性大。三是农业生态补偿政策在立法上的空白，给有关部门的执法和实施救济制度带来了困难，使农业生态保护的正外部性行为和减少负外部性的污染控制行为得不到有效补偿。

（四）政策措施不完善

1. 投入保障能力不足　我国生态补偿资金投融资渠道单一，主要有财政转移支付和专项基金两种形式，其中财政转移支付是主要的资金来源；但是，目前政府财政投入严重不足，很难为直接补偿提供足够的支撑。从各地看，由于经济发展不平衡，造成发达地区更加注重在环境保护中发展经济，生态补偿投入力度大、效果好，而欠发达地区往往面临着要温饱还是要环保的两难抉择。

2. 一些现行农业政策对农业生态环境保护产生负面影响　例如，国家粮食安全政策在一定程度上抵消了生态补偿带来的生态保护功效，农民增收政策出现了以牺牲环境为代价、追求利益最大化的短期行为，农业结构调整政策造成规模化畜禽养殖带来的污染问题十分突出，对农业生产资料等的补贴政策导致过度使用化肥、农药、除草剂等。

3. 以项目工程实施为主的农业生态补偿方式缺乏稳定性　以项目工程方式进行生态补偿，便于操作，但容易导致生态补偿政策缺乏长期性和稳定性，给实施效果带来较大的变数和风险。

4. 现行税收政策缺乏对农业资源环境的保护功能　例如，没有开征生态环境保护方面的税种，化肥农药的增值税率过低间接加剧了农业生态环境污染，农药、化肥、农膜等消费品没有纳入消费税征税范围，容易给环境带来污染等。

（五）补偿体系不健全

1. 补偿主体单一　以纵向补偿为主，缺乏生态横向转移补偿机制。目前，我国的生态补偿以中央对地方的财政转移支付为主，区域之间、流域上下游之间、不同社会群体之间的横向转移支付微乎其微。这种完全由中央政府买单的方式显然与受益者付费的原则不协调，形成“少数人负担、多数人受益，上游地区负担、下游地区受益，贫困地区负担、富裕地区受益”的不合理局面。

2. 补偿范围过窄　农业生态补偿主要集中在草原、渔业资源、耕地保护等领域，涉及投入品减施、废弃物处理、流域治理、生物多样性等方面的生态补偿政策很少；同时，许多生态补偿政策措施虽然有点上的探索，但是面上还没有推广。

3. 补偿标准不合理 补偿标准主要由政府部门制定，没有调动利益相关方参与协商，存在不透明和一刀切现象，没有考虑不同地区自然条件和经济条件差异。补偿标准普遍偏低，没有反映出生态保护的实际价值。例如，草原禁牧补助一亩地才6元钱，明显低于草原产生的经济生态效益。

4. 补偿方式单一 以政府财政补偿为主，通过行政手段推动和工程项目实施。多元化补偿方式尚未形成，横向生态补偿实践不足，碳汇交易、排污权交易、水权交易等市场化补偿方式仍处于探索阶段。

（六）配套基础工作薄弱

1. 农业生态补偿标准制定存在一定技术障碍 缺乏评价生态效应和环境服务的标准和方法。目前，关于标准的计算方法很多，如成本法、收益法、意愿支付法、资产评估法、综合效益评价法等，但这些方法还主要停留在理论研究上，评价结果缺乏说服力，在实施中容易引起矛盾和冲突。

2. 农业环境监测体系不健全 在日常监测、责任认定、行政执法、价值计算和效益评估等方面缺乏机构、队伍、条件和手段，难以适应生态补偿日常工作需要。

3. 缺乏有效的监测评估机制 对农业生态补偿政策的实施效果、相关利益群体的态度和反应、预定目标达到、补偿工作实施及资金监督管理等，还没有一个科学合理的实施评价标准与制度。

（七）管理体制不顺

我国农业生态补偿在管理体制上涉及发展和改革、财政、林业、水利、国土资源、海洋、环境保护等部门，这些部门在生态补偿方面都具有一定职责，并掌握相关资源，但这种部门主导的生态补偿体制容易造成主体责任不明、管理职能交叉、分工协作缺乏、资源整合困难、补偿效率低下。例如，流域污染治理的跨部门跨地区协调、土壤污染防治方面的统一管理与分工配合等问题，都需要理顺管理体制，明确职责任务，形成工作合力。从农业部来讲，农业生态补偿涉及种植业、畜牧业、渔业、农机、监管、科教等司局及相关事业单位，主要依托相关项目开展生态补偿，基本上处于各自为战、分散管理状态，还没有形成农业资源环境保护统一协调的运行机制，不利于农业生态补偿机制的系统构建和有效实施。

三、国外开展农业生态补偿的政策措施和重要启示

农业生态补偿的实施在世界范围内具有普遍性，尤其以美国、欧盟、日本和韩国等西方发达国家具有较强的代表性。这些国家在农业生态补偿领域积极探索和实践，构建了一套相对稳定的农业生态补偿政策体系，具有许多值得我国借鉴的成功经验。

（一）国外开展农业生态补偿的政策措施

1. 美国 美国农业生态补偿政策的主要目的在于通过补偿农民因土地退耕所造成的经济损失或在未退耕土地上实施环境友好型农业生产方式所承担的成本投入来保护自然生态环境，减少农业生产对自然生态环境的破坏。

（1）完善农业生态补偿立法体系。通过立法，对生态环境保护给予法律保障。美国将农业生态补偿制度贯穿于其国内各单行立法中，通过各单行立法的实施进而将农业生态补偿落实到各个板块，逐渐形成农业生态服务付费的相关政策及制度体系，农业生态补偿的框架也较为完整，针对性、实效性强。

（2）实施农业生态补偿专项计划。为应对生态环境恶化和自然资源退化的风险，美国政府设立了农业生态补偿专项计划，包括保护性储备计划、环境质量激励计划、农田和牧场保护计划、草地保护项目、湿地储备计划和安全保护项目、农业用水提升计划等。这些项目计划以现金补贴和技术援助的

方式，使农民直接受益，不仅补贴规模持续增长，而且范围也逐渐扩大。例如，2008 年新农业法投入 486.98 亿美元，用于土地休耕、农田水土保持、湿地保护、草地保育、农田与牧场环境激励等 15 个农业资源环境项目分计划。

（3）构建农业生态补偿机制。一是以满足农民的受偿意愿为重要参考标准来实施农业生态补偿项目。二是根据保护计划提出和竞价方式确定补偿标准，或将相应农业生产活动成本的固定比例作为补偿标准。三是补偿资金分配主要基于农业环境目标，一般按照环境收益和成本，采用环境指数确定各环境目标的相对权重。四是由政府向改变土地利用方式或采用有助于实现农业环境目标的土地利用方式的农民提供现金补偿，资金来源于国家公共税收。五是实行严格的监督管理，符合条件的项目参与者，将被随机选择参加每年的查证和评审。不遵守协定的惩罚包括重新分配补偿款和限制一定的生产者贷款项目。

2. 欧盟 欧盟农业生态补偿政策完全是基于欧盟共同农业政策（CAP）框架体系下制定、执行、改革和实施的。1992 年，欧盟通过的新共同农业政策，以缓解农业面源污染为目标，鼓励农民采取有利于减少农业面源污染的生产措施，如减少化肥、农药等施用量，并对由此造成的农民收入下降给予补贴。

（1）实施农业生态补贴。主要采取价格补贴与环境保护措施挂钩方式，通过休耕、种植可再生原料和实施严格的载畜量规定等措施，逐步引导农民自觉保护环境。欧盟要求共同农业基金首先确保对保护环境和保护自然风光有利的农业活动进行相应补贴，同时鼓励各成员国对生态农业、合理利用农业副产品和废料及动物保护进行投资补贴。农业生态补贴包括对环境受限制地区补贴、农业环境保护补贴、林业经济补贴、对农业用地上的植树造林支持、对山区和欠发达地区的生态补贴 5 类。农业生态补贴方式有以下 3 项：一是“直接收入”与“脱钩”，实行直接收入支持计划，对愿意休耕土地且休耕率达标的农户进行直接补偿；二是“交叉遵守”，农民要想获得支持必须满足环境标准、食物安全、动植物健康标准及动物福利等要求，否则就会削减直至取消对他们的补贴；三是“合乎要求的农场生产”，规定农民要想获得投资于农场、新农民创业、提高农产品的加工和市场能力等补贴，必须遵守“合乎要求的农场生产”标准。

（2）开征农业生态环境保护税种。例如，荷兰为保护生态环境而创设的税种有垃圾税、水污染税、土壤保护税、地下水税、超额粪便税等，名目繁多、针对性强、效果显著。1979 年，芬兰开始对化肥征税，1992 年以后化肥税根据化肥里的氮、磷含量来征收。

（3）实行生态标签制度。欧盟不少国家通过法律法规实施环境方面的申报登记、标志、标示制度，包括产品标志、特定区域标志等。例如，各种生态功能区、自然保护区和其他特定保护区的标志。德国要求整个农场农业生产活动必须全部按照有机农业的标准进行，并贴有有机食品的标签。

3. 日本 日本制定了比较全面的农业生态补偿政策，对“有机农业”“化肥、农药减量施用”“废弃物再生利用”等环境友好型农业生产方式予以政策倾斜。

（1）以立法形式保障农业生态补偿政策实施。1999 年出台的《食物、农业、农村基本法》，强调发挥农业在维持和平衡整个社会生态系统中的重要作用；2000 年颁布的《针对山区、半山区地区的直接支付制度》，规定农户必须按照与地方政府签订的相关协议从事环境友好型农业生产，才能领取相应补贴；2005 年颁布的《农业环境规范》《食物、农业、农村基本计划》，明确了农民采用环保型农业生产方式享受的政府补贴、政策性贷款等各项支持政策。

（2）用于农业生态补偿的资金来源多元化。包括农业改良资金中的环境保护型农业推进项目资金扶持、农林渔业设施资金中有关环境保护型农业推进行动计划资金、农业生产综合对策行动中增进自然循环功能的计划、促进畜禽废弃物管理利用的新设资金项目、畜禽废弃物等有机资源再生利用推进行动计划、基于绿肥和堆肥的土壤改造的持续旱作农业项目 6 个方面。

（3）以生态环保型农户为载体给予支持　一是对有机废弃物资源再生利用推进项目、土壤改造项目进行建设资金补贴和税款返还政策支持；二是对采用环境友好型农业技术进行生产的农户，提供农业专用资金无息贷款；三是对农业生产综合利用建设中增进资源循环利用的实施主体给予金融、税收方面的优惠政策。

4. 韩国

（1）制定环境友好导向的农业生态补偿政策。引进并实施“亲环境”农业直接支付制度，对环境友好农业实践中可能导致收入减少的农民给予补偿，并奖励农业环境保护、农村环境保护和农业清洁、安全生产行为。例如，建立有机农产品生产地补贴项目、无农药农产品产地补贴项目、低农药农产品产地补贴项目，实施环境友好型畜产品直接支付制度、环境友好型农业培育5年计划等。

（2）实施环境友好农产品认证和直接支付制度。以《环境友好农业促进法》为依据实行环境友好农产品认证标识制度，只有产品通过了环境友好型农产品认证的农户，才能成为政府财政直接补贴的对象。1999—2004年，政府对通过有机认证、有机过渡期认证和无农药生产认证的农户，一律按每公顷52.4万韩元进行补贴（上限为5公顷）；2005年这一补贴金额最高可达每公顷79.4万韩元。自2001年开始，政府对从事水稻种植农户实施水田直接补贴，2002年水田直接补贴面积达到总面积的70%、财政出资金额达到39亿韩元。

（3）开征乡村发展特别税。从1994年开始，为期10年，通过乡村发展特别税，对乡村社会发展和推进水利基础设施建设形成了长期稳定的支持。主要规定凡缴税所得超过5亿韩元的公司及特别消费税、购置税、证券交易税、博彩税和土地综合税的纳税人都是乡村发展特别税的法定纳税人，分别以0.5%～20%的法定比例税率缴纳。

（二）重要启示

1. 必须健全农业生态补偿法律体系 发达国家农业生态补偿政策之所以能够得到有效实施，首先在于有完备的法律体系提供强有力的制度保障。我国要系统梳理并重新修订现行相关法律法规，以法律形式明确农业生态补偿的范围、对象、方式、标准，以及各相关主体的责权利等，逐步构建生态补偿的长效机制。

2. 必须发挥好政府和市场两个作用 在目前情况下，主要依靠政府发挥主体作用，同时要积极引入市场机制、创新补偿手段，在完善转移支付、专项基金、税收制度的同时，逐步健全生态环境价格机制、交易机制、生态标签制度等，建立公平、公开、公正的生态利益共享及相关责任分担机制。

3. 必须依托项目开展农业生态补偿 依托项目管理实施环境政策是国际上的一条成功经验，具有很强的针对性和可操作性。我国目前的农业生态补偿政策主要依靠相关项目来实施，如测土配方施肥、草原生态奖补、农村沼气建设等。今后要针对不同领域和对象，调整增设农业生态补偿项目，以项目为依托实施农业生态补偿政策。

4. 必须调整现行农业补贴政策支持方向 将农业补贴转向农业资源环保与可持续发展，是发达国家农业补贴制度演变的一个新动向。自2004年以来，我国实行的农业补贴项目主要以发展生产和保障供给为目的，没有充分考虑生态环境保护的目标，没有认识到农业补贴对生态环境的潜在影响。因此，应及时调整农业补贴支持方向，将农业补贴与环境保护挂钩，实施利于农业可持续发展的财政补贴政策。

5. 必须加强农业生态补偿政策实施的监督管理 改变以往农业生态补偿标准缺乏科学测算、项目实施缺乏有效监管、补偿效果缺乏客观评价的状况，加强对补偿政策项目实施的全过程监管，建立基于动态监测评价基础上的生态补偿激励机制和约束机制，提高农业生态补偿政策项目的实施效果。

6. 必须尊重各利益主体的意愿需求 发达国家农业环境保护主要以自愿方式引导农户积极参与，财政补贴以合同方式落实。我们在制定和实施农业生态补偿政策中，要充分尊重各利益主体尤其是农民的意愿，推动政府与农民达成协议，以合作方式引导农民实施环保行为。同时，引导鼓励各利益主体按照一定程序，就补偿意愿与支付意愿进行协商平衡、达成补偿协议。

四、构建我国农业生态补偿的框架体系

农业生态补偿框架体系的基本要素是指农业生态补偿得以实现的相关构成，主要包括：谁补偿，即补偿主体问题；补偿谁，即补偿对象问题；对什么补偿，即补偿客体问题；如何补偿，即补偿方式问题；补偿多少，即补偿标准问题。构建我国农业生态补偿机制必须坚持“谁开发谁保护、谁受益谁补偿”的原则，以法律法规为依据，以项目为依托，尊重各利益相关主体意愿，按照影响农业生态环境的各要素、各领域，分门别类构建，不断提高农业资源利用效率，促进农业资源环境保护与可持续发展。

（一）补偿主体

农业生态补偿主体是依照相关法律法规规定具有补偿权利和行为能力、负有农业生态环境和自然资源保护职责或义务、且依照法律规定或合同约定应当向参与农业生态环境保护的个人或组织提供补偿的政府机构、企业组织和个人；包括作为全民利益代表承担资源环境等公共产品保护职责的政府部门，按照规定或约定应当提供生态补偿资金、实物、技术或劳务等的企业和社会组织，因生态环境保护而获益的农业生产者本身。

1. 政府机构 农业生态环境保护的最大受益者是社会，作为社会管理者的政府应该是农业生态补偿的首要主体，包括中央政府和地方各级政府。中央政府主要负责全国性、全局性的生态补偿，如跨区域资源保护、大流域环境治理等。地方政府主要对辖区范围内农业生态环境保护、农业污染防治、地域性农业技术研发等进行补偿。

2. 企业组织 由于企业从事生产经营活动几乎都要涉及资源利用和废弃物排放行为，按照受益者付费、破坏者恢复、保护者得补偿的原则，理应承担相应责任。由企业向农业自然资源所有者（管理者）或农业生态环境服务提供者支付相应费用，可以避免企业把本应自己承担的污染成本转嫁给社会或者利用生态环境的外部经济性“搭便车”降低生产成本，从而实现企业外部成本的内部化。既可采取污染罚款、生态税费等间接补偿，也可以直接向受损者、保护者付费。

3. 社会组织 包括国际组织、社团组织、科研院所、高等院校等非营利社会组织，主要是基于资源环境保护理念宣传和科研试验示范需要，对其资源利用和环境损害行为进行补偿。其经费来源主要是自筹和募捐所得。

4. 公民 公民在生产、生活和其他活动中，都可能占用或享用农业生态环境与资源，也可能对农业生态环境造成破坏，产生污染。因此，应该让受益者公民承担责任，进行付费；让污染者付费以规制其行为活动，减少其外部不经济性。公民对农业生态进行补偿，既可以直接开展，也可以通过社会中介等机构进行。

（二）补偿对象

农业生态补偿对象是直接参与农业生态保护活动并产生正外部性效益或者由于污染控制导致利益受损、按照规定应得一定补偿的地区、社会组织和个人。主要解决“补偿谁”的问题。

1. 地区（区域） 主要指水源区、流域上游、自然保护区、湿地等因保护当地生态环境而发展权受到限制的地区。

2. 社会组织 主要是实施环境保护建设项目、开展资源环境保护技术研发推广、参与污染控制和环境改善行为的企业或组织。例如，大中型沼气工程、规模化养殖企业、有机肥生产企业、地膜秸秆回收处理企业、农业环保技术研发机构、农技推广服务组织、农民合作社等。

3. 个人（农民） 对于参与农业环保建设项目或采纳环境友好型农业生产方式防控污染的农民，应该给予补偿。一方面，可以对农民参与环保引起的经济损失或潜在风险做出补偿；另一方面，可以

引导农民的生态环境保护意识倾向。在补偿政策实施过程中，农民有权选择是否参加补偿项目，自愿成为补偿主体。

（三）补偿客体

补偿客体是补偿主体的权利和义务所指向的对象，解决“对什么补偿”的问题。农业生态补偿客体是指为保护农业生态环境和维护、改善或恢复农业生态系统服务功能而进行的环境保护行为或活动。

1. 农业生态环保建设项目

（1）农业生态保护工程。包括耕地保护、农业水资源保护的工程或项目，如退耕、休耕、免耕、水土保持等生态补偿项目。

（2）农业清洁生产项目。包括农村沼气建设项目、农村清洁工程、农业清洁生产项目等。

2. 农业污染源减排行为　我国农业污染源主要包括化肥、农药、畜禽粪便、农用薄膜、作物秸秆。

（1）化肥、农药污染控制。对于按照技术规程要求合理减量施用化肥和农药的农户给予一定补偿。通过调整施肥结构、降低施肥量、采用替代型施肥技术、使用替代肥料等方式控制化肥施用污染。同时，提高农药利用率，降低高毒、高残留农药使用量和使用面积。

（2）畜禽粪便污染控制。支持畜禽规模养殖小区（场）发展大中型沼气工程，推进畜禽粪便资源化利用，提供畜禽粪便无害化处理技术支持，鼓励建设有机肥生产厂和循环经济开发基地。

（3）地膜污染控制。采取补偿激励措施，鼓励农民积极回收地膜，支持地膜回收加工企业对地膜进行处理加工，支持研发和推广可降解地膜技术。

（4）作物秸秆污染控制。大力推广农作物秸秆综合利用，对推进秸秆饲料化、肥料化、原料化、燃料化、基料化的技术措施和行为实行生态补贴。

3. 农业生物资源保护　对推进农业野生动植物资源保护、有效防治农业外来生物入侵、维护农田生物多样性的措施和行为，进行农业生态补偿，营造良好的农业生态环境。

4. 农产品产地重金属污染修复　对在农产品产地重金属污染修复过程中积极采用以农艺为主的污染修复措施、调整农业种植结构等行为造成的损失进行生态补偿。

5. 农业环保教育与技术推广　包括开展农业环保教育宣传，增强农民环保意识；开展农业环保技术培训推广，引导农民转变生产方式，采纳环境友好新技术；对消费者进行绿色消费宣传和引导，以消费需求拉动农产品清洁生产等。

（四）补偿方式

农业生态补偿方式是补偿得以实现的形式，主要解决“如何补偿”的问题。目前，我国农业生态补偿主要有资金补偿、实物补偿、政策补偿和技术补偿4种方式。

1. 资金补偿　这是目前我国农业生态补偿的最主要、最直接方式，主要包括财政转移支付、国家或地方财政拨款、信用贷款担保、补偿金、赠款、税收、农业补贴、加速折旧等。

2. 实物补偿　指补偿主体运用物质、劳力和土地等实物形式给予补偿对象所需要的部分生产要素和生活要素，以增强其生产生活和保护环境能力。

3. 政策补偿　指上级政府赋予下级政府、各级政府赋予特定范围的补偿对象以一定权力或享受特殊政策，使其在授权范围内享有优惠待遇。政策补偿包括投资项目、产业发展政策、财政政策、金融政策、信贷政策、税收政策等。从长期看，政策补偿是农业生态补偿的根本。

4. 技术补偿　指中央政府和地方政府以技术扶持的形式对生态环境的综合防治给予支持，包括开展技术服务、培训受补偿地区人员、提供无偿技术咨询和指导等。

此外，在市场补偿方面，包括税收、一对一的市场交易、可配额的市场交易、生态标志和协商谈判等方式。

（五）补偿标准

补偿标准是农业生态补偿制度得以良好运行的核心问题，指在一定社会经济条件下、依据社会公平原则、对生态补偿支付的依据。补偿标准解决了“补偿多少”的问题。

1. 确定农业生态补偿标准的依据

（1）农业生态价值。针对农业生态保护或者环境友好型的农业生产经营方式所产生的水源涵养、水土保持、气候调节、景观美化、生物多样性保护等生态服务功能价值进行综合评估与核算，评价由于农业污染造成的农业生态环境服务功能损失。

（2）成本。被补偿对象为提供生态系统服务功能、保护生态环境而付出的成本，包括人力、物力和财力等。

（3）机会成本的损失。被补偿对象为提供生态系统服务功能而丧失的机会成本，如一些大型的生态建设项目和开发建设行为等。

（4）受偿意愿和支付能力。包括补偿主体、受补偿对象的补偿意愿和地方财政能力及居民收入水平等因素。

（5）其他因素。包括环境与宏观经济的相互影响、与农业生态相关的各方利益及地域因素等。

2. 确定农业生态补偿标准的方法 包括收益法、市场价值法、成本核算法、资产评估法、意愿调查法、替代工程法、综合效益评价法、费用分析法、机会成本法等。

在实际工作中，由于生态补偿问题的本质是接受补偿意愿和支付补偿意愿之间的协商平衡问题。因此，采用双方“讨价还价”的形式达成“协议补偿”要比根据理论价值估算确定补偿标准更加可行。

五、实施农业生态补偿机制相关对策建议

（一）加快完善相关法律法规

当前，我国进入全面推进依法治国的关键时期，要加快推进依法治污，建立健全农业生态补偿法制保障。一是把握国务院正在研究制定《生态补偿条例》契机，积极配合立法调研和政策制定，争取在条例中设立“农业生态补偿”专章，从国家立法层面明确农业生态补偿的范围、对象、标准、相关利益主体的权利义务、考核评估办法、责任追究等。二是要抓紧研究制定《农业生态补偿实施办法》，做好与相关法律法规的衔接配套，明确农业生态补偿的管理体制、具体办法、补偿程序等，明确针对不同生产条件、经济社会发展水平和区域类型的农业生态补偿规定，在农业生态补偿领域具有更强的操作性。三是鼓励和指导地方出台规范性文件或地方法规，不断推进农业生态补偿的制度化和法制化。认真总结、积极推广湖北、甘肃等省份制定农业生态环境保护条例、建立农业生态保护机制的做法和经验，加快地方农业生态补偿制度立法进程。

（二）建立部委和部门间的协调机制

农业生态补偿的管理和实施，涉及很多部委和部门，分头管理、职能交叉问题突出。从国家层面来看，涉及全国人民代表大会环境与资源保护委员会、农业部、国家发展和改革委员会、财政部、环境保护部、国土资源部、水利部、国家林业局等，建议中央明确各部门在农业生态补偿体系中的职责和任务，加强部委之间的协作配合。全国人民代表大会环境与资源保护委员会负责制定《农业生态补偿条例》，农业部负责制定《农业生态补偿实施办法》，国家发展和改革委员会负责制定《农业生态补偿发展规划》，财政部加大农业生态补偿力度，其他部委协调配合，共同推进农业生态补偿工作。从农业部内部来看，农业生态补偿涉及科教司、发展计划司、种植业司、财务司、畜牧业司、渔业局、

监管局等，建议科教司牵头负总责，制定《农业生态补偿管理办法》，发展计划司负责把农业生态补偿工作纳入总体发展规划，财务司负责加大支持力度，其他部门协调配合。

（三）加强相关政策研究

积极组织开展相关政策调研，提出具体可操作的政策建议。一是研究国内外农业生态补偿机制，借鉴成功做法、经验和模式；二是研究农业生态环境义务与农业生态补偿机制，完善农业生态产权政策，探索基于生态产权交易的生态补偿市场机制；三是研究国家财政、税费政策改革与农业生态补偿政策，完善生态补偿政策的政府财政、税收机制，加大财政支持力度，加大税收优惠政策；四是研究绿色 GDP 制度下农业生态补偿政策，优化农业生态补偿政策实施的政府管理体制，强化管理与监督考核；五是研究流域、区域环境经济政策与农业生态补偿机制，实施区域、流域的差异性农业生态补偿政策；六是研究生产企业、农民、消费者、社会公众对建立农业生态补偿机制的偏好分析，完善农业生态补偿利益相关方识别和有效参与机制。

（四）加大投入力度，拓宽融资渠道

农业生态补偿资金来源于政府、社会、企业和民间组织等，包括中央财政投资、基金、税费、金融贷款和民间捐款等。在实施农业生态补偿的最初阶段，应当以政府资金进行补偿为主，同时逐步引入市场机制，形成全社会共同投入的氛围。一是加大财政支持力度，通过公共财政对农业进行补偿是发达国家的重要补偿形式，我国应将农业生态补偿列为政府财政预算，通过财政转移支付予以补偿，建立长期稳定持续的财政支持机制，这是政府提供资金的最基本形式。同时，制定分类指导政策，在均衡性转移支付中，考虑不同区域生态功能和支出成本实施差异化补偿。二是设立国家农业生态补偿专项资金，整合规范现有生态环保方面的专项资金，完善资金分配办法，避免重复补偿，建立农业生态补偿试点与评估专项资金，支持研究农业生态补偿政策、机制、试点、技术规范及评估研究，为农业生态补偿试点与评估提供稳定的资金支持。同时，鼓励支持地方建立农业生态补偿专项资金，激励地方开展农业生态补偿试点工作的专项资金。三是建立农业生态补偿基金，研究将土地出让金用于农业生态补偿的具体办法。借鉴江苏省苏州市将土地出让收益的一定比例作为农业生态补偿的基金的成功经验，在全国试点推广。广泛吸引社会资本的投入，加强同财政、金融部门的沟通，激励企业投入，积极寻求国外非政府组织的捐赠，建立由政府、非政府组织、企业乃至个人共同筹资设立实行专款专用的农业生态补偿基金。此外，可以探讨发行农业生态补偿债券或彩票，进一步扩大农业生态补偿的资金来源。

（五）建立配套支撑体系

围绕农产品产地土壤重金属污染防治，化肥、农药、秸秆、农用地膜、畜禽粪污等农业面源污染防治，以及草原、渔业等领域的农业生态补偿建立配套支撑体系。一是深化产权制度改革，明确界定林权、草原承包经营权、水权，完善产权登记制度；二是加快建立农业生态补偿标准体系，根据不同领域、不同类型地区特点，制定分类标准，完善测算方法，分别制定农产品产地环境、草原、渔业、农业废弃物等生态补偿标准；三是加快完善技术标准体系，加大科技支撑力度；四是加强监测能力建设，制定和完善监测评估指标体系，摸清污染底数，建立动态监测数据库，构建监测预警网络，及时提供动态监测评估信息，保障监测的常态化、规范化和制度化；五是建立农业生态补偿网络信息平台，建立统计信息发布制度，加快完善农业生态补偿公开制度，公开信息传递，赋予公众和社会的知情权，增强公众对政府的信心和信任；六是引入行业协会、组织和咨询机构，建立农业生态补偿服务第三方评估机制；七是建立评价和责任追究制度，加快建立完善生态补偿绩效评估制度，提高生态补偿的效率和规范化水平，将农业生态补偿机制建设工作纳入地方政府的绩效考核。

（六）利用 WTO 政策框架实施农业生态补偿

充分利用 WTO 的“绿箱”“蓝箱”“黄箱”政策，借鉴欧美等发达国家的做法，实施农业生态补偿。一是制订实施农业生态补偿激励计划，针对农业生产经营对土壤、空气、水体等造成的生态问题，向农民提供资金补贴和技术支持，分担农业环保工程措施的实施成本；二是在 WTO 政策框架内加大补贴力度，鼓励测土配方施肥、使用有机肥和绿肥，鼓励使用高效、低毒、低残留的农药、生物农药，以及使用病虫害统防统治、畜禽粪便综合利用、野生生物栖息地管控等资源节约环境友好型技术；三是保护农田的生产功能和生态功能，加强对农田保护的补偿，改善农田生态环境质量，提升农田景观功能，保护农业野生植物资源和生物多样性。

耕地重金属污染防治对策研究

（2016 年）

民以食为天，食以安为先。耕地是农业发展的物质基础，也是国家粮食安全和农产品质量安全的源头保障。耕地重金属污染常被称作“化学定时炸弹”，是农产品质量安全的重大潜在隐患，事关人民群众的健康和社会稳定，受到社会公众越来越多的关注。本报告从我国耕地重金属污染现状及成因、防治工作进展及存在问题、耕地重金属污染防治国际经验等方面进行了深入分析，结合我国客观实际，提出打好耕地重金属污染防治攻坚战和持久战的思路与对策。

一、我国耕地重金属污染总体情况

（一）污染现状

重金属一般情况下是指比重大于 5.0（或密度大于 4.5 克/厘米^3）的金属元素的总称，在自然界中大约有 45 种，在元素周期表中占了大约 40%。作为发育于地球的岩石、累积在地球表面的土壤，重金属是它天然的组分，岩石类型不同，土壤重金属含量也不同；因此，从人为规定的土壤环境质量标准来衡量，有的是天然的超标，有的则有很低的背景值。以镉为例，在牙买加发育于鸟粪形成磷块岩的土壤中镉浓度很高，可达 931 毫克/千克，堪称世界之最；而发育于火成岩土壤中的镉则很低，土壤本底值只有 0.001～0.6 毫克/千克（平均 0.12 毫克/千克）。

不同重金属在土壤中的性质千差万别，重金属土壤-植物系统中的迁移能力也千差万别。依据重金属在土壤-植物系统中的迁移能力，可大概分为 4 类。第一类重金属元素在土壤中极难溶解，这类元素在土壤中哪怕含量再高也不会影响动物、植物和人体健康，如金、钛、钇等；第二类重金属元素在土壤中难迁移，也不会从土壤影响到人体，如砷、汞、铅；第三类重金属较容易被植物吸收，但在高浓度下其毒性优先表现在植物体内，如铜、锌、锰、钼等；第四类重金属，它们的毒性一般不会表现在植物身上，但会透过植物让其毒性表现在动物和人体上，如钴、钼、硒、铊和镉等。土壤和稻米镉污染，之所以能够引起社会公众的高度关注，就是因为它的高毒性、致癌性，以及在环境介质中的高迁移性。

目前，遭受重金属污染的耕地面积和程度尚没有定论。2006 年，时任国家环境保护总局局长周生贤指出，据不完全调查，全国受污染的耕地约有 1.5 亿亩，污水灌溉污染耕地 3 250 万亩，固体废弃物堆存占地和毁田 200 万亩，合计约占耕地总面积的 1/10 以上。据估算，全国每年因重金属污染的粮食达 1 200 万吨，造成的直接经济损失超过 200 亿元。中国工程院罗锡文院士曾公开指出，我国受重金属污染的耕地面积已达 2 000 万公顷（换算成亩为 3 亿亩），占全国总耕地面积的 1/6。自 1999 年以来，国土资源部完成了我国中东部主要农耕生产区多目标区域地球化学调查工作，调查区中约 12.1%的土壤存在潜在的生态风险，以镉、镍、砷、铜、汞污染为主，其中耕地约有 1.2 亿亩为三类和超三类土壤，农作物种植存在潜在风险。中国水稻研究所与农业部稻米及制品质量监督检验测试中心于 2010 发布的《我国稻米质量安全现状及发展对策研究》称，我国约 20%的耕地受到重金属污染。2013 年 12 月 30 日，在国务院新闻办的发布会上，国土资源部副部长王世元在国新办发布会上，提到第二次全国土地调查主要数据时称，全国中重度污染耕地大体在5 000万亩左右，已不适合耕种，这些耕地大多集中于珠三角、长三角等经济较发达地区。环境保护部和国土资源部于 2010 年完成了我国国土面积约 630 万千米^2 的小比例尺调查，公报显示全国 16.1%土壤污染物超标，其中耕地土壤点位超标率更是高达19.4%，超标面积约3.5亿亩。2015年6月，中国地质调查局发布了《中国耕地地球化学调查报告》，调查结果显示在调查区13.86亿亩耕地中，重金属超标的点位比例占到了8.2%。农业部自2002年以来，先后开展了4次区域性耕地重金属污染调查，总调查面积4 382.44万亩，超标面积446.79万亩，总超标率为10.2%。

（二）污染特征

当前，我国土壤污染以无机污染为主、有机污染次之。耕地污染尤以重金属污染最为突出，具有污染范围广、污染面积大、污染程度重、污染危害大、污染来源复杂、复合污染突出、污染隐蔽性强、治理难度大等特点。总体上看，我国耕地重金属污染呈现出以下几个方面的特征。

1. 耕地重金属污染总体不容乐观，局部形势严峻 综合多部门调查结果判断，目前我国耕地重金属污染比例约为10%～15%，且从东到西、从南到北，都有耕地重金属污染区域，分布范围广，涉及面积大。环境保护部和国土资源部首次联合发布的《土壤污染状况调查公报》，也作出“全国土壤环境状况总体不容乐观，部分地区土壤污染较重”的总体判断。据广东2013年公布的土壤污染数据显示，珠三角地区三级和劣三级土壤占到面积的22.8%，28%的土壤重金属超标。2011年，农业部对湖南、湖北、江西、四川4个省份88个区县的水稻产地重点污染区进行了专题调查，调查面积约为237万亩，结果显示超标面积约161万亩，超标率高达68%。由此可见，部分地区耕地重金属污染形势已异常严峻。

2. 污染成因复杂，重金属污染具有明显差异性 造成耕地重金属污染的原因比较复杂，既有自然原因，也有人为因素，更多情况下，自然与人类因素相互重叠，导致我国耕地重金属污染呈现明显的差异性。从污染分布上看，我国耕地重金属污染重灾区主要分布在南方湖南、江西、湖北、四川、广西、广东等省份，重点污染区域为工矿企业周边农区、污水灌区、大中城市郊区和南方酸性水稻土区等。从污染物种类上看，综合多个部门的调查结果可知，我国耕地镉污染最为普遍，其次是砷、汞，再次是铜、铅，其余超标率较低。从对农作物影响来看，据研究，不同种类和品种的农作物对重金属表现出不同的吸收和阻抗能力。初步判断，由于生长环境、生产方式等差异，一般叶菜类作物受重金属污染影响较之稻谷类更明显，而稻谷重金属污染比小麦污染程度严重，小麦重金属污染又比玉米污染程度严重。

3. 稻米镉污染问题突出，与土壤污染呈现相关性 根据农业部2002—2012年连续11年对部分省份市场稻米重金属污染状况的监测结果，稻米镉污染超标率平均在10%左右，主要集中在湖南、湖北、四川等南方水稻产区，尤其是早籼稻。其中，2010年对湖南、湖北、广西、四川、广东和江西6个重点省份10个市超市销售的大米开展的重金属残留监测表明，超标率为22.1%，最大值为2.2毫克/千克（我国镉限量值为0.2毫克/千克）；湖南稻谷镉超标最为严重，超标率达到40.2%。总体上讲，稻米检出污染与全国农产品产地土壤重金属污染在地域分布上有明显一致性，稻米镉污染主要来自受污染的耕地土壤。

4. 重度污染耕地比例较小，多数受污染耕地可采取措施加以整治 根据环境保护部和国土资源部调查结果，我国耕地总的点位超标率为19.4%，其中轻微污染13.7%、轻度污染2.8%、中度污染1.8%、重度污染1.1%。《中国耕地地球化学调查报告》显示，我国耕地重金属轻微轻度污染或超标的点位比例占5.7%，覆盖面积7 899万亩；中、重度污染或超标的点位比例仅占2.5%，覆盖面积3 488万亩。农业部多年的调查监测也显示出大致相同的情况。我国耕地重金属污染主要为轻度污染，且各地探索的一些以农艺措施为主的重金属污染治理措施，对轻度污染区较为有效。例如，湖南省通过“VIP”综合技术（V品种替代、I灌溉水清洁化、P土壤pH调整），在被治理产地土壤镉含量为0.5毫克/千克的条件下，可以生产出超过80%的合格大米。对于重金属重度污染区，以农艺措施为主的土壤修复治理措施已无法满足安全生产的需要，必须因地制宜进行种植结构调整，实施禁产区划分，限制性生产食用农产品。但由于重度污染区所占比例不大，需要结构调整的比例有限，涉及面积较小。

（三）主要危害

绝大部分重金属对人体有害。国际公认对人体毒性较高的重金属镉（Cd）、铅（Pb）、汞（Hg）、铬（Cr）和类金属砷（As）5种。重金属污染对人体的危害突出表现为“三致”，即致癌、致畸、致突变。相关研究表明，重金属在人体内能和蛋白质及各种酶发生强烈作用，使它们失去活性，也可能在人体的某些器官中富集，如果超过人体所能耐受的限度，会造成人体急性中毒、亚急性中毒、慢性中毒等，对人体造成巨大伤害。镉可在肾脏等器官积蓄，引起泌尿系统的功能变化，也能够取代骨中钙，使骨骼严重软化，并可干扰人体和生物体内锌的酶系统。砷通过呼吸道、消化道和皮肤接触进入人体，会在人体的肝、肾、肺、子宫、胎盘、骨骼、肌肉等部位蓄积，与细胞中的酶系统结合，使酶的生物作用受到抑制失去活性，引起慢性砷中毒，直至致癌。铅进入人体的毒性效应是引起贫血症、神经机能失调和肾损伤。日本镉污染引起“痛痛病”、汞污染引起的“水俣病”及我国儿童“血铅”等是典型的重金属污染案例。

重金属可通过食物、饮水、呼吸等多种途径进入人体，食物是最重要途径之一。食物中的重金属相当大的一部分来自耕地污染，来自田间生产的农产品。农作物在田间生长，从土壤、灌溉水、大气中吸取养分，同时将污染物带入植物体内，给农产品安全带来巨大隐患。与土壤中有机污染物不同，重金属污染难以靠自然降解慢慢消除。相反，由于土壤有机质、黏粒等具有吸附、固定重金属的特性，灌溉水、空气及各种农业投入品中的重金属会在土壤中慢慢累积，当累积达到一定程度时，某些条件的改变（如pH下降），会使大量累积的重金属集中释放，导致农作物大幅度减产、农产品重金属严重超标，甚至“寸草不生”，严重影响农业可持续发展。耕地重金属污染不同于水体污染和大气污染，具有隐蔽性特点，既看不到也闻不到，难以被及时发现；被重金属污染的土壤，即使含量很低，只要超标便会对人体健康带来巨大隐患。耕地重金属污染严重威胁着“米袋子”和“菜篮子”，良好的耕地环境质量是国家粮食安全和人民群众“舌尖上安全”的源头保障。

（四）污染成因

造成耕地重金属污染的原因比较复杂，既有人为因素又有自然原因，主要有以下几个方面。一是来自工矿企业污染。能源、冶金和建筑材料等工业生产中含有重金属物质的尾矿、废渣排入耕地，或者洗矿废水、废渣经径流、淋溶、渗入等方式进入农田，再或者生产中产生的气体和粉尘，经过自然沉降和降雨进入土壤后，很容易在土壤中累积，这些是造成耕地重金属污染的重要原因。二是来自交通污染。汽车尾气和轮胎磨损产生的含有重金属成分的粉尘，可以通过大气沉降到土壤中，在公路的两侧形成较明显的铅、锌、镉等元素的污染带，造成道路两侧耕地的重金属污染。三是来自农业投入品。农药、化肥等投入品的不合理使用也能直接造成土壤污染，但是影响较为有限。磷肥含有少量镉等重金属，长期施用会造成重金属累积污染风险；饲料中含有重金属盐类添加剂，长期使用畜禽粪便作为有机肥可能造成土壤重金属积累；部分地区尤其是工矿区利用污泥作为原料生产有机肥，也增加了土壤重金属污染的风险。四是自然高背景。我国西南和中南地区，有色金属矿分布密集，土壤自然本底重金属含量较高，如湖南洞庭湖区土壤背景值就高达0.194毫克/千克。《中国耕地地球化学调查报告》显示，珠江三角洲、西南岩溶区和湘江上游地区，80%以上的重金属超标都是由区域地质高背景与成土风化作用引起的。此外，我国南方地区土壤酸化问题突出，增加了镉在土壤中的活性，加剧了农产品重金属污染危害。

同时，我国现行标准要求严格，人为加重了污染范围和程度，也就是土壤污染评价标准的限制值，与一些国家和地区比较，为最严格的标准限值。以镉为例，我国水稻土耕作层背景值为0.142毫克/千克，土壤环境质量二级标准为0.30毫克/千克（土壤pH<7.5）；而加拿大限值为1.0毫克/千克，英国土壤污染起始浓度值为3.0毫克/千克，我国台湾地区风险监控限值为1～5毫克/千克。以

农业部 2011 年对 4 省重点区域水稻产地镉污染监测为例，如按照限值 1 毫克/千克评价，超标率从 67.8%大幅下降为 20.8%。我国大米中镉限量标准值为 0.20 毫克/千克，也严于国际食品法典 0.40 毫克/千克的标准；同样，以大米为主食的日本和我国台湾地区，其限量标准值也均为 0.40 毫克/千克。

（五）治理修复

按照土壤重金属污染修复方式分为原位修复和异位修复两种。异位修复是将受污染的土壤挖出来集中处理。常见的异位修复技术有清洗、焚烧处理、热处理和生物反应器等多种方法。这是早期常用的方法。由于该法涉及挖土和运土，因而它存在处理成本高、不能处理深度污染（如污染物渗入饱和层土壤及地下水）的土壤、不能处理建筑物下面的土壤、会破坏原土壤结构及生态环境等缺点。原位修复指在现场条件下直接对污染土壤进行修复的方法。常见的原位修复技术有原位气相抽取技术、原位生物修复技术、原位土壤冲洗技术、原位电动力修复技术、原位电磁波加热技术、原位玻璃化技术等。无论是原位修复还是异位修复，它们的基本原理都是改变污染物在土壤中的存在形态，从而降低它的毒性。

按照修复原理土壤的不同，修复技术又可分为 3 类：一是通过转化重金属污染物在土壤中的存在形态，去除或降低其毒性。这类方法的优点是方法简单，缺点是处理不彻底，重金属仍存在于土壤中，其存在潜在的毒性，威胁人类健康。化学修复（施加土壤改良剂）、换土法、玻璃化技术均属于此类方法。二是通过生态措施移除土壤中的重金属。这类方法的优点是费用低，缺点是处理周期长，富集重金属的生物体（细菌或植物）需进一步的处理，不能进入食物链。三是将重金属污染物从土壤中去除。这类方法的优点是处理相对彻底，缺点是处理费用略高，设备相对复杂。热修复、气相抽取技术、冲洗法、电动力修复均属于此类方法。

目前，国内外常用的土壤重金属污染治理修复措施有以下几种。

1. 客土法 采用未受污染的清洁土壤替换耕作层受到重金属污染的农田土壤，或向污染的农田土壤中加入大量的未污染的清洁土壤，覆盖其表层或混匀，使重金属浓度下降或减少与植物根系的接触，从而达到减轻危害的目的。它适用于轻、中、重度重金属污染农田土壤。这种方法的优点是效果好，不受外界条件限制，可以彻底修复污染的土壤；缺点是需大量人力、物力，费用较高、投资大。同时，对大面积土壤重金属污染农田，大量未污染的清洁土壤来源问题无法解决，难以适应大面积的农田重金属污染土壤修复；此外，被替换的污染土壤也难以处理，存在二次污染隐患；客土后的土壤肥力会有所降低，需要大量施肥料以补充土壤肥力。国内尚无这方面的修复案例，日本治理覆盖富山县神通河盆地 863 公顷镉污染稻田农田，整项工程耗时 33 年，耗资 407 亿日元，约合人民币 16 万～18 万元/亩。

2. 钝化修复技术 向污染土壤中添加一种或多种活性物质，如黏土矿物、磷酸盐、有机物料等，通过调节土壤理化性质及吸附、沉淀、离子交换、腐殖化、氧化-还原等一系列反应，改变重金属元素在土壤中的化学形态和赋存状态，抑制其在土壤中的可移动性和生物有效性，从而降低重金属的毒害，以达到治理污染土壤的目的。常用钝化修复材料主要包括天然黏土矿物材料（如海泡石、膨润土、蒙特土等）、生物质碳、含磷材料（如磷矿石、羟基磷灰石、磷酸盐）、无机肥（硅肥）等。这种技术主要适用于中、轻度重金属污染农田土壤。修复费用为 2 000～10 000 元人民币/亩。优点是修复速率快、稳定性好、费用低、操作简单；不影响农业生产，可实现边修复边生产；适用于修复大面积中、轻度重金属污染的农田土壤。缺点是对土壤环境质量可能造成影响，需加强修复后农田土壤监测评估，需采用环境友好型钝化材料。

3. 化学淋洗修复技术 借助能促进土壤环境中重金属溶解、迁移的液体或其他流体来淋洗污染土壤，将吸附或固定在土壤颗粒上的重金属置换出来达到去除的目的。常用的化学淋洗剂有无机淋洗剂（盐酸、磷酸盐、$CaCl_2$ 等）、人工螯合剂（EDTA、NTA 和 SS－EDDS、HEDTA）、天然有机酸

（草酸、柠檬酸、苹果酸、丙二酸、乙酸、组氨酸等）、阳离子型表面活性剂（CTAB、SDS、Tween 80、Triton X-100 和鼠李糖脂等）。这种技术仅适用小面积重金属重度污染土壤修复，不适用于大面积农田土壤重金属污染修复。修复费用约为 4 万～8 万元/亩。优点是能高效而快速地去除土壤中重金属，适用于高浓度重金属污染土壤的修复。缺点是对质地比较黏重、渗透性比较差的土壤修复效果比较差；淋洗出的含重金属的废液回收处理困难，增加二次处理成本；淋洗剂生物降解性差，容易造成土壤和地下水的二次污染问题；破坏农田土壤微生物和动物生存环境；导致农田土壤营养成分和微量元素流失；很难进行大范围应用，主要适用于小面积场地土壤重金属污染修复。国内尚无农田土壤重金属污染修复成功的案例，在荷兰、德国、美国等发达国家主要采用土壤淋洗技术修复小面积场地重金属污染土壤。

4. 植物提取修复技术 将某种特定的植物（如超富集植物和生物量大的植物）种植在重金属污染的农田土壤上，将植物收获并进行妥善处理（如焚烧灰化回收）后即可将土壤中重金属移出土体，从而达到重金属污染治理与生态修复的目的。在土壤重金属植物修复中多采用超富集植物。一般认为，超富集植物应同时具备两个特征：一是植物地上部（茎和叶）重金属含量是普通植物在同一生长条件下的 100 倍，其临界含量分别为 Zn 10 000 毫克/千克、Cd 100 毫克/千克，Pb、Cu、Ni 和 Co 均为1 000毫克/千克；二是植物地上部重金属含量大于根部该种重金属含量，同时植物地上部富集系数大于 1。常见超富集植物主要有砷超富集植物蜈蚣草、锌超富集植物东南景天、镉超富集植物天蓝遏蓝菜等。植物修复主要适用于轻度污染农田土壤重金属污染修复。据估计，对 Pb、Ni 污染土壤植物修复成本约为 10 万～30 万元/亩。优点是适用范围广，属于原位修复，不需要挖掘、运输，能适用于大面积的污染，同时对环境扰动少；植物修复以阳光为能源，能耗较低。缺点是绝大多数超富集植物植株矮小、生物量低、生长缓慢，而且生长受地域性影响很大；修复时间长，对轻度污染农田土壤修复，一般需要十几年，甚至更长，而对中度重金属污染农田土壤修复，一般需要几十年，甚至上百年；通常只对浅层重金属污染的土壤修复有效；此外，植物收获后无害化处理难度大。大面积农田休耕进行植物修复农民无法接受，修复经济补偿成本巨大。欧美发达国家矿区土壤重金属污染植物修复较为成熟。

5. 农业技术 通常包括控制土壤水分、改变耕作制度、农药和肥料的合理施用、调整作物种类等。这类技术可在不改变土壤用途和较小影响农作物产出的前提下进行污染土壤的治理，虽然治理效果不如上述方法，且只适用于中轻度重金属污染耕地，但却是目前最为经济可行的耕地重金属污染修复技术。

（1）施用钝化剂。对于治理重金属污染的耕地，钝化技术针对的是中、轻度污染农田，其中最为常见的钝化剂是石灰、凹土等。该技术治理时间短、见效快、成本低。施用钝化剂的目的是通过形态转化等途径降低重金属被植物吸收利用的能力和毒性。但施用的钝化剂要和肥料、土壤调理剂一样有质量标准，不能钝化了其中的一种元素，带来了其他元素的污染。在保证当前治理效果的同时，还要考虑是否有潜在风险。

（2）控制土壤水分，调节土壤氧化还原电位值。土壤重金属的活性受土壤氧化还原状态的影响较大，一些重金属在不同的氧化还原状态下表现出不同的毒性和迁移性。土壤水分是控制土壤氧化还原状态的一个主要因子，通过控制土壤水分可以起到降低重金属危害的目的。还原状态下土壤中的大部分重金属容易形成硫化物沉淀，从而降低重金属的移动性和生物有效性。

（3）合理施用化肥、有机肥和农药。施用肥料和农药是农业生产中最基本的农业措施，但同时也可能导致耕地重金属污染。一方面，要通过改进化肥和农药的生产工艺，最大限度地降低化肥和农药产品本身的重金属含量；另一方面，要指导农民合理施用化肥和农药，在土壤肥力调查的基础上，通过科学的测土配方施肥和合理的农药使用不仅能够增强土壤肥力、提高作物的防病害能力，还有利于调控土壤中重金属的环境行为。

（4）改变耕作制度和调整作物种类。改变耕作制度和调整作物种类是降低重金属污染风险的有效措施，在污染耕地上种植对重金属具有抗性且难进入食物链的植物品种可明显降低重金属的环境风险和健康威胁。在污染较重的地区，通过连续种植收割超富集植物，可将重金属有效移除污染区；在轻污染的地区，种植重金属耐性植物，能减少重金属在植物可食用器官的累积，从而有效保障农产品的质量安全。

各种常用的土壤重金属污染修复技术效果及成本比较，参见表1。

表1 常见重金属污染修复技术效果及成本比较

技术方法	处理效果	成熟性	适合土壤类型	处理成本	是否产生二次污染	备注
客土、换土、去表土、深耕翻土法	好	中试	A－I	高	是	土壤肥力下降
电动修复法	较好	中试	不详	高	否	
土壤淋洗法	好	成熟	F－I	高	是	土壤变性
热解吸法	好	成熟	A－I	较低	是	土壤性质遭到破坏
玻璃化技术	好	成熟	无关	高	否	适于重度污染区修复
农业措施	差	成熟	A－I	低	否	适于轻度污染区修复
生物修复法	较差	成熟	无关	低	否	
固化法	好	成熟	A－I	低	否	破坏土壤性质，难恢复
钝化修复	较好	成熟	A－I	较低	否	适于中轻污染区修复

注：土壤类型包括A－细黏土；B－中粒黏土；C－淤质黏土；D－黏质肥土；E－淤质肥土；F－淤泥；G－砂质黏土；H－砂质肥土；I－砂土。

二、我国耕地重金属污染防治工作进展

（一）主要工作

近年来，国家越来越重视土壤污染防治工作，尤其是与农产品质量安全密切相关的耕地污染防治工作。为切实保障粮食安全和农产品质量安全，推进农业可持续发展，农业部围绕耕地质量，一手抓耕地肥力建设，一手抓污染防治。在各地各有关部门的共同努力下，耕地重金属污染防治工作取得了积极进展。

1. 推进耕地环境保护法律法规体系建设 配合有关部门做好《农业法》和《农产品质量安全法》的制修订工作，设立农产品产地环境保护的专章；配套出台《农产品产地安全管理办法》，进一步明确农产品产地污染防治和环境保护要求。截至目前，全国已有24个省份出台《农业生态环境保护条例》，14个省份和4个省会城市出台了《农产品质量安全管理条例（或办法）》，明确了农业部门耕地污染防治的法律职责和要求。同时，制定了《农用污泥中污染物控制标准》《蔬菜产地环境条件》等国家标准和行业标准、规范122项，全面加强与规范农产品产地环境安全管理。自2014年以来，为加强新常态下土壤污染防治，实现土壤资源永续利用，配合相关部委，持续推进《土壤污染防治法》的立法工作和《土壤污染防治行动计划》的编制工作。

2. 建立健全农业环境保护队伍体系 目前，已建立了由农业部农业生态与资源保护总站和农业部环境监测总站2个国家级机构、33个省级站、326个市级站、1 794个县级站组成的农业资源环境监测与保护体系，管理和专业技术人员达1.2万余人，为耕地重金属污染监测与防治打了坚实的基础。同时，建立了一支由来自全国农业环保相关科研院校的200余人组成的专家队伍，涉及产地安全检测、污染修复、禁产区划分等多个领域，并先后启动了“大宗农作物产地重金属污染阻控技术研究与示范”“农产品产地土壤重金属污染阈值研究与防控技术集成示范”“农产品产地重金属污染安全评

估技术及设备开发”等公益性行业科研项目，积极开发符合农业生产实际的耕地重金属污染防治技术。

3. 组织开展区域性产地环境调查工作 从20世纪70年代开始，在1976年开展了第一次污灌调查，1980年实施了13省、市和9个农业经济自然区主要农业土壤及粮食作物背景值调查，1992年开展了主要农畜产品中有害物质残留调查，1996年开展了第二次污灌调查，2000年在长江三峡库区开展了生态环境状况调查，2001年实施了“四市百县”无公害农产品生产基地调查（北京、天津、上海和桂林4市和全国首批100个无公害农产品生产基地示范县），2008年在全国28个省份开展了农产品产地安全质量调查，2010年开展了全国农产品产地安全状况普查和监测预警等。通过不定期开展农产品产地环境普查与预警机制，初步掌握了耕地重金属污染状况，有力地支撑了耕地污染防治工作。

4. 开展农产品产地土壤重金属污染普查 为贯彻落实《重金属污染综合防治“十二五”规划》，2012年农业部会同财政部共同实施了农产品产地土壤重金属污染防治普查工作，在全国16.23亿亩耕地上布设130.31万个土壤采样点位和15.2万个国控监测点，开展农产品产地土壤重金属污染普查和动态监测，建立农产品产地安全预警机制，做到农产品产地重金属污染早发现、早处置，从源头保障农产品质量安全。在此基础上，进行产地安全等级划分和分级管理，对未污染产地，加大保护力度，严格控制外源污染；对轻中度污染产地，采取农艺、生物、化学、物理等措施，实施治理治理；对严重污染的产地，调整种植结构，划定农产品禁止生产区，实施限制性生产。目前，农产品产地重金属污染普查的取样测试工作已经全部完成，正在加快推进监测数据的统计分析工作，工作完成后将首次绘出我国比较客观、权威的耕地重金属污染图谱。

5. 实施农产品产地土壤重金属污染治理示范和农产品产地禁产区划分试点工作 在全国建立9个重金属污染修复示范点，针对各个治理示范区的污染特点，积极探索以农艺措施为主体的治理技术的示范和推广，确保示范成效。在湖南、湖北、辽宁和天津4个省份的重污染区域，实施农产品产地禁产区划分试点工作，开展禁止生产区划分和种植结构调整示范，探索禁产区划分管理、技术方法，种植结构调整方案等，确保示范区农产品质量安全。

目前，各个重金属污染治理示范区均取得了积极成效。河北省保定市示范区，采用原位钝化-深耕稀释联合治理技术，使玉米、小麦籽粒中镉含量最大降低分别达31%～38%，籽粒铅含量最大降低达41%。辽宁省沈阳市示范区，采用原位钝化-深耕联合治理技术，将耕层重金属通过施用药剂和翻耕措施进行钝化，该项复合治理技术有效降低了土壤有效态镉含量和玉米植株各部位镉含量。天津市东丽污灌区示范区，利用生物炭、电气石等单项治理技术及多种复合技术进行治理，在评估叶菜类蔬菜时发现，对不同土壤和不同植物而言，复合技术较单一技术效果更好。广东省佛冈县示范区，通过阳桃、蜈蚣草、东南景天等与低积累作物间套种植、化学钝化-植物治理、低积累水稻品种-土壤根际固定和田间水分管理联合治理技术，有效降低了稻米中重金属含量，达到了国家粮食质量标准。广西壮族自治区刁江示范区，采用低镉水稻品种、低镉玉米品种、叶面喷施硅肥、重金属钝化剂4种技术联合治理表明，喷施纳米硅不仅能显著抑制水稻对镉的吸收，还能提高水稻产量。湖南省桂阳县示范区，采用钝化治理、植物阻隔技术、农艺措施等多种技术的复合模式，可使土壤中镉的有效态显著降低，作物可食部位重金属含量已满足现行国家食品卫生标准。湖南省郴州市示范区，采用了“VIP＋n”治理技术（V：品种替代；I：灌溉水清洁化；P：土壤pH调整；n：单独喷施，或复合喷施硅、硒、锌，或施用生物菌剂），土壤有效态镉含量下降了12.4%，农产品镉含量最高降低了72.9%。湖北省石首市示范区，以添加钝化剂方式进行治理，添加生物秸秆、生物黑炭、腐殖酸及特殊矿物和丝状树脂等钝化剂可降低镉、砷等重金属的生物可利用性。云南省个旧市示范区，通过采用原位钝化、植物阻隔治理等技术，可使水稻籽粒砷、铅、镉均有大幅度降低。

6. 开展种植结构调整试点工作 重点针对“镉大米”问题，先后印发了《稻田重金属镉污染防控技术指导意见》和《稻米镉污染超标产区种植结构调整指导意见》，指导稻米安全生产。2014年，农业部会同财政部率先在湖南省长株潭地区启动重金属污染耕地治理试点工作，中央财政前所未有地安排了11.56亿元专项资金，试点面积达到170万亩，旨在探索出一条在全国可借鉴、可复制、可推广的耕地重金属污染治理模式。2015—2016年，中央财政将继续安排30亿元，加大试点工作支持力度，巩固治理成果，总结推广治理经验。

试点工作主要思路是根据重金属污染程度的不同，实行分区治理，推行污染耕地修复、污染稻谷管控和农作物种植结构调整。将稻米镉含量在0.2～0.4毫克/千克的耕地面积76万亩，列为达标生产区，实行施用石灰、种植绿肥、增施有机肥、翻耕改土、优化稻田水分管理及施用叶面肥、微生物菌肥与金属钝化剂等治理技术措施，推广低镉稻种。稻米镉含量大于0.4毫克/千克、土壤镉含量小于或等于1毫克/千克的耕地面积80万亩，列为管控专产区；在上述治理措施的基础上，对产出水稻进行临田检测，对未达标稻谷进行专仓储存、专企收购，转为非食用用途，实行封闭运行，同时开展稻草离田移除，不断降低耕地镉含量。稻米镉含量大于0.4毫克/千克、土壤镉含量大于1毫克/千克的耕地面积14万亩，列为替代种植区，实行农作物种植结构调整，原则上不再种植食用水稻，改种棉花、玉米、高粱、蚕桑、麻类、花卉苗木及其他特色作物等。

2014年试点全区域治理前后的稻谷、土壤及灌溉水检测结果表明，试点工作取得初步成效。一是修复治理技术措施有效果。达标生产区、管控专产区早稻达标（稻米镉含量≤0.2毫克/千克）的比例分别提高了53.1%、44.8%。通过采取“VIP”“VIP＋n”等技术措施进行修复治理后，早稻米镉含量平均降低30%左右。无论是轻度污染稻田还是中度污染、重度污染稻田，施用石灰和淹水灌溉对水稻都有明显的降镉效果，在水稻生长期绝大部分酸性土壤pH都有明显提升。二是低镉农作物品种筛选有进展。2014年，集中示范推广的应急性镉低积累早稻、晚稻品种在绝大多数试点平均亩产400千克左右，在重度污染耕地种植镉低积累品种降镉效果明显。围绕镉低积累水稻品种、旱粮油作物、食用经济作物品种的筛选取得了一批阶段性成果或结论；新选育的镉低积累水稻品系正在分析检查监制，筛选的8～10个镉低积累水稻品种正在复检确认。西瓜、葡萄等镉低积累食用经济作物推广前景较好。三是农作物种植结构调整有突破。2014年，共实现种植结构调整面积7.3万亩，有效降低了试点区农产品质量安全风险。通过在替代区稳步推进非食用、非口粮作物替代种植，如蚕桑、饲料桑、酒用高粱、玉米等作物，引进和培育了新型生产经营组织，推动适度规模化经营，创建20个500亩以上的经济作物种植结构调整示范片，并配套建设产后环节，打造产业新链条。同时，通过落实各项政策补贴，确保了农民收益不减，取得了较好的经济效益和社会效益。

（二）主要问题

近年来，在各地各有关部门的努力下，我国耕地重金属污染防治工作虽然取得了积极进展，但是这项工作起步晚、涉及广，推进这项工作还面临不少困难和问题。

1. 我国缺少土壤污染防治专门法规 目前，我国尚无针对土壤污染的专门立法，只是有部分法律法规与土壤污染相关，但都不是以土壤污染控制为主要目标。例如，《水污染防治法》规定，“利用工业废水和城镇污水进行灌溉，应当防止污染土壤、地下水和农产品”；《固体废物污染环境防治法》规定“在国务院和国务院有关主管部门及省、自治区、直辖市人民政府划定的自然保护区、风景名胜区、饮用水水源保护区、基本农田保护区和其他需要特别保护的区域内，禁止建设工业固体废物集中储存、处置的设施、场所和生活垃圾填埋场”；《农产品质量安全法》规定，“农产品生产者应当合理使用化肥、农药、兽药、农用薄膜等化工产品，防止对农产品产地造成污染”。由于这些法律都不是直接针对土壤污染防治，且多是原则性规定，因此，对如何防止土壤污染及污染的责任认定等都未作出明确的规定。虽然有《土壤环境质量标准》，但由于缺少监测、核查和处罚等更细致的规定和政策平台，发挥的土壤污染防治实际效用有限。

2. 耕地重金属污染防治职能界定不明确 目前，我国土壤污染防治存在多头管理，导致土壤环境监管职能分散或交叉、权责不明。例如，环保部门、国土资源部门和农业部门均有土壤监测的职能，都在从不同的角度和侧重点开展耕地重金属污染状况调查，且对如何统一不同来源的数据缺乏法律依据和规范，导致工作重复、资金利用效率不高。重金属污染来源多样、涉及面广，监管职能的分散也使部门协调联动缺乏制度保障和约束机制，无法准确判定土壤污染情况和污染者排放之间的因果关系，难以形成工作合力。

3. 耕地重金属污染总体分布和程度尚不清楚 近年来，农业部、环境保护部和国土资源部先后开展了区域性、全国性、小比例尺土壤重金属污染调查，但截至目前耕地重金属污染的总体底数、污染程度、具体分布仍不十分明确，相关的修复治理和种植结构调整工作仍缺少基础支撑。

4. 缺乏适合大面积推广的技术模式和修复措施 近年来，农业部、科技部、环境保护部等对土壤重金属污染防治工作给予大力支持，摸索建立了一些科学、可行的技术模式和修复措施，在局部开展了零星的试点示范，也取得了一些成效。但由于耕地区域性差异较大、影响因子较多等因素，仍难以达到大面积推广应用的要求，仍然缺乏一些效果明确、经济可行的治理修复技术和模式。

5. 种植结构调整影响因素复杂 耕地重金属污染不仅与耕地土壤、水和大气污染状况直接相关，而且受到农作物种类、品种和农艺措施等的影响。种植结构调整势必会对当地农民传统农业生产习惯、生产活动乃至日常生活产生巨大的冲击，而我国耕地资源又十分有限，在确保粮食安全和农产品质量安全的前提下，开展重金属污染耕地种植结构调整工作面临着诸多制约。

6. 耕地重金属污染防治长效机制仍未建立 目前，我国耕地重金属污染防治主体责任机制不明确，缺少对耕地污染赔偿的问责机制，耕地重金属污染普查和治理修复等工作均采用项目的模式，资金由政府负担，投入有限，甚至部分项目资金难以落实。同时，治理修复支撑政策不够，耕地重金属污染修复的市场化机制尚未形成。改变农艺措施、调整种植结构、划定农产品禁止生产区等均存在增加农民生产成本或者降低收益的可能性，缺乏相关的农业生态补偿机制保障农民利益。目前，我国耕地重金属污染防治的长效机制仍未建立。

三、日本耕地重金属污染防治经验

（一）日本社会经济背景

第二次世界大战后，日本经济持续快速增长，年均增长率接近10%，一跃成为仅次于美国的全球第二大经济体，创造了战后经济奇迹。但是，日本经济的高速增长伴随着资源能源的高投入、高消耗和污染物的高排放，以重工业为主的粗放型增长模式造成了严重的生态环境污染，特别是土壤重金属污染十分严重。世界八大环境公害事件中，一半在日本发生，使日本成为公认的环境公害大国。其中，日本痛痛病事件和水俣病事件分别由镉和汞等重金属污染造成，直接威胁食品安全，损害公众健康，造成了巨额的经济损失和环境损害。资料显示，截至1997年，日本官方认定水俣病事件的受害者高达12 615人，死亡人数达1 246人，直接经济损失高达3 000多亿日元。

重金属污染导致的环境污染事件频繁发生，受到了日本社会的广泛关注，成为推动日本加强土壤污染防治的内因。欧美等发达国家对房地产和农产品安全的严格要求，是刺激日本加强土壤污染防治的外因。20世纪90年代，日本泡沫经济崩溃之后，大量欧美国家的公司进入日本的房地产市场，这些公司要求日本房地产企业提供土壤污染调查报告，将其作为交易的重要参考，加快了日本土壤污染防治的进程，带动了土壤污染调查市场的发展。

（二）日本土壤污染防治政策体系

为了治理土壤重金属污染，自20世纪70年代以来，日本采取了一系列措施，建立了完善的法律、法规和标准等土壤污染防治政策体系（表2），确定了监测对象和适用范围，指定并公布了超标地区，规定了土壤污染防治政策的制定、执行和监测措施，厘清了利益相关者的责任，有利于土壤重金属污染的治理和清除。

表 2　日本土壤污染防治政策体系

		颁布时间	法律法规
法律	专门法律	1970 年	《农业用地土壤污染防治法》(1971 年、1978 年、1993 年和 1999 年修订)
		2002 年	《土壤污染对策法》
	相关法律	1948 年	《农药取缔法》(2001 年修订)
		1950 年	《肥料取缔法》
		1967 年	《公害对策基本法》(1970 年修订，将土壤污染追加为典型公害，1993 年废止)
		1968 年	《大气污染防止法》(1996 年修订)
		1970 年	《水质污浊防止法》(1989 年、1996 年修订)
		1970 年	《日本废弃物处理法》
		1973 年	《化学物质审查规制法》(简称《化审法》，2003 年、2007 年修订)
		1993 年	《环境基本法》
		1997 年	《环境影响评价法》
		1999 年	《二噁英类物质对策特别措施法》
		2003 年	《食品安全基本法》(2006 年修订)
法规		1986 年	环境省制定《市街地土壤污染暂定对策方针》
		1994 年	环境省制定《与重金属有关的土壤污染调查、对策方针》《与有机氯化合物有关的土壤、地下水对策暂定方针》
		1999 年	环境省制定《关于土壤、地下水污染调查、对策方针》
		2003 年	环境省制定《土壤污染对策法施行规则》
标准		1991 年	制定《土壤污染环境标准》(镉等 10 项监测指标)
		1994 年	修订《土壤污染环境标准》(新增三氯乙烯等 15 项监测指标)
		2001 年	修订《土壤污染环境标准》(新增氟和硼 2 项监测指标)

日本土壤防治法律由专门法律和相关法律两部分组成。土壤污染防治专门法律包括 1970 年颁布的《农业用地土壤污染防治法》和 2002 年颁布的《土壤污染对策法》，这些法律的内容仅限于对已经污染土壤的改良和恢复。土壤污染防治相关法律包括《农药取缔法》《肥料取缔法》《水质污浊防止法》《二噁英类物质对策特别措施法》《大气污染防止法》等，日本土壤防治法律通过控制农药、化肥、大气、水污染、二噁英类物质等土壤污染源，起到预防和治理土壤污染的作用。日本土壤防治法律为日本土壤污染防治政策的制定提供了法律依据。在这些法律指导下，日本还颁布了一系列土壤污染防治法规。

日本土壤污染防治便是从农业用地开始的。痛痛病事件促使日本于 1970 年颁布了《农业用地土壤污染防治法》，主要内容包括 5 个方面。一是农业用地土壤污染对策地区指定和变更。都、道、府、县知事可以根据当地农业用地和农作物的实际情况，将生产危害人体健康的农畜产品或影响农作物生长及其他符合政令规定的农业用地，指定为农业用地土壤污染对策地区（简称对策地区）。当对策地区的要件发生变化时，都、道、府、县知事可以变更或解除其指定的对策地区。二是农业用地土壤污染对策计划及变更。都、道、府、县知事在指定对策地区的同时，应当在考虑农业用地土壤的污染程度及污染防治所需费用、效果和紧要程度等的基础上，立即制订农业用地土壤污染对策计划，以防治农业用地土壤污染并合理利用被污染的农业用地。对策计划应当包含 4 部分内容：农业用地利用分类及基本方针，灌溉排水设施、客土、谋求合理利用被污染农业用地的地目变换及其他事业，特定有害物质引起的污染状况调查测定，其他事项。都、道、府、县知事可以根据实际情况变更计划。三是特别地区的指定和变更。如果对策地区农业用地生产的农畜产品可能危害人体健康，都、道、府、县知事可以规定该农业用地不适合种植的农作物类型，并将该农业用地区域指定为特别地区。都、道、府、县知事可以劝告当地农户不要在农用地种植指定农作物，或者不要将该农用地生长的指定农作物作为家畜饲料。不适合种植的农作物类型及特别地区可以根据实际情况进行变更和解除。四是对耕地土壤污染的调查测定。都、道、府、县知事应对本地农业用地土壤污染状况进行调查研究，主要监测项目为农田土壤中的镉、铜、砷，并公布结果。环境省长官、农林水产大臣或都、道、府、县知事可以在必要限度内，派职员进入农田，对土壤或农作物等实施现场调查测定，或无偿采集只限用于调查测定必要的、最少量的土壤或农作物等。五是罚则。拒绝、妨碍或回避农业用地土壤污染调查、测定或采集样品者，处3万日元以下的罚金。法人的代表人、法人或自然人的代理人、使用人及其他从业人员，实施了有关违法行为时，除处罚行为人外，对其法人或自然人也要处以同款的罚金刑。

在日本城市土地的开发过程中，以1975年东京都江东区六价铬等重金属污染为代表的城市土壤污染事件不断涌现出来。为了弥补城市土壤污染法律的空白，日本于2002年颁布了《土壤污染对策法》。该法主要针对城市用地土壤污染问题，涵盖了土壤污染状况的评估制度、防治土壤污染对人体健康造成损害的措施和土壤污染防治措施的整体规划等内容，对工厂、企业废止、转产及进行城市再开发等活动时产生的土壤污染进行了约束，这也有效降低了城市行为对农用地土壤污染的影响。

1991年，日本制定了《土壤污染环境标准》，经过1994年和2001年的两次修订，该标准规定了土壤中镉、铅、汞等27种特定有害物质的含量限值。2003年，环境省制定了《土壤污染对策法施行规则》，将需要监测的25种特定有害物质分为3类，即第Ⅰ类特定有害物质主要是四氯乙烯等挥发性有机物，第Ⅱ类特定有害物质主要是镉等重金属，第Ⅲ类特定有害物质主要是西玛津等农药成分。土壤污染环境标准可以分为土壤溶出量标准和土壤含有量标准两种。土壤溶出量标准主要为防止人体摄食受有害物质溶出污染的地下水时，对健康造成危害而制定；土壤含有量标准则是为防止人体直接从含有害物质的土壤摄取食物时，对健康造成危害。日本土壤污染环境标准中的特定有害物质及限值见表3。

表3 日本土壤污染环境标准

特定有害物质		地下水（毫克/升）	土壤溶出量（毫克/升）	土壤含有量（毫克/升）	土壤第二溶出量（毫克/升）
种类	名称				
Ⅰ类	四氯化碳	≤0.002	≤0.002		≤0.02
	1，2-二氯乙烷	≤0.004	≤0.004		≤0.04
	1，1-二氯乙烯	≤0.02	≤0.02		≤0.2
	1，2-二氯乙烯	≤0.04	≤0.04		≤0.4
	1，3-二氯丙烯	≤0.002	≤0.002		≤0.02
	二氯甲烷	≤0.02	≤0.02		≤0.02
	四氯乙烯	≤0.01	≤0.01		≤0.1
	1，1，1-三氯乙烷	≤1	≤1		≤3
	1，1，2-三氯乙烷	≤0.006	≤0.006		≤0.06
	三氯乙烯	≤0.03	≤0.03		≤0.3
	苯	≤0.01	≤0.01		≤0.1
Ⅱ类	镉	≤0.01	≤0.01	≤150	≤0.3
	六价铬	≤0.05	≤0.05	≤250	≤1.5
	氰化物	不得检出	不得检出	≤50	≤0.03
	汞	≤0.000 5	≤0.000 5	≤15	≤0.005
	硒	≤0.01	≤0.01	≤150	≤0.03
	铅	≤0.01	≤0.01	≤150	≤0.03

（续）

特定有害物质		地下水（毫克/升）	土壤溶出量（毫克/升）	土壤含有量（毫克/升）	土壤第二溶出量（毫克/升）
种类	名称				
Ⅱ类	砷	≤0.01	≤0.01	≤150	≤0.03
	氟化物	≤0.8	≤0.8	≤4 000	≤24
	硼化物	≤1	≤1	≤4 000	≤30
Ⅲ类	西玛津	≤0.003	≤0.003		≤1
	禾草丹	≤0.02	≤0.02		≤0.2
	福美双	≤0.006	≤0.006		≤0.06
	PCB_s	不得检出	不得检出		≤0.003
	有机磷（4种）	不得检出	不得检出		≤1

注：土壤第二溶出量为采用不同管理措施时的标准。

（三）日本土壤污染管理制度与效果

日本土壤污染管理以政府管理机构为主导，通过各种手段和措施强制性地要求土地所有者和污染者参与，并利用各种途径鼓励公众参与，充分调动社会力量，形成土壤污染治理和修复的合力。

1. 土壤污染管理制度 日本土壤污染管理制度主要由土壤污染调查制度、土壤污染地区指定制度、土壤污染管制制度、土壤污染整治基金制度、信息公开和公众参与制度及土壤污染处罚制度等组成。

（1）土壤污染调查制度。土壤污染状况调查是开展土壤污染治理工作的基础和前提。为了切实有效地控制土壤污染引发的环境风险，日本要求土地所有者开展土壤污染调查。土壤污染调查可以分为自行调查和行政命令调查两类。自行调查是当制造、使用或处理特定有害物质的设施被废止时，土地所有者自己或者委托具有资质的指定调查机构进行土壤污染状况调查，并将调查结果提交给都、道、府、县知事。行政命令调查是当土壤污染可能造成公众健康损害时，都、道、府、县知事可以开展土壤污染状况调查并将结果公开。都、道、府、县知事可以派职员进行现场调查监测，或者无偿采集限于调查监测所必要的样本。需要注意的是，日本对土壤污染治理机构和个人的资质有严格的规定。只有通过土壤污染治理资格考试的人才能够参与土壤污染治理的相关工作，该考试的通过率仅为10%。

（2）土壤污染地区指定制度。都、道、府、县知事将土壤污染状况超过标准限值的区域指定为土壤污染对策地区（或指定区域），进行公示并将其按照要求记录在台账之中，供公众自由查阅。该制度在一定程度上影响企业形象和土地价值，激励污染企业和土地所有人为了保持土地价格，而积极采取整治、消除土壤污染措施，在一定程度上促进土壤污染治理和土壤环境质量改善。

（3）土壤污染管制制度。为了合理利用被污染的土壤，消除土壤污染，根据土壤污染程度和土地类型，日本建立了灵活多样的土壤污染管制、治理和修复制度。例如，限制土地的使用，农户在被污染农业用地上不得种植特定农作物，必要时销毁被污染的特定农作物；限期治理和清除污染，防止污染扩散。日本是实施土壤修复较早的国家，对重金属重污染地区（糙米中镉含量>1.0毫克/千克）实行客土和土地它用措施；对中、轻污染地区（糙米中镉含量为0.4～1.0毫克/千克）实施灌水治理或施用土壤添加剂等措施，开发抑制镉等重金属向作物的迁移技术。政府对镉含量超过1.0毫克/千克的稻米进行统一收购和补偿，并编制技术指导规程。

（4）土壤污染整治基金制度。借鉴美国的超级基金，日本建立了土壤污染整治基金，专项用于土壤污染治理和修复。土地污染者不明或土地所有者、污染者无力支付治理和修复费用时，可以申请土壤污染整治基金的资助，避免由于资金短缺而不治理和修复土壤污染的情况。但是，为了体现污染者付费原则，土壤污染整治基金保留向污染者追偿治理费用的权利，实现外部成本内部化。

（5）信息公开和公众参与制度。信息公开和公众参与是掌握和监督土壤污染防治立法、执法和司法的有效途径。日本土壤污染调查结果和土壤污染对策地区的信息都必须向社会公开，便于公众全面、准确地了解土壤污染信息，监督土地所有者和污染者的土壤污染整治情况。日本充分发挥新闻媒介和社会团体的舆论监督和导向作用，建立了公益诉讼制度，利用公众和司法力量维护污染受害者的权益，加强对政府和执法的监督。

（6）土壤污染处罚制度。日本制定了严厉的土壤污染处罚制度，以刑事责任和民事责任为主。民事责任分为严格责任、连带责任和溯及责任3种。除非有“合理理由”可以归咎于土地污染者，否则作为基本责任人的土地所有者优先承担责任。不论污染者是否明确或有无财力，土地所有者都应承担补充责任、无过失责任和溯及责任。但是，土地所有者承担责任后可以向土地污染者求偿。

2. 土壤污染防治管理体制 与我国土壤污染防治主要采用中央和地方环境保护行政主管部门统一监督管理与分级分部门监督管理相结合的管理体制不同，日本土壤污染防治的主管部门在中央和地方并不相同。在中央层面，土壤污染防治的主管部门是日本环境省，负责制定土壤污染防治的主体政策和环境标准，为地方具体政策提供依据和参考；在地方层面，主管部门是都、道、府、县知事，而非地方政府的环境保护行政主管部门。都、道、府、县知事按照法律法规规定，因地制宜地制定土壤污染治理和修复政策，并直接向环境省长官报告。

因此，在土壤污染整治中，日本环境省的基本职责是宏观管理，制定相关法规和标准；地方政府承担具体实施义务。土壤污染具有复杂性，需要多部门广泛参与、协调合作。地方职能部门间的分工合作成为土壤污染管理制度成败的关键。都、道、府、县知事主管地方土壤污染防治，并对环境省负责，有利于发挥地方政府最高行政长官在地方各职能部门博弈中的协调作用，避免地方政府内部扯皮与缺位，提高土壤污染防治效率。此外，日本现行土壤污染管理体制能够体现不同地区土壤污染、土地用途和社会经济情况等方面的差异，理顺中央和地方政府之间的关系，实现责、权、利统一，降低土壤污染防治的社会成本。

3. 政策效果 日本土壤污染管理制度充分调动了中央和地方政府、企业、社会公众的资金和力量，取得了较好的政策效果。

（1）土壤污染调查和修复措施大量开展，土壤环境质量改善。1970年《农业用地土壤污染防治法》颁布以后，日本开展了以清洁土壤为主要手段的土壤修复工程。截至1997年，占日本全部受污染土地面积76%（7 140公顷）的土壤修复工程已经宣告完成。2002年《土壤污染对策法》颁布后，土壤污染状况调查和土壤污染指定地区不断增加。2002—2004年，日本政府进行的土壤污染调查由650件增加到838件，土壤污染指定地区由380个增加到454个。土壤污染调查和管理的加强，激励土地所有者和污染者治理和修复土壤污染，有利于土壤环境质量的改善。2006年，土壤污染指定地区大幅下降到161个，其中70个（占43%）通过污染整治而解除指定。

（2）激励企业自主治理和修复土壤污染。日本土壤污染管理制度激励企业参与土壤污染状况调查，主动采取污染治理和修复措施，使土壤污染整治由被动治理转向主动治理。为了治理土壤重金属污染，日本制定了重点行业重金属减排政策。以汞减排为例，日本在氢氧化钠、氯乙烯单体、电池、照明、医疗设备及用汞药品等行业采取切实可行的禁汞、限汞措施，为推进汞减排打下了良好的基础。经过多年的努力，日本的含汞工艺和产品用汞量不断下降，汞需求量已经从1964年最高峰的每年2 500吨下降到近几年的每年10吨。

（3）促进环保产业的发展和完善。日本土壤污染管理制度促进了土壤环境污染治理和风险管理的相关环保产业的发展，催生了土壤污染调查和监测机构、土壤治理工程中介等一系列相关产业，促进了就业，拉动了经济增长。同时，环保产业得到了公共财政的支持。环保产业的发展有效地处理了废水、废气和废渣，有利于土地环境质量的改善。

（4）鼓励公众参与，维护合法权益。日本土壤污染管理制度鼓励公众参与，发挥公众对政府和企业的监督和约束作用。通过公益诉讼制度，维护土壤重金属污染受害者的合法权益。例如，未被政府认定为公害病患者的痛痛病受害者，没有得到任何赔偿，联合组成了“神通川流域镉污染受害团体联络磋商会”，向责任企业东京三井金属公司提起民事诉讼，最终双方在2013年12月17日通过“和解”的方式签署协议。三井金属公司将建立针对这些人的健康管理支援制度，每人一次性赔偿60万日元（约合人民币3.5万元）。此外，三井金属还向磋商会支付和解金，为造成的严重伤害致歉。

我国与日本都是耕地资源短缺的国家，且具有较为相似的文化背景，日本土壤重金属污染防治的体制机制、制度安排和政策措施，可为我国耕地重金属污染防治工作提供有益借鉴。

四、我国耕地重金属污染防治思路及对策建议

（一）总体思路

农业部会同有关部门已先后出台了全国农业可持续发展规划、农业环境突出问题总体治理规划和打好农业面源污染防治攻坚战实施意见等文件，对当前和今后一个时期耕地重金属污染防治工作进行了总体部署。总体思路是：以科学发展观为指导，全面贯彻党的十八大和十八届三中、四中、五中全会精神，以“创新、协调、绿色、开放、共享”新理念为引领，以生产力持续提高、资源永续利用和生态环境不断改善为总目标，以保障国家粮食安全和农产品质量安全、农民持续增收为前提，以“提质增效转方式、稳粮增收可持续”为工作主线，依靠科技支撑、创新体制机制、完善政策措施、加强法制建设，坚持改革创新，推进绿色发展，建立健全耕地重金属污染防治的长效机制，实现生产发展、生活提高、生态良好的有机结合，确保耕地资源对农业可持续发展的长远支撑能力。

（二）对策建议

我国耕地重金属污染量大面广，已成为影响农业可持续发展和威胁人民群众健康的最为突出的农业环境问题；同时，耕地重金属污染具有累积性、隐蔽性、持久性等特点，建议从以下几个方面打好耕地重金属污染防治攻坚战和持久战。

1. 加强土壤污染防治法制建设　积极推动《土壤污染防治法》《耕地质量保护条例》《土壤污染防治行动计划》出台实施。以立法形式对土地利用项目的土壤环境影响评价、土壤环境质量控制、土壤污染风险评估、土壤污染治理与恢复、土壤污染责任认定及污染责任追究等予以明确。充分借鉴日本等相关经验，制定符合我国国情的、与土壤类型和作物种植方式等相对应的农田土壤重金属含量阈值，并在此基础上，推进我国土壤环境质量标准体系的修订完善。以《土壤污染防治法》为核心，加强各项相关政策间的协调与整合，构成一个全方位的、系统和综合的土壤污染防治的法律体系。

2. 明确耕地重金属污染防治职责　要进一步明确各相关部门的职责分工，尤其要明确国土、环保、农业、林业、水利等部门在土壤污染防治相关政策制定、监测核查、信息发布、污染治理等方面的职责，避免部门间的矛盾和冲突，加强协调和整合，形成土壤重金属污染防治合力。国土、环保、水利、工矿等部门，要从源头上控制住工矿“三废”和城镇生活对耕地的重金属污染。耕地是保障粮食安全和农产品质量安全的物质基础和源头，要进一步确立农业部门作为耕地重金属污染防治的主体地位，大力推进耕地重金属污染普查、分级管理、治理修复和种植结构调整等工作。

3. 实施耕地与农产品重金属污染加密调查　针对耕地重金属污染家底不清的问题，在全国农产品产地土壤重金属污染普查基础上，进一步开展耕地重金属污染加密调查，同时在2015年启动实施的部分省份农作物与土壤的协同监测基础上，进一步加大协同监测覆盖范围和密度，同步开展土壤与农产品的风险评估，建立土壤-作物重金属污染关系，彻底摸清我国耕地土壤和农产品中重金属的污染分布及超标情况，为开展产地安全分级管理、农田土壤重金属污染修复、种植结构调整及指导农业安全生产提供科学依据。要将耕地重金属污染监测纳入国家环境质量监测网络建设，推进耕地重金属污染普查和监测预警的长效机制，及时掌握我国耕地重金属污染动态变化。

4. 加大耕地重金属污染修复治理力度　实施好湖南耕地重金属污染治理修复示范项目，及时总

结示范成效，进一步探索实用的耕地修复技术和模式。落实好《农业可持续发展规划》和《农业突出环境问题治理总体规划》，各地要因地制宜创设一批耕地重金属污染修复工程。在轻中度污染区域实施农艺措施为主的修复技术，采取源头控制、低积累作物品种替换、农艺综合调控、各类相对成熟修复技术应用等措施开展修复，边生产、边治理；在少数中、重度污染区开展农艺措施修复治理的同时，建立种植结构调整试点，通过品种替代、粮食作物调整、粮油作物调整和改种非食用经济作物等方式因地制宜调整种植结构，有序推进耕地的休养生息，实现农产品安全生产和耕地环境质量的稳步改善。

5. 加强耕地质量建设 由于长期重化肥、轻有机肥，目前我国耕地中的有机质含量严重下降。研究表明，耕地有机质含量的大幅下降，可导致对土壤中有机质结合态重金属含量严重减少，造成了重金属活性的释放。加之我国南方地区酸雨普遍，导致耕地酸化严重。研究表明，土壤 pH 每下降一个单位值，土壤中重金属活性就会增加 10 倍，加剧了耕地重金属污染负荷。要鼓励增施有机肥、种植绿肥，开展保护性耕种和实施农作物秸秆还田，大力推进耕地质量提升，逐步降低化肥使用量，提升耕地有机质含量；同时，控制耕地酸化，提高土壤 pH，降低耕地重金属活性，增加耕地自身对重金属的承载能力，有效缓解重金属对农作物的危害。

6. 划定耕地污染红线 耕地生态功能的恢复需要相当长的时间，技术难度大，成本高；因此，防止耕地质量持续退化是农业环境保护应该遵循的基本原则。考虑到土壤环境的差异，耕地污染防治应该按其所属地区生态环境、土壤污染要素的背景值和生态功能等确定不同的耕地环境质量标准。基础红线是任何土壤开发和利用都不应导致耕地资源严重流失，不能导致土壤环境质量在现有水平上严重下降。这项要求应写入《土壤污染防治法》，并在《农用地土壤环境质量标准》中予以体现。同时，制定相关的技术导则，指导地方政府根据本地情况制定相应的地方耕地土壤环境质量标准及配套的监测规范。

7. 建立完善耕地重金属污染防治政策体系 要大力创设扶持政策，形成耕地重金属污染防治的稳定资金渠道。要继续推动落实金融、税收等激励政策，完善投融资体制，拓宽市场准入，鼓励、吸引社会资本参与耕地重金属污染治理与修复，探索推进政府和社会资本合作（“PPP”）模式的应用，培育第三方治理农业环境污染。建立健全以技术补贴和绿色农业经济核算体系为核心的农业补贴制度和生态补偿制度，对生态友好型、资源节约型的清洁生产技术及绿色生产资料等研发、推广应用进行补偿、激励；加强新型经营主体培训，提高其运用清洁生产技术、保护耕地资源的积极性、主动性和有效性。

8. 加强耕地修复治理的科技支撑 一方面，要加强现有的耕地重金属污染治理修复新技术、新产品及新装备的评估验证，筛选出一批可推广、可复制的经济实用的技术措施和修复模式。另一方面，要加大科技研发力度。近期重点针对镉大米问题，开展低积累水稻品种筛选与推广、农田土壤镉生物活性钝化剂研制与应用、污染农田安全利用技术（包括钝化剂、阻控剂、水肥调理、农艺措施等）集成与示范等工作，制定稻米安全生产技术规范，使轻、中度污染稻田生产的大米镉含量达标。远期，重点开展耕地质量建设与保护和产地土壤主要重金属污染控制技术、消减技术、修复治理技术等科技攻关，建立完善我国耕地重金属污染防控和治理技术支撑体系。

循环农业发展机制研究

（2017年）

党的十八大明确提出，建设生态文明必须“着力推进绿色发展、循环发展、低碳发展”。2013年，国务院印发《循环经济发展战略及近期行动计划》，明确提出要把构建循环型工业体系、农业体系和服务业体系作为推行循环型生产方式的主战场。自2006年以来的中央1号文件多次强调要“推进现代农业建设，积极发展循环农业”。当前，我国农业已进入转型升级、绿色发展新阶段，必须创新循环农业发展运行机制，为加快发展循环农业发展提供有力保障。

一、我国循环农业发展现状

自20世纪80年代开始，我国生态循环农业探索工作，先后2批建成国家级生态农业示范县100余个，带动省级生态农业示范县500多个，建成生态农业示范点2 000多处，探索形成了“猪-沼-果”、“四位一体”、稻鱼共生、林果间作等一大批典型生态循环农业模式。近年来，在全国相继支持建设2个生态循环农业试点省、10个循环农业示范市、283个国家现代农业示范区和1 100个美丽乡村，已初步形成省、市（县）、乡、村、基地五级生态循环农业示范带动体系，在示范推动循环农业发展方面取得了积极进展。

（一）以法规制度为引领，强化循环农业顶层设计

国家先后出台《循环经济促进法》《清洁生产促进法》《畜禽规模养殖污染防治条例》《农产品产地安全管理办法》等法律法规；全国有21个省份在农业生态环境保护方面、11个省份在耕地质量保护方面、13个省份在农村可再生能源利用方面、2个省份在废旧农膜回收利用方面制定了地方法规，对推进循环农业建设作出了相关规定。此外，国务院及有关部门还印发了《循环经济发展战略及近期行动计划》《关于加快转变农业发展方式的意见》《全国农业可持续发展规划（2015—2030年）》《农业环境突出问题治理总体规划（2014—2018年）》《关于打好农业面源污染防治攻坚战的实施意见》等政策文件，对推进循环农业发展提出了明确要求、进行了具体部署。一些地方在推进生态循环农业发展方面也出台了相关文件，如浙江省出台《关于加快发展现代生态循环农业的意见》，要求有序推进种养业布局优化、资源循环利用体系构建和农业面源污染防治；安徽省制订《现代生态农业产业化建设方案》，组织推进绿色增效、品牌建设、主体培育、科技推广、改革创新“五大示范行动”；江苏省制订《生态循环农业示范建设方案》，提出产业布局合理化、生产经营集约化、生产过程清洁化、产品质量安全化、废弃物利用资源化的“五化”建设目标。

（二）以项目工程为抓手，强化循环农业示范带动

2006年，农业部启动实施农村清洁工程，以自然村为基本单元，推进农村生活废弃物循环利用，实现家园清洁、水源清洁和田园清洁。2007年，农业部选择河北邯郸、山西晋城等12个地级市，启动循环农业试点市建设，推进更大尺度循环农业发展。2012年，国家发展和改革委员会、农业部和财政部启动农业清洁生产示范项目建设，开展地膜回收利用、尾菜处理和生猪养殖清洁生产示范，逐步建立高效清洁农业生产模式。2015年，农业部会同国家农业综合开发办公室启动实施浙江、山东等省份12个区域生态循环农业试点项目，重点开展农药化肥减量施用、养殖废弃物处理和秸秆综合

利用等相关建设，促进区域农业生产废弃物生态消纳和循环利用、种植业和养殖业相互融合。2016年，农业部和财政部在河北、山西等10个省份启动实施秸秆综合利用试点项目，以秸秆综合利用和地力培肥为主要手段，推进耕地质量保护与提升。一些地方也组织实施了相关项目工程，如浙江省组织实施生态循环农业示范创建工程，建设省级生态循环农业示范县17个、示范区88个、示范企业101个，形成"主体小循环、园区中循环、县域大循环"的生态循环农业发展新格局。江苏省启动11个生态循环农业示范县（市、区）建设，与区域内"粮食绿色增产模式攻关"、园艺标准园、农业示范园区建设相结合，带动县域内乡镇发展具有当地产业特色的循环农业，形成可复制、可推广的发展模式。

（三）以重点领域为突破，强化农业废弃物资源化利用

以畜禽粪污、作物秸秆和地膜为重点领域，提高农业废弃物的再利用和资源化水平，发展循环农业。推广畜禽粪污堆沤发酵还田等技术，促进种养业有机结合。因地制宜发展户用沼气，积极推进大中型沼气工程建设，构建以沼气为纽带的粪污处理、循环利用模式。建立健全秸秆收储运体系，因地制宜推广农作物秸秆肥料化、饲料化、燃料化、原料化和基料化等利用方式，积极推进秸秆综合利用，鼓励有条件的地方实现秸秆全量化利用。以东北、华北和西北地区为重点，健全农田残膜回收利用网络，推进地膜加工能力建设，探索建立政府推动、农户参与、企业实施的农田残膜回收机制，逐步形成使用、回收、再利用各个环节相互配套的地膜回收利用体系，加快推进农田残膜"白色污染"治理。

（四）以技术模式为依托，强化农业资源节约集约利用

紧紧围绕农业发展方式转变，以节肥、节药、节种、节水、节能技术推广应用为重点，推进农业资源高效节约利用。鼓励施用绿肥、沼肥和有机肥，推广测土配方施肥和水肥一体化技术，减少化肥使用量，提高肥料利用率。推广使用高效、低毒、低残留农药和一喷多效、统防统治、绿色防控技术，实现农药节本增效。推广玉米、小麦种子包衣及小麦、棉花精播半精播和精量半精量技术，减少良种浪费。推广种植耐旱品种，集成地膜覆盖、膜下滴灌、生物及化学保水剂等旱作节水技术，提高水资源利用率。推广沼气、生物质能、太阳能利用等节能技术，发展农村清洁能源。总结推广"上农下渔""畜（禽）沼菜（果）复合型""农林牧渔复合型""工农复合型"等循环农业技术模式，推进资源集约利用，不断提高农业循环经济的规模和效益。

当前，推进我国循环农业发展面临的主要问题：

1. 缺乏有力的政策支持　没有扶持循环农业发展的专项资金，经费投入严重不足，只能开展小规模、小范围的示范建设。现行政策对资源综合利用和环境保护的支持力度不大，仅限于利润不上缴、减免税收、先征后返等方面，缺乏针对性、配套性和实效性。原有的一些循环农业支持项目被取消或打折扣，如循环农业示范市建设项目和农村清洁工程项目已被取消，农业清洁生产项目被局限在地膜回收利用单一领域，影响循环农业的建设发展。

2. 缺乏有效的机制创新　对推进循环农业发展配套的监测预警、主体培育、认定管理、市场运作、考核评价等机制有待完善。对促进农业资源保护和废弃物利用的政策激励、生态补偿、示范带动、利益分享等机制也有待进一步强化。

3. 缺乏有效的技术支撑　现有循环农业技术模式存在适用范围有局限、适用条件要求高、规模效益不高等弊端，导致推广范围有限。目前，主要是以单个企业为主体的循环农业模式，不同企业共生耦合构成的区域性产业生态网络模式并不多见。适应规模化、集约化、标准化的技术推广体系和生产经营模式还有待完善。

4. 缺乏自觉的经营主体　广大农民特别是新型经营主体是实现循环农业体系正常运行的关键，但是由于科技文化素质和经营管理水平不高，"资源环境有价"的理念尚未形成，发展循环农业的积

极性自觉性还不高；同时，也有缺乏龙头型循环农业园区和基地发挥示范引领和带动作用的原因。

二、创新循环农业发展的基本思路

认真贯彻中央关于生态文明建设的总体要求，牢固树立“创新、协调、绿色、开放、共享”发展理念，以实现农业现代化为目标，以加快推进农业供给侧结构性改革为主线，立足我国农业发展实际和资源承载能力，优化农业产业结构和生产布局，坚持“减量化、再循环、再利用”原则，构建农林牧渔多业共生的循环农业产业体系，打造单一主体小循环、主体之间中循环、区域尺度大循环的循环农业发展模式，推进农业资源利用节约化、生产过程清洁化、产业链条生态化、废弃物利用资源化，形成高效集约的循环农业产业链、价值链和利益链，促进农业绿色、循环、可持续发展。

在发展过程中，要合理配置农业生产要素，提高农业经营主体农业投入品科学、有效使用水平，提高农业资源利用效率，推进资源的高效循环利用。

在发展功能上，拓展农业发展的内涵和外延，延伸农业的粮食安全、生态保障、资源保护、就业增收等功能，拓宽发展领域。推进农产品精深加工，大力发展休闲观光农业，促进产前、产中、产后有机结合，种养加游一体发展。

在发展途径上，由粗放型高耗型向节约高效型转变，推广节约型农业技术，推进农业废弃物资源化利用，实现综合利用、变废为宝。

在发展方式上，要结合当地的资源环境禀赋、产业特色和市场需求，因地制宜、试点先行，总结探索一批高效实用的技术模式，逐步带动循环农业产业化、规模化、区域化发展。强化机制创新，调动政府、企业、社会组织和农民发展循环农业的积极性。

三、明确循环农业发展的工作任务

（一）打造循环农业发展的有效模式

1. 推进主体循环农业技术推广应用　通过财政扶持、信贷支持、税收优惠、技术指导等途径，培育一批从事循环农业的种养大户、家庭农场、农民合作社、龙头企业和社会化服务组织，配置低碳循环、节水、节肥、节药和面源污染防治等设施、设备和物料，以提高资源利用效率和减少污染物排放。开展循环农业技术试验示范，总结提炼循环农业模式，探索推进主体内循环农业健康持续发展。

2. 推进主体间循环农业发展　制定出台相关政策，积极推进第三方治理和“PPP”模式等，鼓励以规模化农业企业为龙头，带动专业化服务组织，全程开展生态农业生产、废弃物处理、农产品加工等环节的一条龙服务，鼓励种养大户、家庭农场和农民合作社采用协议方式，探索建立主体间的利益连接机制，形成一体化、多元化、市场化运营服务模式，以实现资源在不同主体和不同产业之间的最充分利用。

3. 推进区域尺度循环农业发展　以构建区域循环农业闭合圈为主要目的，探索开展生态循环农业示范区（基地）创建工作。根据因地制宜、突出特色、典型引路、整体推进、产业支撑、协调发展、科技引领、尊重民意的原则，认定建设一批生态循环农业县、乡（园区）。通过实行以区域农业生态问题为导向的减量化、再利用、资源化等生态农业技术手段和政策保障措施，在创建区建立清洁的生产、生活方式，保证农药、化肥的科学化合理施用，逐步实现化肥、农药用量的零增长，提升区域农业资源利用率，扩大农村清洁能源覆盖率，提升农产品质量安全水平，推动创建区生态农业规模化、产业化发展。总结筛选各地成熟的循环农业技术模式和配套政策措施，辐射引领周边同类地区开展循环农业建设。

（二）创新循环农业发展的运行机制

1. 资源匹配机制　根据土地、水、气候等资源条件和承载能力合理配置农业产业，优化结构布局，发挥比较优势；按照种养结合、循环发展的思路，推进不同产业之间的相互利用和融合发展，实现产业内部资源高效利用、产业废弃物得到有效处理，最大限度节约资源和保护生态环境。

2. 评价认定机制 根据循环农业发展要求，选取相应的评价指标，建立循环农业发展水平评价指标体系和认定管理办法，依托专业化、社会化服务机构，在全国不同类型地区认定一批循环农业县（村、场、园、基地），引导带动农业清洁生产，推进农业废弃物资源化利用，提升农产品质量安全水平，实现生产、生活、生态协调发展。

3. 产业链接机制 调整优化农业生态系统内部结构及产业结构，延伸产业链条，提高农业系统物质能量的多级循环利用，最大程度利用生产中的每一个物质环节，使生产过程中上一环节产生的副产品成为下一环节的“原料”，使农业生产方式由“资源-产品-废弃物”的线性经济，向“资源-产品-再生资源-产品-再生资源”的循环经济转变，促进产前、产中、产后有机结合，种养业良性循环，一二三产业融合发展。

4. 生态补偿机制 围绕农业生产全过程管理及各产业之间循环发展，探索建立循环农业补偿机制，明确补偿主体、对象、范围、量化标准和考核办法，正面引导广大农民自觉采用资源节约和环境友好型技术，引导新型经营主体、企业和社会组织重视农业废弃物资源，加强对农业废弃物的回收处理和综合利用，促进资源节约，减轻环境负担。

5. 利益分享机制 推动循环农业体系有效运行，必须重视和关注不同环节的利益诉求，处理好各循环主体之间的关系，创新适应循环农业发展的组织方式，强化政策补贴、税收优惠、金融扶持及土地利用、基础设施建设等方面优惠政策，促进循环农业发展各主体、各产业、各环节都能分享到合理的利益，形成循环农业发展利益共同体。

四、强化循环农业发展的政策措施

（一）完善循环农业相关法律法规

在相关法律法规制修订中纳入循环农业发展有关内容。出台《循环经济促进法》实施办法，细化循环农业发展相关规定，提高法律执行的可操作性。推动出台循环农业发展部门或地方法规，以及相应的技术标准与规范。在资源环境敏感地区，出台农业生产的限制性法规和标准，规范农业生产活动，引导农民采取循环农业技术，促进循环农业规模化、标准化、规范化发展。

（二）加大循环农业发展经费投入

将循环农业建设纳入政府财政预算，推动中央财政设立循环农业发展专项资金，鼓励地方设立相关专项，形成长期稳定持续的财政支持机制。鼓励企业、经营主体和农民多方投入，建立多渠道、多元化的资金投入机制。制定分类指导政策，根据不同区域生态功能和支出成本实施差异化支持。充分发挥市场在资源配置中的决定性作用，建立吸引社会资本投入循环农业发展的市场化机制，引导工商资本和民间资金投资循环农业产业，健全循环农业社会化服务体系，不断壮大循环农业产业链条。引入“PPP”模式，推行农业生态环境的第三方治理。

（三）加强循环农业发展政策创设

继续落实好现有补贴政策，进一步加大农业清洁生产、种养结合、面源污染治理、农业废弃物资源化利用等方面的政策扶持；对农作物秸秆利用、畜禽粪便处理、地膜回收利用、配方施肥等重大农业技术，采取财政补贴制度；对从事农村垃圾、污水处理的企业，给予税收、贷款等方面的优惠；发挥市场机制作用，保护农业资源稀缺利用，加大对环境成本的核算力度，加快形成以绿色生态为导向的循环农业发展政策体系。

（四）强化循环农业发展技术支撑

建立官、产、学、研、推合作机制，整合优势科技力量，协同技术攻关，尽快形成一整套高效实用的循环农业技术模式。设立循环农业重大科研专项，围绕循环农业发展关键技术装备开展攻关，强化适用技术的研发与转化。大力推广资源节约型、环境友好型和生态保育型适用技术。加快完善技术标准体系，建立循环农业技术清单。利用现代信息技术，打造“互联网＋循环农业”服务体系，开发农业多种功能，提升循环农业产业链和价值链。加强产业化龙头企业、家庭农场、专业合作社和专业大户等新型经营主体培育，推动掌握现代循环农业适用关键技术，发挥示范带动作用。

（五）发挥现代循环农业示范引领作用

以农民专业合作社、农业产业化龙头企业、农业园区、家庭农场等为载体，围绕农业资源循环节约利用，农作物秸秆、地膜与畜禽粪污资源化利用，农产品加工过程中的清洁生产与产业链整合，农村社区“清洁化”建设，生物质能综合开发，微生物资源循环利用等方面，开展若干示范工程建设，因地制宜，分类建设一批现代循环农业园区和示范基地，发挥示范带动功能。其中，在水环境质量敏感区域，重点开展以农业自身污染防控为主的技术集成示范；在粮食主产区，重点开展以农业废弃物资源化利用为主的技术集成示范；在水资源短缺地区，重点开展以农业生产节水为主的技术集成示范；在养殖业发达地区，重点开展以养殖业废弃物处理利用为主的技术集成示范。

生态循环农业体系建设与对策研究

（2018年）

党的十九大深入分析了我国社会主要矛盾变化，立足党和国家事业发展全局和“两个一百年”奋斗目标，着眼于强基础、补短板、惠民生的实际需要，作出了坚持农业农村优先发展、实施乡村振兴战略和建设美丽中国的重大部署。农业是对自然资源利用与再生产的产业，农业生产与自然生态系统联系最紧密、作用最直接、影响最广泛，是生态系统的有机组成部分。坚持人与自然和谐共生，牢固树立尊重自然、顺应自然、保护自然的生态文明理念，大力发展生态循环农业，是实施乡村振兴战略、建设美丽中国的重要内容，是推进农业供给侧结构性改革、确保农产品质量安全的必然选择，是缓解我国农业资源约束矛盾、推动农业可持续发展的必然要求。

一、我国生态循环农业工作开展与体系现状

我国自20世纪80年代开始生态循环农业探索工作，在借鉴国外生态农业发展经验基础上，提出了生态农业的概念，1982年在北京留民营村开展全国第一个生态农业建设试点，经过30多年的建设发展，生态循环农业政策制度不断完善，技术模式逐步推广，试验示范内容和规模不断扩大，成效逐步凸显。

（一）工作开展情况

1. 以农村沼气建设为重点，推进畜禽粪便循环利用　近年来，农业部门按照推进生态文明建设和资源节约型、环境友好型社会建设的总体要求，积极发展农村沼气，推进畜禽粪便循环利用。在尊重农民意愿和需求的前提下，重点在丘陵山区、老少边穷和集中供气无法覆盖的地区，因地制宜发展沼气；在农户集中居住、新农村建设等地区，建设村级沼气集中供气站；在养殖场或养殖小区，发展大中型沼气工程。各地按照循环经济理念，把沼气建设与种植业和养殖业发展紧密结合，形成了以户用沼气和大中型沼气工程为主的农村沼气建设体系，以及以沼气为纽带的畜禽粪便循环利用模式和生态循环农业发展模式，实现了种植业、养殖业和沼气产业的循环发展。目前，全国沼气用户4 200多万户，各类沼气工程11万多处，每年可处理畜禽养殖粪便、秸秆、有机生活垃圾近20亿吨，生产沼气近160亿$米^3$，受益人口达1.5亿多人，形成2 612万吨标准煤的节能能力，减排二氧化碳6 373万吨，生产有机沼肥4亿吨，已成为重要的民生工程和乡村振兴亮点。南方水网地区生猪存栏调减超过1 600万头，畜禽养殖粪污资源化利用水平逐年提高，利用率接近60%。

浙江敦好农牧公司打造“猪-沼肥-作物-猪”生态循环农业体系

公司位于浙江省嘉兴市金星村，经营面积1 188亩，其中生猪养殖区200亩、存栏生猪9 800头，配套农业生态种植区888亩、生态休闲农业区100亩。公司在猪场采用自动喂料、室内温控及水泡粪技术，对养殖废水采用“厌氧+好氧”处理工艺，引进平板膜生物反应器、曝气式光生物反应器等设备及养藻脱氮除磷新工艺，对猪场沼液进行深度处理。年产生粪尿2.32万吨，经处理后充分还田利用，实现养殖污染零排放。养猪场生产的1 000多吨有机肥经发酵干燥后用于芦笋和果树的底肥，液态肥用于农田、竹柳和芦笋的灌溉，形成“猪-沼肥-作物-猪”生态循环农业体系，生产的产品品质好、效益高，每年蔬菜和大米销售收入各为100万元左右，苗木销售收入在300万元左右。

2. 以农作物秸秆和农田残膜综合利用为重点，推进农业生产废弃物循环利用 在秸秆综合利用方面，建立健全秸秆收储运体系，因地制宜推广农作物秸秆“五料化”利用。截至2015年底，全国主要农作物秸秆可收集量近9亿吨，利用量约7.2亿吨，综合利用率达到80.1%。其中，秸秆肥料化利用达到43.21%，秸秆饲料化利用达到18.76%；秸秆能源化利用达到11.43%；秸秆基料化利用达到3.99%；秸秆原料化利用达到2.72%。目前，在秸秆还田利用方面，中央财政每年安排资金8亿元开展土壤有机质提升补助，鼓励和支持农民进行秸秆还田，累计实施1亿多亩。在秸秆饲料化利用方面，中央财政累计投入18.5亿元，建设秸秆养畜示范县超过1 000个。在秸秆燃料化利用方面，积极开展秸秆热解气化、生物气化、固化成型、秸秆炭化等项目建设，在全国建成规模化示范工程2 500多处。在试点示范方面。2016年，农业部会同财政部整合资金10亿元，选择农作物秸秆焚烧问题较为突出的10个省份，采取整县推进方式，开展秸秆综合利用试点。在项目支持方面，2017年国家对农业综合开发专项投资扶持方向作出重大调整，集中力量推进区域生态循环农业项目建设，农作物秸秆综合利用是重点支持内容。2017年，农业部还发布了秸秆还田、秸-饲-肥种养结合、秸-沼-肥能源生态、秸-菌-肥基质利用等十大秸秆农用模式。此外，各地和有关部门还围绕秸秆综合利用，在秸秆发电上网、用地、用电、交通运输、锅炉改造、还田补贴、农机购置等方面出台了一系列扶持政策。

在农田残膜回收利用方面，农业部印发了《地膜覆盖技术指导意见》，修订发布了新的农用地膜标准；配合财政部在旱作农业项目中安排10亿元推广应用较厚地膜，实行以旧换新政策；与国家发展和改革委员会、财政部在甘肃、新疆等11个省份229个县实施废旧地膜回收利用的农业清洁生产示范项目，新增残膜加工能力18.63万吨，新增回收地膜面积6 000多万亩，构建覆盖主要用膜区域的农田残膜回收利用体系。甘肃、新疆两省份创新“5个1”（出台地方条例、推行地方标准、落实以旧换新补贴、实施加工利用项目、构建监管体系）的地膜综合回收利用机制，两省份当季地膜回收率均达到80%以上。组织实施东北地区地膜零增长行动计划。在北京、甘肃、新疆等11个省份启动实施可降解地膜对比试验。

新疆维吾尔自治区构建“四位一体”农田废旧地膜回收利用体系

新疆维吾尔自治区结合地膜使用和残膜回收利用实际，颁布了《聚乙烯吹塑农用地面覆盖薄膜》强制性地方标准，出台了《农田废旧地膜污染防治条例》。近年来，每年投入1.14亿元专项资金，并争取国家资金近5亿元，开展废旧地膜污染治理回收站点建设、废旧地膜回收加工企业建设补贴及62个县市废旧地膜回收利用示范补贴试点，不断推进机械回收、网点回收、企业资源化利用3个环节有效连接，逐步构建了由政府、农民、企业、社会组织共同参与的“四位一体”回收利用体系。目前，全区建立废旧地膜回收示范县62个、涉及面积735万亩，引导企业生产销售厚度≥0.01毫米的地膜，建设废旧地膜回收加工生产企业66家，形成废旧地膜回收加工能力6.25万吨，建设废旧地膜回收站点375个，全区废旧地膜回收率达到70%，利用率达到80%以上。

浙江省桐乡市多渠道推进秸秆资源化利用

浙江省桐乡市农作物种植面积80余万亩，秸秆总量20多万吨。该市因地制宜开展秸秆多元化利用工作，多途径、多层次利用秸秆变废为宝，推进秸秆饲料化、基料化和能源化等离田利用，逐步形成了“稻麦秸秆粉碎旋耕还田”“秸秆-湖羊”“秸秆-燃料棒”“秸秆-食用菌”“秸秆-纸筋和草绳”等一批实用有效、可学可复制的生态循环利用模式。据统计，全市秸秆30%用于还田，25.8%用于稻草加工，21.5%用作动物饲料，10%以上用于养殖作有机肥基料；8%作为食用菌基料；全市农作物秸秆综合利用率达95%以上，高出全省8.5个百分点。

3. 以环境友好技术应用为载体，推进农业清洁生产 紧紧围绕农业发展方式转变，以提高资源利用效率为核心，以节水、节肥、节药为重点，大力推广应用节约型技术，实现农业清洁生产。扩大测土配方施肥使用范围，推进配方肥进村入户到田，实现从“开方”到“抓药”的转变。实施耕地质量保护与提升行动，鼓励引导农民推进秸秆还田、种植绿肥、增施有机肥。突出重点区域、重点作物，在全国选择200个县开展化肥减量增效试点。据统计，2016年全国测土配方施肥技术推广应用面积近16亿亩次，有机肥施用面积3.8亿亩次，绿肥种植面积约5 000万亩，化肥用量呈稳中趋降的态势。加大作物病虫害绿色防控力度，因地制宜集成推广适合不同作物的全程农药减量控害模式。创建农作物病虫专业化统防统治与绿色防控融合推进示范基地600个，带动农企共建农药减量控害、新农药新药械等示范基地6 900多个；扶持新建1 900个规模化农作物病虫害防治专业化服务组织，全国累计达到3.95万个。2016年，我国主要农作物病虫害绿色防控覆盖率25.2%，病虫害专业化统防统治覆盖率35.5%。落实最严格的水资源管理制度，分区开展节水农业示范，改善田间节水设施设备，积极推广节水品种和喷灌滴灌、水肥一体化等技术。实施旱作农业技术推广项目，在东北、华北、西北等地推广旱作农业节水技术5 000万亩。实施河北地下水超采区综合治理试点项目，落实压减冬小麦面积280万亩。在全国建立11个高标准节水农业示范区，节水农业技术应用面积超过4亿亩。

湖南省积极推进农业清洁生产示范

湖南省采取有效措施积极推进水稻清洁生产。一是推广水稻集中育秧技术。2013年，全省在75个示范县市区早稻集中育秧秧田面积达到45.39万亩，抛秧早稻853万亩，有效减少了农药、化肥和农膜的使用量。二是实施绿色植保工程。重点实施专业化统防统治、农作物病虫害绿色防控等工程，全省统防统治专业化服务组织达到1.365万家，与630万农户签订服务合同面积1 620万亩，使用安全高效的绿色环保新农药达到5 500万亩次；建立省级和县级病虫绿色防控示范区134个，实施面积达72万亩，用药量减少20.3%，生物多样性指数比非示范区高80%。三是实施测土配方施肥。2014年全省测土配方施肥技术推广面积达8 572万亩，推广配方肥145.02万吨（实物量），施用面积4 414.6万亩，单季水稻每亩用肥量减少了53千克、生产成本减少约80元。

浙江省宁波市鄞州区强化农资包装废弃物回收处置

鄞州区专门出台了农资包装废弃物统一回收和集中无害化处置实施方案，明确了相关工作职责、工作流程及考核办法，建立了“规模场户自行收集和散户村保洁员收集、送交镇乡收集点、营运单位运至有环保资质单位处置”的农资包装废弃物统一回收集中处置模式。在全区20个镇、乡（街道）建立农资包装废弃物集中回收点，并配备1～2名专职管理人员；在镇级以上现代农业园区、粮食功能区、专业合作社、农业龙头企业、100亩以上规模承包大户、生猪年存栏500头以上规模养殖场户和“三品一标”基地设置统一标识的农资包装废弃物回收箱；在行政村建立农资包装废弃物收集员队伍，对辖区内农、林、牧、渔业生产产生的农药、化肥、兽（渔）药、农膜、抛秧盘等农资包装物进行统一回收；确定有处理资质的固废处置企业对全区农资包装废弃物实施收运和集中无害化处置。实行镇、村农资包装物收集工作绩效与基本农田保护激励资金补助挂钩、与农业扶持政策挂钩、与各类认证先进荣誉等挂钩制度；区财政对农资包装废弃物集中收集点建设与运营、农资包装废弃物收集箱设置、无害化处置及管理等经费进行补助；制订考核评价细则，并列入对镇、乡（街道）生态目标责任制和现代农业考核内容。全区规模种养殖场（户）农资包装废弃物回收率达到100%，回收的农资包装废弃物无害化处理率达到100%。

4. 以农村清洁工程建设为重点，推进生活垃圾等生活废弃物循环利用 自2006年以来，为解决农村生活垃圾、生活污水等农村废弃物污染问题，农业部在全国启动实施了农村清洁工程试点，以自然村为基本单元，建设秸秆、粪便、生活垃圾等有机废弃物处理设施，就地就近资源化利用农村生活废弃物，推进人畜粪便、生活垃圾、污水向肥料、饲料、原料的资源化转化，集成配套节肥、节水等使用技术，推广化肥、农药合理使用技术，应用秸秆覆盖还田、秸秆快速腐熟还田和机械化还田技术，实现农村家园清洁、水源清洁和田园清洁。到目前为止，已在全国20多个省份建成1 500多个农村清洁工程示范村，示范村生活垃圾、生活污水的处理利用率达到95%以上。

河北省开展农村清洁工程示范建设

河北省按照循环经济理念，以村为单元，以“清洁水源、清洁田园、清洁家园”工程为主要抓手，把循环农业与农民生活、农业生产、生态环境建设紧密结合起来，通过“一站三池”建设，实现了农田保育沃土化、垃圾废物处理资源化、污水处理无害化、畜禽养殖洁净化、家居生活清洁化和庭院整洁舒适化。目前，全省共建设国家级农村清洁工程示范村102个、农村物业综合管理站102处、农田废弃物收集池1 252个、街巷垃圾池或废弃物处理池813个、污水处理池3 775多个，完成“四改”建设4 535户，建设农村管网55千米，农村污水和农村垃圾得到有效处理，村容村貌得到明显改观，农民的生活水平和精神面貌得到提升。

5. 以耕地质量提升为重点，推进耕地保护与治理 实施土壤有机质提升行动，加强保护性耕作技术示范推广；启动耕地休耕轮作制度试点，在东北地区、华北地下水漏斗区、南方重金属污染区和西南西北生态严重退化区先期试点616万亩，目前耕地轮作休耕制度试点面积已达到1 200万亩。在湖南省长株潭地区170万亩耕地开展重金属污染修复及农作物种植结构调整试点，通过实施“VIP”（V：品种替代，I：灌溉水清洁化，P：土壤pH调整）等综合技术，探索可借鉴、可复制、可推广的耕地重金属污染耕地治理模式。2015年，全国推广应用耕地质量保护与提升技术面积2亿亩以上，项目区耕层土壤有机质含量平均提高0.2克/千克。

山东省启动开展耕地质量提升行动

2014年，山东省出台了《耕地质量提升总体规划（2014—2020年）》，启动开展了耕地质量提升行动，省级财政每年投资7 000万元，实施以秸秆综合利用、地膜污染防治、土壤改良修复、农药残留治理、畜禽粪便治理和土壤改良修复为主要内容的耕地质量提升工程。在土壤重金属污染修复方面，省财政投资1 000万元在济南市历城区开展农田土壤重金属污染修复示范，建立土壤重金属污染修复示范区3个、防控示范区1个，采取有机肥络合、土壤钝化剂施用、深翻修复等单项及不同组合技术模式进行修复示范，同时建立多模式小面积新技术试验区，重点试验研究不同单项修复技术和不同修复技术组合对土壤的修复效果。通过修复效果评价，提出重金属超标农田源头控制技术1套，筛选稳定低吸收重金属的小麦、玉米和蔬菜品种3～6个，建立降低重金属吸收的耕作制度与农艺措施2～3套，研发、筛选钝化材料3～5种，形成北方大田作物土壤重金属污染修复技术体系，建立超标农田安全生产技术规程和临界超标农田安全生产技术规程。

国家启动耕地轮作休耕试点工作

2016年，农业部会同国家发展和改革委员会、财政部等单位印发《探索实行耕地轮作休耕制度试点方案》，并在东北冷凉区、北方农牧交错区等地开展耕地轮作试点，在地下水漏斗区、重金属污染区、生态严重退化地区开展耕地休耕试点。当年中央财政安排14.36亿元，其中轮作补助资金7.5亿元、休耕补助资金6.86亿元。在补助标准上，按照每年每亩150元的标准安排轮作补助资金。另外，河北省黑龙港地下水漏斗区季节性休耕每年每亩补助500元，湖南省长株潭重金属污染区全年休耕每年每亩补助1300元（含治理费用），贵州省和云南省两季作物区全年休耕每年每亩补助1000元，甘肃省一季作物区全年休耕每年每亩补助800元。在技术路径上。对于轮作，重点推广"一主四辅"种植模式，"一主"即实行玉米与大豆轮作；"四辅"即实行玉米与马铃薯等薯类轮作，实行籽粒玉米与青贮玉米、苜蓿、草木犀、黑麦草、饲用油菜等饲草作物轮作，实行玉米与谷子、高粱、燕麦、红小豆等耐旱耐瘠薄的杂粮杂豆轮作，实行玉米与花生、向日葵、油用牡丹等油料作物轮作。对于休耕，地下水漏斗区连续多年季节性休耕，实行"一季休耕、一季雨养"；重金属污染区连续多年休耕，采取施用石灰、翻耕、种植绿肥等农艺措施，以及生物移除、土壤重金属钝化等措施，修复治理污染耕地；生态严重退化地区连续休耕3年，改种防风固沙、涵养水分、保护耕作层的植物。

（二）体系建设现状

1. 政策制度体系逐步形成

（1）以法律法规建设为指引强化顶层设计。国家层面先后出台《循环经济促进法》《清洁生产促进法》《畜禽规模养殖污染防治条例》《农产品产地安全管理办法》等法律法规；全国有21个省份在农业生态环境保护方面制定了地方法规、11个省份在耕地质量保护方面制定了地方法规、13个省份在农村可再生能源利用方面制定了地方法规、2个省份在废旧农膜回收利用方面制定了地方法规。此外，国务院及有关部门还印发了《循环经济发展战略及近期行动计划》《关于加快转变农业发展方式的意见》《全国农业可持续发展规划（2015—2030年）》《农业环境突出问题治理总体规划（2014—2018年）》《关于打好农业面源污染防治攻坚战的实施意见》等政策文件，都对推进生态循环农业发展提出了明确要求、进行了具体部署。一些地方在推进生态循环农业发展方面也出台了相关文件，如浙江省出台《关于加快发展现代生态循环农业的意见》，要求有序推进种养业布局优化、资源循环利用体系构建和农业面源污染防治；安徽省制订《现代生态农业产业化建设方案》，组织推进绿色增效、品牌建设、主体培育、科技推广、改革创新"五大示范行动"；江苏省制订《生态循环农业示范建设方案》，提出了产业布局合理化、生产经营集约化、生产过程清洁化、产品质量安全化、废弃物利用资源化的"五化"建设目标。

（2）以政策项目实施为依托加大扶持力度。近年来，国家围绕生态循环农业建设，组织实施了一批新的重点工程。2012年，国家发展和改革委员会、农业部和财政部启动农业清洁生产示范项目建设，开展地膜回收利用、尾菜处理和生猪养殖清洁生产示范，逐步建立高效清洁农业生产模式。2015年，农业部会同国家农业综合开发办公室启动实施浙江、山东等省份12个区域生态循环农业试点项目，重点开展农药化肥减量施用、养殖废弃物处理和秸秆综合利用等相关建设，促进区域农业生产废弃物生态消纳和循环利用、种植业和养殖业相互融合。2016年，农业部和财政部在河北、山西等10个省份启动实施秸秆综合利用试点项目，以秸秆综合利用和地力培肥为主要手段，推进耕地质量保护与提升。2017年，农业部启动实施果菜茶有机肥替代化肥行动，以新型农业经营主体为承担主体，探索一批"果沼畜""菜沼畜""茶沼畜"等生产运营模式，推进资源循环利用；选择部分生猪、奶牛、肉牛养殖重点县开展畜禽粪污资源化处理试点，通过整县推进实现规模养殖场全部实现粪污处理和资源化利用。2017年，农业部以打赢农业面源污染防治攻坚战为重点，大力推进畜禽粪污资源化利用、果菜茶有机肥替代化肥、东北地区秸秆处理、农膜回收、以长江为重点的水生生物保护五大行动，着力推行农业绿色生产方式。

2. 技术模式体系不断健全

（1）推广生态循环农业支撑技术。围绕农业发展方式转变和生态循环农业建设，以节肥、节药、节种、节水、节能技术推广应用为重点，推进农业资源高效节约利用。鼓励施用绿肥、沼肥和有机肥，推广测土配方施肥和水肥一体化技术，减少化肥施用量，提高肥料利用率。推广使用高效、低毒、低残留农药和一喷多效、统防统治、绿色防控技术，实现农药节本增效。推广玉米、小麦种子包衣，小麦、棉花精播半精播和精量半精量技术，减少良种浪费。推广种植耐旱品种，集成地膜覆盖、膜下滴灌、生物及化学保水剂等旱作节水技术，提高水资源利用率。推广沼气、生物质能、太阳能利用等节能技术，发展农村清洁能源。农业绿色发展技术清单见表1。

表1　农业绿色发展技术清单

（骆世明，2015）

1. 生物多样性利用	
（1）有害生物综合防治	生物天敌及其制剂、鸭稻共作、鱼稻共作、防虫的推拉体系
（2）农田合理轮间套作	禾本科作物与豆科作物轮作、橡胶园间作等
（3）有益微生物利用	根瘤菌、菌根菌、解磷菌、解钾菌、光合菌、益生菌等
（4）果园茶园地表覆盖	果园草本植物覆盖、茶园草本植物覆盖等
（5）种质资源保护	传统农家品种保护等
2. 能物循环利用	
（1）秸秆循环利用	生物质能源利用方式、食用菌生产利用、饲料利用等
（2）畜禽粪便综合利用	沼气利用、食用菌生产、有机无机复合肥生产等
（3）农膜回收利用	农膜回收机械、农膜再生工厂等
（4）加工业有机废物利用	糖厂加工产物综合利用等
（6）城乡有机废物利用	城市有机垃圾循环利用、城乡污水循环利用等
3. 合理景观布局	
（1）农田林网建设	主要在东北、华北、西北、华东、华南的平原区等
（2）水平植物篱	主要在丘陵山区坡地和梯田等
（3）作物镶嵌布局	主要在平原区实施等
（4）乡村景观整治	整治道路、排灌系统、污水垃圾处理系统，开展植被建设等
（5）防风固沙带建设	主要在西北风沙区等
4. 资源节约与增殖技术	
（1）节肥技术	采用因土配方施肥、购买缓释肥、使用有机肥等
（2）节水技术	膜下滴灌、滴管、喷灌等
（3）节能技术	太阳能热水器、地热利用、小水电、生物质能利用、节能炉具、节能农机等
（4）节药技术	采用物理与生物方法，如黄板、频振灯；采用新型低毒和无毒药剂和新型施药工具等
（5）土壤增肥技术	绿肥种植、有机肥施用、豆科作物种植、生物碳使用等
（6）渔业资源放流增殖	人工鱼礁、人工增殖放流等
5. 农业污染处理技术	
（1）生态拦截沟	农田排水渠上铺垫过滤基质和种植吸收植物等
（2）沿河植物缓冲带	河流两岸预留自然植被作为野生生物栖息地和排水过滤系统
（3）人工湿地建设	作为农村分散污水处理设置，用于养殖场、村落和农田排水等
（4）污染土地修复和改种	重金属污染土地修复，有机污染土地修复，改种花卉苗木等

河南省洛阳市建立农作物病虫害绿色防控体系

洛阳市积极推广绿色栽培技术、土壤消毒技术、灯光和色板诱杀技术、天敌的保护与利用技术等，推广科学用药技术，选用生物制剂和高效低毒化学药剂防治病虫害。全市植保合作组织达到 150 多家，拥有无人机 5 台、大型机械 200 多台，防治面积达 200 多万亩，全市农药的投入量减少 10%以上，按每年 2 200 吨算，每年少投入 220 吨。

（2）打造生态循环农业典型模式。2004 年，农业部科教司在全国范围内征集到 370 余种生态循环农业模式，经专家反复论证遴选出以下 10 种典型模式，即北方“四位一体”模式、南方“猪-沼-果”模式、平原农林牧复合模式、草地生态恢复与持续利用模式、畜牧业生态生产模式、生态种植模式、生态渔业模式、丘陵区小流域综治模式、设施生态农业模式、观光农业模式。近年来，农业部积极探索实践“区域大循环、产业中循环、园区小循环”生态循环农业模式。自 2010 年以来，农业部分三批认定了 283 个国家现代农业示范区，以国家现代农业示范区为平台探索实践区域大循环，引导示范区把转变发展方式作为现代农业建设的主线，促进资源环境的永续利用。2015 年，农业部、国家农业综合开发办公室组织实施区域生态循环农业项目，重点开展农药化肥减量施用、养殖废弃物处理和秸秆综合利用等相关建设，促进区域农业生产废弃物生态消纳和循环利用、种植业与养殖业相互融合，探索实践产业中循环。2014 年，农业部开展 11 个涵盖不同主导产业类型的现代生态农业清洁生产示范基地建设；2015 年，生态农业基地（园区）扩大到 13 个，基地建设以家庭农场、专业合作社、农业园区、产业化龙头企业等新型农业经营主体为载体，开展生态农业技术试验示范，总结提炼生态农业模式，探索园区小循环。

浙江省衢州市探索推广生态循环农业模式

衢州市因地制宜总结探索推广了一批大循环、中循环、小循环的生态循环农业模式，如集粪尿收集、沼气发电、有机肥生产一体的“开启模式”，以村场对接、布网灌溉为关键的“箬塘模式”，以集中供气、布网灌溉为关键的“大公模式”，以沼液膜浓缩利用技术为核心的“宁莲模式”，以生物发酵舍零排放技术为核心的“绿业模式”等；其中，“开启模式”获得全省生态循环农业创新“十大模式”之一，“大公模式”获得全省生态循环农业创新优秀奖。

3. 示范带动体系逐步构建　农业部会同有关部门先后分 2 批建成国家级生态农业示范县 100 多个，带动建设省级生态农业示范县 500 多个，建成生态农业示范点 2 000 多处。近年来，在全国相继支持 2 个生态循环农业试点省、10 个循环农业示范市、283 个国家现代农业示范区和 1 100 个美丽乡村建设，已初步形成省、市、县、村、基地（园区）五级生态循环农业示范带动体系。2016 年，启动实施了国家农业可持续发展试验示范区创建工作。2017 年，中央 1 号文件提出，支持有条件的乡村建设以农民合作社为主要载体、让农民充分参与和受益，集循环农业、创意农业、农事体验于一体的田园综合体。2017 年 5 月，财政部下发《关于开展田园综合体建设试点工作的通知》，决定在河北、山西、福建等 18 个省份开展田园综合体建设试点，每个试点省份安排试点项目 1～2 个。2017 年 6 月，国家农业综合开发办公室下发《关于开展田园综合体建设试点工作的补充通知》，明确重点支持河北、山西、福建、山东、广西、海南、重庆、四川、云南、陕西 10 个省份开展田园综合体建设试点，每个试点省份安排试点项目 1 个。2017 年，河北、山东、四川等粮食主产省份安排中央财政资金 5 000 万元，山西、福建、广西、海南、重庆、云南、陕西等非粮食主产省份安排中央财政资金 4 000 万元。各地不断加强生态循环农业示范带动体系建设，浙江省组织实施了生态循环农业示范创建工程，在全省建设省级生态循环农业示范县 17 个、示范区 88 个、示范企业 101 个，构筑了“主体小循环、园区中循环、县域大循环”的生态循环农业发展新格局。江苏省在全省先行启动11个生态循环农业示范县（市、区）建设，与区域内“粮食绿色增产模式攻关”、园艺标准园、农业示范园区建设相结合，带动县域内乡镇发展具有当地产业特色的循环农业，形成可复制、可推广的发展模式。山东省确定了16个生态农业和农村新能源示范县，大力推进农业生态高效、农民持续增收、农村环境改善，不断提升农业可持续发展能力。

福建省着力打造山地生态茶园

福建省山地多、耕地少，山地园艺作物是农业的优势产业。近年来，全省以实施中央财政支持现代茶业生产发展项目为契机，在安溪、福安、武夷山、福鼎等20个茶业生产重点县（市）大力开展以水、肥、土、路、树、草和绿色防控技术为重点的生态茶园建设。自2008年以来，省级以上累计投入资金4.46亿元，带动县级及茶叶企业投入20.5亿元，共建设完成标准化生态茶园51.7万亩，辐射带动全省建设生态茶园80万亩。同时，从2009年开始，组织全省全面实施以完善果园基础设施、深施有机肥、推广果园覆盖、物化技术为重点的水果标准化示范区建设。通过生态果茶园建设，增加果茶园的生物多样性，改善和促进果茶园的生态平衡，提高了资源利用率和产出率，改善了果茶园的生态环境，获得了良好的生态效益、社会效益和经济效益。

江西省新余市推广复制“N2N”区域生态循环农业模式

新余市在总结规模沼气集中供气工程运营基础上，探索出一套有别于传统“猪-沼-果”模式的现代生态循环农业经济发展模式，即“N2N”区域生态循环农业发展模式。第一个“N”指养殖业子系统，代表N家养殖企业；“2”指2个处理中心，代表农业废弃物资源化利用中心和有机肥处理中心；第二个“N”指种植业子系统，代表N家农业企业、种植大户和合作社。整个“N2N”模式形成一个闭链循环系统，通过中间的两个资源循环利用转化核心，成功地将上游的种养业废弃物产生端与下游资源再生产品应用端结合起来，可以推动养殖和种植各产业链的无缝衔接，达到三位一体发展生态循环农业的目的。

浙江省在全省构建三级农业循环利用体系

浙江省在开展现代生态循环农业试点省建设过程中，以实现产业循环和废弃物循环利用为重点，在全省3市41县整建制推进现代生态循环农业，不断完善“主体小循环、园区中循环、县域大循环”的三级循环利用体系。在农业主体内部推广应用种养配套、废弃物循环利用等模式，实现主体小循环；实施国家、省区域性现代生态循环农业项目，通过沼液、秸秆、畜禽粪便收集处理中心等节点工程建设和生态循环农业技术集成运用，实现园区中循环；立足县域，摸清农业废弃物总量，完善配套设施，建立服务组织、构建回收利用体系，实现县域大循环。全省共建成商品有机肥生产企业142家、沼液配送中心66个，畜禽粪便综合利用率达到97%；农作物秸秆、食用菌种植废弃物、废弃农膜综合利用率分别达到92%、90%和89%。

广西南宁市西乡塘区打造“美丽南方”田园综合体

综合体规划面积70千米^2，其中耕地面积6.2万亩，国家农发专项资金3年累计投入2.25亿元，其中2017年投入6 000万元。目前，规划区内建成自治区级现代特色农业示范区3个，入驻企业60多家，各级财政资金累计投入近8亿元，吸引社会资本投入18亿元，建成了优质蔬菜基地、龟鳖养殖加工生产、葡萄种植及葡萄酒生产、青瓦房民俗风情古村落体验等生态农业、休闲农业、创意农业项目48个。

4. 生产经营体系日趋多元 农业新型经营主体是生态循环农业发展的骨干力量，随着农村土地制度“三权分置”改革和农业适度规模经营不断发展，生态循环农业主体也日趋多元化，表现形式也多种多样。目前，全国有家庭农场87.7万家，农民合作社193万家，产业化经营组织41.7万家（其中龙头企业13万家），社会化服务组织115万家。这些新型经营主体中的一部分人主要从事生态循环农业，主办或领办生态农场、生态园区（基地）及相关服务组织等，提供绿色优质农产品或开展相关服务。

随着农业多种功能发挥和农村一二三产业融合发展，农村新产业、新业态、新主体不断涌现，2017年全国休闲农业和乡村旅游各类经营主体达到33万家，营业收入近5 500亿元；农业农村创业创新主体不断增多，各类返乡下乡创业创新人员达到700万人，高素质农民超过1 000万人，覆盖特色种养、加工流通、休闲旅游、信息服务、电子商务等多个领域。

此外，随着现代农业深入发展，农业生产性服务业也在加快发展，各类服务组织蓬勃兴起，数量超过115万个，服务领域覆盖种植业、畜牧业、渔业等产业，涌现出全程托管、代耕代种、联耕联种等多种服务方式，为生态循环农业发展提供全方位服务。

甘肃省探索畜禽养殖废弃物第三方专业化沼气公司集中处理模式

甘肃省积极开展“畜禽养殖场+专业化沼气工程经营主体+沼气用户+种植园区（大户）”的第三方专业化处理高效利用试点，目前已在武威、张掖、平凉、天水等地建成畜禽养殖废弃物由第三方专业化沼气公司集中处理工程11处，周边30多个规模化畜禽养殖场废弃物得到高效集中处理。初步形成畜禽养殖废弃物收集运输和专业化处理、农村分布式沼气集中供气、沼气发电及沼气提纯压缩、沼液沼渣就近就地复配推广、有机肥研发生产与推广的农村沼气产业体系雏形，这些沼气专业公司已成为畜禽养殖废弃物沼气化处理的重要力量。

河北省大力发展生态旅游休闲农业

河北省围绕生态循环农业一二三产业融合，积极开发农业多种功能，推进生态旅游和休闲农业，努力把生态红利转化为经济效益，形成了休闲农庄、观光采摘果园、现代农业科技园、市民农园等形式多样、功能多元、特色各异的发展类型。目前，全省有全国休闲农业与乡村旅游示范县7个、示范点16个，全国休闲农业与乡村旅游五星级企业7家、四星级企业50家；省级休闲农业与乡村旅游示范县13个，省级休闲农业与乡村旅游示范点27个；休闲农业园区（农庄）1 300多个，年营业收入超500万规模以上的有30多家。全省经营农家乐农户近2万家，其中年营业收入超10万元的“农家乐”经营户340家，休闲农业与乡村旅游年接待人数4 000万人次，旅游收入超过65亿元。

5. 工作管理体系逐步完善 经过多年努力，逐步形成了由农业部农业生态与资源保护总站和农业部环境监测总站为网头、70多个省级站为主体、680多个地级站和4 900个县级站为基础的四级农村能源建设和农业资源环境保护管理体系，从业人员达5万多人，每年组织开展专业技术培训百余次，培养了一支管理能力强、业务素质高、能打硬仗的人才队伍。在全国建立了由分布在30个省份的273个种植业源产排污系数监测点、210个农用地膜残留监测点和25个规模化畜禽养殖废弃物监测点组成的农业面源污染国控监测网络，在全国布局了15.2万个农产品产地环境国控定位监测点，监测预警能力明显提升。

安徽省打造生态循环农业工作抓手

安徽省以推进现代生态农业产业化建设为契机，依托现代农业示范区、农业产业化示范区、美好乡村中心村3个平台，实施绿色增效、品牌建设、主体培育、科技推广、改革创新五大示范行动，践行产品生态圈、企业生态圈和产业生态圈“三位一体”的生态农业产业化发展模式，构建以企业为单元的生态小循环、示范园区为单元的生态中循环、县域单元的生态大循环3个循环，实现稳定粮食产量和产能，实现农业增效、农民增收，提高农业市场竞争力和可持续发展能力三大目标，着力打造生态循环农业工作抓手。到2017年，组织实施现代生态农业产业化整建制推进市4个、县（市、区）30个，建成现代生态农业产业化示范区100个、示范主体1 500个。

二、推进生态循环农业建设与发展中存在的主要问题

（一）法律法规不健全

我国虽然颁布了《节约能源法》《清洁生产促进法》《环境保护法》《环境影响评价法》等相关法律法规，但是主要侧重末端治理或分段治理，过于强调污染发生后的被动措施，某些条款仅有一些方向性和概念性的笼统表述，仅对包含循环经济思想的农业发展作了一些原则性的规定，可操作性不强。同时，未出台规范生态循环农业发展的专门法律法规。

（二）政策制度不完善

支持生态循环农业发展的政策尚未形成体系，存在碎片化现象，导向作用、激励效应不够，支持角度不准、推动成效不佳。虽然制订了一些行动计划、规划，但约束性不高，规划和资金投入落实困难，尚没有生态循环农业专项。原有的一些生态循环农业支持项目被取消或打折扣，如循环农业示范市建设项目和农村清洁工程项目已被取消；农业清洁生产项目被局限在地膜回收利用单一领域，影响生态循环农业的建设发展。财政用于生态循环农业发展方面的补贴也明显不足，现行的财政补贴仅限于少数几项间接补贴，如利润不上缴、减免税收、先征后返等，缺乏针对性、配套性和实效性。税收优惠手段比较单一，对涉及生态循环农业发展与科技创新的优惠不足，优惠政策过于零散，相互之间的协调配合作用难以充分发挥。推进生态循环农业发展配套的监测预警、主体培育、认定管理、市场运作、考核评价等机制有待进一步完善。促进农业资源保护和废弃物利用的生态补偿、示范带动、利益分享等机制也有待进一步强化。

（三）科技支撑作用不够明显

我国生态循环农业科技研发投入不足、力量不够，重点领域和关键技术还没有取得明显突破。科技研发重点还没有从高效生产技术向农业绿色发展技术转变；并无法提供推动生态循环农业发展的综合配套、经济实用新技术装备，以及适宜不同区域的技术集成模式。生态循环农业成熟、可推广的典型技术模式仍然缺乏，现有生态循环农业技术模式存在适用范围有局限、适用条件要求高、规模效益不高等弊端，导致推广范围有限。适应规模化、集约化、标准化和产业化发展的技术推广体系和生产经营模式还有待完善。现有的生态循环农业技术试验示范项目规模小、内容单一、带动作用不明显。生态循环农业发展还缺乏统一的技术规程和标准，使得大面积的技术推广存在一定困难。

（四）主体发展的积极性不高

广大农民特别是新型经营主体是发展生态循环农业的骨干力量。由于科技文化素质和经营管理水

平不高、生产规模较小而成本风险较高、“资源环境有价”的理念尚未形成、生态补偿机制不完善、反映农产品优质优价的市场导向还不明显、绿色有机农产品的市场需求严重不足、社会化服务体系发育滞后等，导致各类生产经营主体发展生态循环农业的动力和积极性还不高；同时，缺乏有实力的龙头型生态循环农业园区和基地来发挥示范引领和带动作用。

三、国外推进生态循环农业发展的典型模式和主要做法

从国际经验看，多数国家都在人均GDP接近或达到1万美元时，开始进行农业的生态转型。例如，美国1985年、1990年两次修订《农业法》，特别增加了农业资源与生态环境保护、草地保护的内容和“可持续农业”及实行新耕作方法的条款；欧盟1992年调整“共同农业政策”，注重环境保护与农村社会发展，提出多功能农业及农业补贴的环境与社会道德要求；日本1992年提出“环境保全型农业”，1999年出台了《持续农业法》；韩国1997年制定《环境农业育成法》，2001年改为《环境亲和型农业育成法》，并从1999年开始对“环境友好型”农户实行补贴。这些国家都制定了促进生态循环农业发展的政策措施，并探索形成了一系列典型模式。

（一）发达国家生态循环农业的典型模式

1. 美国的低投入可持续农业模式 主要内容包括：一是改进操作方式，实行免耕法。例如，在冬季农闲时节种植能够适应严寒气候的豆科类草，在春播前使用少量生物除草剂抑制其生长，而后直接进行作物播种，从而实现作物与豆科草间作。这样很好地保持了土壤有机结构，达到减少肥料及水土流失的目的，还能有效抑制土传病虫害的滋生。二是动物粪便集中处理，通过现代生物新技术处理粪便，如利用苍蝇产卵的方式将大量粪便处理为一种优质蛋白饲料，实现了资源的多级利用，并有效减轻有害废弃物对环境的危害。三是大力发展精准农业，充分利用高科技手段对农作物实行精准定位，按照田间每一操作单元的具体条件，精细准确地调整各项土壤和作物管理措施。最大限度地优化使用各项农业资源投入，以获取最高产量和最大经济效益，同时减少化学物质使用，保护农业生态环境和自然资源。这一模式不仅充分利用了资源，保护了农业生态环境，并维护了资源的自然属性；而且还推动了各种新型技术在可持续农业中的推广应用，如新型肥水灌溉技术体系、病虫害综合防治技术体系和保护性耕作体系等；同时，还大大降低了农业生产成本，提高了农产品的生产效率和竞争力。

2. 德国绿色能源农业模式 德国农业除欧洲粮食、食品和饲料供应以外，还包括种植可再生的“工业作物”，即那些可以替代矿物能源和化工能源的经济作物。德国科学家通过实验研究，成功地从定向培育的甜菜、马铃薯、油菜、玉米中提取乙醇、甲烷等绿色能源，还从菊芋植物中制取酒精，从羽豆中获取生物碱，从油菜籽中提取可有效代替矿物柴油的植物柴油；已通过农业种植“工业作物”，形成了独具特色的绿色能源农业模式。其主要特点：一是注重生态系统平衡，以保护生态环境为前提，在农业生产过程与生态系统要求的平衡过程相协调；二是注重保护土壤，要求农业生产因地制宜、合理轮作、休养生息；三是注重水资源保护，要求合理规划农田、不在水淹区种植作物，同时在水域周围实行绿地保护政策和最佳施肥法，以达到合理栽培、保护水源的目的；四是注重综合效益，在注重经济效益的同时，注重生态效益。德国政府每年投入大量专项款用于“工业作物”的研究和开发，推动了绿色能源农业发展。

3. 日本的环境保全型农业 环境保全型农业指运用农业所具有的物质循环功能，持续注意与生态效率的协调，合理使用化肥、农药投入品，减轻环境负荷量的可持续性农业。于1992年，在日本农林水产省的《新的食物、农业、农村政策方向》中首次提出。主要包括的类型有减化肥、减农药型农业，废弃物再生利用型农业和有机型农业。通过减少化学合成物的使用，降低环境污染程度，实施有机物还田、合理轮作制度，鼓励开发与应用生物肥料、生物农药，实现资源的高效循环利用，以此

来改善生态环境，提高农业生产效率，推动农业循环经济发展。环境保全型农业的技术措施有土壤改良措施、化肥农药减量化措施等，通过将有机物质堆肥还田，减少其不当排放造成的环境污染；同时，引入生物肥料、绿肥作物，降低化肥、农药的施用，解决土壤盐渍化和肥力下降等问题。为支持环境保全型农业发展，日本制定了完善的扶持政策，包括价格支持和收入补贴，如对从事有机农业生产的农户、采用可持续型农业生产方式的农业生产者给予将金融、税收方面的优惠政策等；另外，还有农户直接支付制度、灾害补贴、农业保险补贴等。

4. 以色列节水农业模式 以色列由于超过50%的土地常年处于半干旱和干旱状态，发展无土和节水农业模式是其农业发展的重要环节。节水农业的主要措施包括：一是采用喷灌、微喷灌、滴灌和微滴灌技术，满足坡地和远距离灌溉的同时，将水和肥料一起输送至作物根部附近的土壤，能够有效节约水及肥料资源，相对于传统的沟渠灌溉技术，可以节约30%以上水和肥料。目前在以色列，超过80%的农田应用滴灌，5%采用移动喷灌。二是循环使用各种废水资源，每年约有3.2亿米^{3}的废污水经过处理后用于农业生产，污水再次利用率达到70%。三是收集和使用雨水，在全国各地修有百万个各类蓄水设施，每年能够收集大约1.5亿米^{3}水，并将其直接使用或者注入当地的水库。

5. 韩国的亲环境农业模式 为解决化肥农药过多施用、土壤环境恶化、农业污染严重、农产品质量和竞争力下降等问题，韩国采取了包括发展亲环境农业模式在内的一系列政策措施。亲环境农业可分为有机农业和低投入可持续农业两个部分，其主要内容：一是以农业与环境的协调来实现可持续农业生产、提高农家收入、保全环境，同时追求农产品安全性；二是通过生态系的物质环境系统来实现农业安全管理、作物养分综合管理、生物学预防技术的利用、轮作等，并持续保全农业环境。为推动亲环境农业发展，韩国政府制定了专门法律，于1997年12月颁布《环境农业培育法》，并于2001年1月修改为《亲环境农业培育法》。同时，制订和实施了一系列促进计划，从1995年开始先后提出、实施《中小农高品质农产品生产支援事业》《迈向21世纪的农林水产环境政府》《环境农业地区造成事业》《亲环境农业示范村造成事业》等；并将1998年定为亲环境农业元年，发表元年宣言《亲环境农业培育政府》。在韩国政府的大力扶持下，亲环境农产品从1998年以后，产量以每年30%的速度增加。

（二）发达国家推进生态循环农业发展的主要做法与启示

美、日、德等发达国家普遍从国家立法、财政支持、税收优惠、科技研发、公众参与等方面采取了一系列措施，推进生态循环农业发展，构建政府引导、企业自律和公众参与的生态循环农业体系。

1. 建立完善相关法规体系 美国、德国、日本等都出台了一系列法律法规，构成完善的法律体系，为循环农业政策的有效实施、农业循环经济的健康发展提供支持和保障。美国早在1965年就出台了《固体废物处理法》（后来更名为《资源保护和回收法》），1990年《污染与防治》在国会通过，将预防和从源头削减污染定为国策之一，2000年颁布了《有机农业法》；此外，还相继颁布《多重利用、持续产出法》《森林、牧场可更新资源规划法》《濒临物种法》等以促进美国可再生农业资源的开发和利用。德国在欧盟《生态农业和生态农产品与食品标志法案》基础上，分别在1991年和1994年出台了种植业和养殖业生态农业管理方面的规定；2002年，出台了《生态农业法》；2009年，开始严格控制使用污泥肥料，强调除极个别情况外，禁止使用污泥作为肥料，减少有害物质对土地的破坏。日本在20世纪90年代，通过从基本法、综合法和专项法3个层面制定新的法律法规，构建了完善的生态循环农业法律体系。其中，基本法主要有《循环型社会形成推进基本法》《食品、农业基本法》《可持续农业法》；综合法主要有《促进资源有效利用法》《固体废弃物管理和公共清洁法》；专项法主要有《家畜排泄物法》《肥料管理法（修订）》《食品废弃物循环利用法》等。

2. 制定生态循环农业发展扶持政策 发达国家普遍在税收、收费、财政补贴、政府采购和区域发展等方面，制定了鼓励生态循环农业发展的优惠扶持政策。美国按照"谁受益，谁补偿"的原则，建立了生态补偿机制，将有偿使用资源的原则确立下来，推动农场主节约资源，积极转变农业生产方式，制定了生态环境补贴政策。美国从1968年开始实施土地休耕保护计划，损失由政府补贴。2002年颁布《2002年农场安全与农村投资法案》，新增对生态保护的补贴支出占总增加额的30%。根据该法案，农业部可以实施多项补贴计划，包括土地休耕、湿地保护、水土保持、草地保育等补贴计划。

德国非常重视对农业的补贴，各项农业补贴及奖金约占从事生态循环农业的农民收入的一半。德国对发展生态循环农业的补贴方式主要有两种：一种是直接补贴，即农业企业主只要按照相关的规定去做，就可以按面积直接领取常规补贴。另一种是转型和维持补贴。对农场主转型发展生态循环农业进行补贴，叫转型补贴。由于在转型初期，生态循环农业产品市场售价高出传统农产品的部分不足以弥补从事生态循环农业经营初期在生产水平和各种投入上的劣势，所以由政府给予必要的经济补贴，该类补贴叫维持补贴。

日本从政策、税收和贷款上对生态循环农业发展给予支持，政府采取保证金制度、征收环境税和设立环保援助资金措施，并以每年新增2 000万日元投资的方式为生态循环农业发展提供资金支持。此外，对符合条件的环保型农户提供无息贷款。实施基本设施建设的农户还会得到政府或农业协会的资金扶持，并享受一定程度的税收减免政策。

3. 强化生态循环农业技术研发推广 发达国家普遍研发建立包括环境工程技术、废物资源化利用技术、清洁生产技术等在内的“绿色技术”体系，为发展生态循环经济提供技术支撑。美国生态循环农业主要由作物轮作、休闲农作、覆盖作物轮作、残茬还田免耕、农牧混合和水土保持耕作等组成，强调农业的生态与经济效益。例如，残茬还田免耕法主要是将小麦、大豆等作物秸秆采用机械化秸秆粉碎还田和高留茬收割还田，并采用专用的6行或4行大中型免耕播种，这种方式可以明显减少化肥用量、增加土壤有机质，目前在美国约70%的农田已采用。美国还注重将高新技术运用到生态循环农业当中，不仅投入大量的资金用于先进生产技术的研究，还将大量的资金用于环境质量标准的建立和环保仪器的研发。例如，美国精准的农业体系就主要是依靠世界上最大的农业信息系统AG-NET系统、美国庞大的数据库、农业遥感技术、地理信息系统和全球定位系统实现农作物的精准定位。德国和日本更是依靠先进的科学技术从农作物中提取出了工业原料。

4. 充分发挥农业合作组织的作用 除了政府对农业进行管理或干预外，发达国家也注重发挥农业合作组织的作用。美国建立全国一体化的提供综合性服务的农业协会，其覆盖面非常广，各行政机构都有农业组织的机构设置，有些服务人员还在政府机构工作，形成了一个自上而下辐射全国的网络服务体系。协会的宗旨是维护会员的权利和利益，为会员服务，协助会员解决农业发展中的问题。例如，为农场主关心的政策问题，提供信息服务；与保险公司合作，为会员和家庭成员提供各类保险服务；与银行合作，解决农场主资金问题，对农场主进行安全技术培训等。同时，协会会代表会员的利益与政府沟通，发挥桥梁纽带作用。德国建立了独立于农业部门之外的类型多样的农业协会，代表农民和农业企业的利益，承担着协调二者产销活动、向政府提建议的任务，以促进农业的清洁生产或相关法律法规的合理化。通过协会充分表达农民的心声，使政府的优惠政策向生态循环农业倾斜，与官方机构一起协同推动生态循环农业的发展。日本小农户众多，经营效率较低且难以顾及环境保护。为此，日本通过革新农业经营组织，使农村和农业在耕作、加工方式等方面都朝着规模化、集约化的方向发展，比如由60多户农家组成专业合作社的千叶县循环农业示范基地，通过种植业与养殖业互补，整个农场实现了零排放。

5. 注重提高公众的节约环保意识 发达国家非常重视运用舆论传媒等各种手段加强对循环经济的社会宣传。美国从1997年开始把每年11月15日定为“循环利用日”；同时，经常对农民进行免费的教育培训，并且制订严格的培训计划，提高农民的业务素质和环保意识。日本把每年10月定为“循环宣传月”，加强公众环保知识宣传。德国政府建立生态补偿机制，一方面使损害农业环境的行为得到惩罚，另一方面使自觉保护农业环境的行为得到补贴，这种激励机制从根本上提高了人们的环保意识，为生态循环农业的发展注入了活力；此外，德国政府还充分发挥各种农业职业学校、农业专业学校的作用，举办各种农业技术和循环农业发展的培训班和专题讲座，提高农民在循环农业方面的知识技能。

日本菱镇循环农业模式

1988 年，菱镇颁布《发展自然农业条例》，明文规定农业生产中禁止使用农药、化肥和其他非有机肥料。此后，菱镇开始探索其独特的循环农业模式，将下水道污泥、家禽粪便、有机废物投入到发酵设备中，将发酵后产生的甲烷气体用于发电，剩余残留物进行固液分离，固态部分通过干燥形成堆肥，液态部分经过处理后再次利用或排放，充分实现了废弃物的资源化和无害化。菱镇循环农业模式最大的特点就是注重终端的控制，实现了废弃物的循环再利用，变废为宝，充分挖掘了废弃物的价值，使其为生产、生活服务。

四、加快推进生态循环农业发展的总体思路和对策建议

（一）明确推进生态循环农业发展的总体思路

1. 指导思想 要牢固树立“创新、协调、绿色、开放、共享”发展理念，坚持节约优先、保护优先、自然恢复为主的方针，以加快推进农业供给侧结构性改革为主线，立足我国农业发展实际和资源承载能力，坚持“减量化、再循环、再利用”原则，构建农林牧渔多业共生的生态循环农业产业体系、生产体系和经营体系，形成节约资源和保护环境的空间格局、产业结构、生产方式、生活方式，打造单一主体小循环、主体之间中循环、区域尺度大循环的生态循环农业发展模式，推进农业资源利用节约化、生产过程清洁化、产业链条生态化、废弃物利用资源化，形成高效集约的循环农业产业链、价值链和利益链，促进农业绿色、循环、可持续发展。

2. 做到“四个坚持” 一是坚持统筹兼顾，优化产业结构。优化调整种养业结构，开展粮改饲和种养结合型循环农业试点，探索建立粮食生产功能区和重要农产品生产保护区，大力发展现代渔业，开发农业多种功能，促进一二三产业融合发展，构建生态循环农业产业体系，推进生态循环农业与产业精准扶贫相结合；二是坚持减量优先，推进农业清洁生产。推广节水、节肥、节药、节油、节电、节煤等先进实用技术，因地制宜发展沼气工程，大力推广太阳能、生物质能等清洁能源。三是坚持循环利用，推进农业废弃物资源化。大力推行标准化规模养殖，推广畜禽粪污综合利用技术模式，探索规模养殖粪污的第三方治理、“PPP”模式等新机制，因地制宜推进秸秆“五料化”利用，开展农田残膜回收区域性示范，逐步健全回收加工网络。四是坚持用地养地结合，推进耕地质量保护与提升。划定永久基本农田，加强耕地质量保护与提升，探索实行耕地轮作休耕制度试点，建立耕地质量调查监测体系，推进污染耕地治理修复和种植结构调整试点示范。

3. 处理好“四个关系” 一是保生态与保供给的关系。把增强粮食生产能力摆在首位，在保护资源环境中推动粮食生产由注重年度产量向稳定提升粮食产能和质量转变，实现“藏粮于地”“藏粮于技”，确保国家粮食安全。二是生态循环与投入品使用的关系。既不能完全不用投入品，也不能盲目和过量使用，而是要充分吸收现代科学技术成果，提高科学使用、有效使用水平，实现资源的高效循环利用。三是政府、社会和农民之间的关系。要强化政府在政策扶持、规范管理、公共服务等方面的主导作用，充分发挥市场在资源配置中的决定性作用，建立合理的成本分担机制，调动全社会发展生态循环农业的积极性，形成政府、企业、农民共推生态循环农业发展的良好局面。四是典型示范与整体推进的关系。要因地制宜，结合当地的资源环境禀赋、产业特色和市场需求，试点先行，及时总结，探索一批高效实用的新技术和新模式，逐步带动生态循环农业产业化、规模化、区域化发展。

（二）构建生态循环农业“三大”体系

1. 加快构建生态循环农业产业体系

（1）优化农业产业结构布局。坚持宜农则农、宜牧则牧、宜渔则渔、宜林则林，优化农业主体功能和空间布局，合理区分农业空间、城市空间、生态空间，推动形成与资源环境承载力相匹配、生产生活生态相协调的农业发展格局。坚持山水林田湖草是一个生命共同体，推行绿色生产方式，严禁侵占水面、湿地、林地、草地等生态空间的农业开发活动，构建田园生态系统。加快划定粮食生产功能区、重要农产品生产保护区，认定特色农产品优势区，明确区域生产功能。建立农业产业准入负面清单制度，因地制宜制定禁止和限制发展产业名录，控制种养业发展规模和强度。推进种植结构调整，优化品种结构和区域布局，保障口粮生产，稳定棉花、食用植物油、糖料自给水平，推进园艺作物标准化创建。优化畜牧业区域布局，调整南方水网地区生猪养殖布局结构，发展节地、节水、节粮畜牧业。优化渔业养殖空间布局，保护滩涂生态环境，稳定近海养殖规模，拓展外海养殖空间，形成水域、滩涂资源综合利用与保护新格局。

（2）推动农业产业绿色转型升级。优化调整种养业结构，大力发展草食畜牧业，支持苜蓿和青贮玉米等饲草料种植，开展粮改饲和种养结合型循环农业试点，打通种养业循环发展的通道，形成粮饲兼顾、农牧结合的新型农业结构。调减“镰刀弯”等非优势区玉米种植，增加优质饲草、杂粮杂豆和马铃薯生产。调减南方水网地区生猪养殖规模，引导生猪养殖向东北等环境容量大的地区转移。科学确定畜禽养殖种类、规模和总量，建设沼气工程、有机肥生产、秸秆综合利用等设施，推进种养循环、农牧结合和农业废弃物资源化利用。开展稻田综合种养技术示范，推广稻鱼共生、鱼菜共生等综合种养技术新模式。实施化肥农药使用量零增长行动，推进农作物秸秆综合利用示范县建设，深入实施畜禽粪污资源化利用、果菜茶有机肥替代化肥、东北地区秸秆处理、农膜回收和以长江为重点的水生生物保护农业绿色发展五大行动。

（3）拓展农业产业多种功能。大力发展绿色加工，推动农产品初加工、精深加工及副产物综合利用协调发展，支持农业生产、加工、流通一体化发展，形成“资源-加工-产品-资源”的循环发展模式，鼓励支持生态循环农业与休闲、旅游、文化、教育、科普、养生养老等产业深度融合，积极发展“农家乐”、休闲农业和乡村旅游，借力“互联网＋”，培育分享农业、定制农业、创意农业、养生农业等新产业、新业态，推动农业农村创新创业，打造农业全产业链、全价值链，促进农村一二三产业融合发展。

（4）打造“三级”循环模式。在农业生产经营主体内部，通过应用种养配套、废弃物循环利用等模式，实现主体小循环；在现代农业园区和粮食生产功能区等区域内，通过建设沼液处理、畜禽粪便收集处理中心等节点工程，推广环境友好型农作制度和生态循环农业集成技术，实现区域中循环；在县域内，通过优化农业产业布局、治理畜禽养殖污染、推行种植业清洁化生产、推进农业废弃物循环利用等，整体构建生态循环农业产业体系，实现县域大循环。借助“三级循环”，把农业生态环境治理、废弃物综合利用二者与农业转方式、调结构和地方农业产业发展有机结合起来，形成产业相互融合、物质多级循环的格局。

2. 构建生态循环农业生产体系

（1）科学使用农业投入品。扎实推进测土配方施肥、病虫害预测预报和专业化病虫害防治服务，加快推广配方肥、缓控释肥、节氮型高效氮肥等高效环保型新型肥料，加快推广高效、低毒、低残留、低风险农（兽、渔）药和病虫害物理防治技术、生物防治技术，指导农民科学使用农业投入品，减少肥料过量投入，减少农（兽、渔）药盲目使用，提高肥料利用率，提高绿色防控技术的应用，提高农产品安全水平，减少对环境污染。

（2）集成示范生态友好型技术。在水环境质量敏感区域，特别是南方水网地区，重点开展以农业自身污染防控为主的技术集成示范，提高投入品的利用效率，扩大替代品的应用面积；在粮食主产区，重点开展以农业废弃物资源化利用为主的技术集成示范，实现秸秆等农业废弃物的循环利用；在水资源短缺地区，重点开展以农业生产节水为主的技术集成示范，提高水资源利用效率，缓解水资源短缺矛盾；在养殖业发达地区，重点开展以养殖业废弃物处理利用为主的技术集成示范，从根本上解决畜禽养殖业污染问题；在水土流失严重地区，重点开展以生态恢复重建为主的技术集成示范，减少水土资源的流失和破坏，改善农业生态和生产条件。

（3）完善生态循环农业标准体系。按照环境友好、产品安全、生产规范的要求，加快农兽药残留限量、畜禽屠宰、饲料安全、畜禽污染物等标准制修订进程，实现重点品种、重点行业、重点环节全覆盖。支持地方将国家标准和行业标准转化为简便易懂的操作规程和明白纸，确保农产品生产有标可依、按标管控。推进农业标准化生产，强化投入品使用管控，推行综合防控和减量化生产，确保产品质量安全。推行种植业良好农业规范、养殖业产品危害分析和关键控制点管理，在“菜篮子”大县规模种养基地、新型生产经营主体和农业示范园区率先推行全程标准化生产。

（4）建立生态循环农业绿色清单。在生物多样性利用方面，包括有害生物综合防治、农田合理轮间套作、有益微生物利用、果园茶园地表覆盖、种质资源保护等；在能物循环利用方面，包括秸秆循环利用、畜禽粪便综合利用、农膜回收利用、加工业有机废物利用、城乡有机废物利用等；在合理景观布局方面，包括农田林网建设、水平植物篱、作物镶嵌布局、乡村景观整治、防风固沙带建设等；在资源节约与增殖技术方面，包括节肥技术、节水技术、节能技术、节药技术、土壤增肥技术、渔业资源放流增殖等；在农业污染处理技术方面，包括生态拦截沟、沿河植物缓冲带、人工湿地建设、污染土地修复和改种等。对使用上述清单进行生产经营的，可以对照相应标准给予补贴。

（5）推进农业废弃物资源化利用。坚持政府支持、企业主体、市场化运作的方针，以沼气和生物天然气为主要处理方向，以就地就近用于农村能源和农用有机肥为主要使用方向，在畜牧大县实施畜禽粪污资源化利用项目，支持规模养殖场和第三方市场主体改造升级处理设施，集成推广畜禽粪污资源化利用技术模式。坚持因地制宜、农用为主、就地就近，大力推进秸秆肥料化、饲料化、燃料化、原料化、基料化，整县开展秸秆全量化利用，推动出台秸秆还田、收储运、加工利用等补贴政策，探索秸秆综合利用模式。推动建立以旧换新、经营主体上交、专业化组织回收、加工企业回收等多种方式的农用残膜回收利用机制，试点“谁生产、谁回收”的地膜生产者责任延伸制度，探索废弃农药和农药包装物回收处理机制。

3. 构建生态循环农业经营体系

（1）培育壮大新型生态循环农业经营主体。加大财政、金融、保险、用地等方面扶持力度，引导支持种养大户、家庭农场、农民合作社和农业企业等新型经营主体发展生态循环农业，实现农业生态转型。综合采用直接补贴、政府购买服务、定向委托、以奖代补等方式，引导支持新型农业经营主体参与国家现代农业示范区、国家农业可持续发展试验示范区、农业产业园、田园综合体、生态农场（园区、基地）建设工作。建立创业创新园区、培训基地、见习基地、孵化基地、创客服务平台，引导返乡下乡农民工、大学生、复转军人和“新农人”选择发展生态农业，领办创办生态农场、生态农庄、生态园区（基地）等经营实体。采取政府购买服务、“PPP”模式等方式，鼓励引导各类企业和社会资本发展现代生态循环农业及相关的配套服务产业。

（2）健全生态循环农业社会化服务组织。通过财政扶持、税收优惠、信贷支持等，加快培育多种形式的生态循环农业经营性服务组织，鼓励新型经营主体开展畜禽养殖污染治理、地膜回收利用、农作物秸秆回收加工、沼渣沼液综合利用、有机肥生产等服务，鼓励农业产业化龙头企业、规模化养殖场等规模主体采用绩效合同服务等方式引入第三方治理，实施生态循环农业工程整体式设计、模块化建设、一体化运营。大力发展生态循环农业技术推广机构、信息化服务合作社及专业服务公司等生产性服务组织，提供农机作业、统防统治、集中育秧、加工储存等服务。鼓励发展“家庭农场＋社会化服务”的经营模式，通过服务规模化带动生产规模化。鼓励农技、植保、畜牧、兽医、农机等农业推广服务机构和种子、农资等经营机构为生态循环农业发展提供专业化技术服务，示范推广循环农业标准和技术规范。

（3）构建绿色生态农产品市场营销体系。支持新型农业经营主体参与产销对接活动和在城市社区设立直销店（点）。落实鲜活农产品运输绿色通道、免征蔬菜流通环节增值税和支持批发市场建设等政策。鼓励有条件的地方对新型农业经营主体申请并获得专利、“三品一标”认证、品牌创建等给予适当奖励。加快实施“互联网＋”现代农业行动，支持新型农业经营主体带动农户应用农业物联网和电子商务。采取降低入场费用和促销费用等措施，支持新型农业经营主体入驻电子商务平台。实施信息进村、入户、入社工程，为新型农业经营主体提供市场信息服务。着力打造绿色优质农产品牌，通过农超对接、农校对接、电商平台等方式，建立更为顺畅的销售渠道，促进产品优质高价。

（三）强化生态循环农业体系建设保障措施

1. 强化生态循环农业相关法规建设 着力完善生态循环农业相关法律法规体系，以耕地保护、农业污染防治、农业生态保护、农业投入品管理等为重点，加快制修订体现生态循环农业发展需求的法律法规。修改完善现有法律法规，细化相关条款，体现生态循环农业发展有关内容和要求，增强法律法规的适用性和可操作性。鼓励各地根据区域实际情况制定生态循环农业发展地方法规，适时推动制定促进生态循环农业的法律法规。在资源环境敏感地区，出台农业生产的限制性法规和标准，引导农民采取生态循环农业技术，促进生态循环农业规模化、标准化、规范化发展。同时，加大执法监督力度，依法打击破坏农业资源环境违法行为，提高违法成本和惩罚标准，用法律法规为市场主体划定行为边界。

2. 强化生态循环农业发展政策扶持

（1）构建多元投入机制。充分发挥财政政策导向功能和财政资金杠杆作用，鼓励引导金融资本、社会资本、工商资本投向农业资源利用、环境治理和生态保护等领域，构建多元化投入机制。完善财政、税收等激励政策，推行第三方运行管理、政府购买服务、成立农村环保合作社等方式，引导多方力量投向农村资源环境保护领域。将农业环境问题治理列入利用外资、发行企业债券的重点领域，扩大资金来源渠道。推动中央财政设立生态循环农业发展专项资金，鼓励地方设立相关专项，形成长期稳定持续的财政支持机制。鼓励国家政策性银行对生态循环农业发展项目实施贷款优惠政策。探索建立农业绿色发展保险制度，支持发展土壤保险、农业环境污染责任保险等与生态环境相关的保险产品新品种。

（2）继续落实现有补贴政策。完善测土配方施肥政策，支持配肥站建设和配方肥推广应用，推动从测土配方向配肥用肥转变。支持耕地保护与质量提升，鼓励用地养地相结合。完善农机购置补贴政策，扩大有利于资源环境保护的新型农机装备补贴力度。健全动物疫病防控支持和病死动物无害化处理补助政策。继续支持渔业增殖放流，切实保护渔业资源。完善森林、湿地、水土保持等生态补偿制度。

（3）启动实施新的补贴政策。在长江中下游等重金属污染区实施种植结构调整补贴。在黄淮海等地下水超采区实施调整种植结构和退减灌溉面积补贴。建立有机肥沼肥生产使用补贴、流通“绿色通道”、沼气终端补贴。中央财政设立转移支付专项，按照“谁作业，补给谁”的原则，长期稳定支持全国开展秸秆还田。加大秸秆综合利用急需农机购置补贴支持力度。推动中央和地方出台对以秸秆为原料的终端产品补贴制度。出台扶持秸秆收储运站点场所建设补贴政策和用地、用电、交通、税收等扶持政策。推动旱作农业技术补贴项目由注重农艺生产技术补贴向农田残膜污染防治补贴转变，由重点补地膜使用环节向地膜回收环节补贴转变。将地膜回收机具纳入农机补贴目录，提高补贴比例，应补尽补。将废旧地膜加工纳入废旧物再利用税收优惠政策目录，实行减税，废旧地膜加工用电实行农电价格。

（4）探索建立生态补偿机制。按照“重点产品、重点区域、重点技术”原则，选择一批生态循环农业技术，明确补偿主体、对象、范围、量化标准和考核办法，正面引导农民自觉采用资源节约和环境友好型技术，引导新型经营主体、企业和社会组织重视和加强农业废弃物资源回收处理和综合利用。建立健全江河源头区、重要水源地、重要水生态修复治理区和蓄滞洪区生态补偿政策，推动地区间建立横向补偿机制。

（5）推进生态循环农业制度建设。对于种养结合、农牧业废弃物资源化利用等能够落实收费机制的建设项目，在完善特许经营、政府购买服务、兜底补贴等配套措施基础上，探索推进“PPP”模式，利用社会主体参与建设与运营。通过完善政府购买服务、“PPP”模式、第三方治理、先建后补等方式，以及采取税收优惠、信贷支持等措施，扶持培育一批生态循环农业新型生产经营主体。适时启动建立符合中国实际的生态农产品、生态农户（农场）认证制度，推行生态标识，强化绿色生态农产品产地认证、品牌培育和市场推介支持力度。

3. 强化生态循环农业科技支撑 建立官、产、学、研、推合作机制，整合优势科技力量，协同技术攻关。设立生态循环农业重大科研专项，开展农业清洁生产、种养结合、农业面源污染防治、秸秆资源化利用等生态循环农业新技术、新产品、新设备研发和组装集成，逐步构建包括节水技术、节肥技术、节药技术、废弃物资源化利用技术、清洁生产技术、农业替代和循环利用技术等在内的生态循环农业发展技术支撑体系。加快推进生态循环农业信息化，开展“互联网＋”现代农业服务，推动信息技术与生态循环农业生产过程、生产管理以及产品流通等各环节融合，开发农业多种功能，提升循环农业产业链和价值链。加强对国外生态循环农业先进技术的引进、消化、吸收和再创新，提高国外先进技术的本土化和利用效率。进一步转换推广工作思路，由过去长期研究怎么增产转到怎么降低成本、提高效益、变废为宝、化害为利上来，将发展生态循环农业作为农业技术推广示范服务的重点，积极推广简便实用的生态循环农业技术。建立健全生态循环农业标准体系和技术清单，完善农业投入品、废弃物排放和农产品质量安全等领域的相关标准和行业规范，引导市场主体按绿色标准进行生产经营。

4. 强化生态循环农业试验示范 继续推进生态循环农业试点省、示范市、县、村、场建设。在国家现代农业示范区、国家农业可持续发展试验示范区、循环农业示范市、现代生态农业创新示范基地，按照生态循环农业的标准要求加大建设力度。继续抓好实施好农业废弃物综合利用试点县、种养循环果菜茶有机肥替代化肥示范县等示范建设，引导项目、政策、技术整合聚焦，形成可复制、可推广的技术模式和工作机制。以农民专业合作社、农业产业化龙头企业、农业园区、家庭农场等新型农业经营主体为载体，以解决当地突出的农业资源环境问题为着眼点，围绕农业资源循环节约利用，农作物秸秆、地膜与畜禽粪污资源化利用，农产品加工过程中的清洁生产与产业链整合，农村社区“清洁化”建设，生物质能综合开发，微生物资源循环利用等方面开展若干示范工程建设，因地制宜，分类建设一批现代生态循环农业园区和示范基地，发挥示范带动功能。其中，在水环境质量敏感区域，重点开展以农业自身污染防控为主的技术集成示范；在粮食主产区，重点开展以农业废弃物资源化利用为主的技术集成示范；在水资源短缺地区，重点开展以农业生产节水为主的技术集成示范；在养殖业发达地区，重点开展以养殖业废弃物处理利用为主的技术集成示范。及时总结试点示范经验，将成熟技术转化为工作模式，将工作模式上升为重大工程、拓展为重大项目，发挥好由点到面、局部带动整体的示范推动作用。示范推广家庭农场型、产业园区型、城郊集约型、区域规模型生态循环农业技术模式，由点及面，辐射带动全国生态循环农业发展。

5. 强化生态循环农业发展考核评价 强化生态循环农业发展监测预警，建立完善生态农业发展相关台账制度，构建区域水资源、耕地资源、生物资源、大气资源数量与环境质量保护的农业生态约束指标体系，强化资源开发利用的生态红线意识。构建充分体现资源稀缺和损耗程度的生产成本核算机制和绿色GDP核算机制，建立健全区域生态循环农业发展的评价指标体系，将耕地红线、资源利用、环境治理、生态保护纳入各级政府绩效考核范围。强化生态循环农业发展考核评价，配套以奖代补等奖惩措施，落实各级政府和有关部门推动生态循环农业建设和农业绿色发展的责任。对领导干部实行自然资源资产离任审计，建立生态破坏和环境污染责任终身追究制度和目标责任制，为生态循环农业发展提供有力保障。

农业废弃物资源化利用产业扶持政策研究

（2018年）

党的十九大报告提出构建政府为主导、企业为主体、社会组织和公众共同参与的环境治理体系。壮大节能环保产业、清洁生产产业、清洁能源产业。农业生态环保的外部性、基础性和公益性，决定了农业生态环保产业属于政策驱动型产业，需要加大政策创设，扶持产业发展，形成产业与事业相互促进的良好格局。本研究聚焦作物秸秆、畜禽粪污和废旧地膜三大领域，在实地调研基础上，围绕推进农业废弃物资源化利用产业发展，系统梳理现有产业扶持相关政策项目，总结地方典型经验，分析存在主要问题，提出完善农业废弃物资源化利用产业扶持政策的总体思路、重点领域和对策建议，为推进农业废弃物资源化利用产业发展提供参考。

一、推进农业废弃物资源化利用产业发展的重要意义

（一）贯彻落实中央文件精神的迫切需要

习近平总书记在全国生态环境保护大会上指出，要调整区域流域产业布局，培育壮大节能环保产业、清洁生产产业、清洁能源产业，推进资源全面节约和循环利用。近年来，我国围绕农业废弃物资源化利用出台了一系列政策文件，对推进农业废弃物资源化利用产业发展作出了重要部署、提出了明确要求，如中共中央办公厅、国务院办公厅《关于创新体制机制推进农业绿色发展的意见》提出，要推进秸秆发电并网运行和全额保障性收购，开展秸秆高值化、产业化利用；国务院办公厅《关于加快推进畜禽养殖废弃物资源化利用的意见》提出，要引导和鼓励社会资本投入，培育发展畜禽养殖废弃物资源化利用产业。农业部《关于打好农业面源污染防治攻坚战的实施意见》提出，要加快推进秸秆综合利用的规模化、产业化发展。生态环境部、农业农村部联合印发《农业农村污染治理攻坚战行动计划》提出，要试点“谁生产、谁回收”的地膜生产者责任延伸制度，实现地膜生产企业统一供膜、统一回收。这些政策文件出台，为推进农业废弃物资源化利用产业发展指明了方向。

（二）培育壮大产业发展主体的迫切需要

党的十九大报告提出，构建政府为主导、企业为主体、社会组织和公众共同参与的环境治理体系。《生态文明体制改革总体方案》提出，要采取政府购买服务等多种扶持措施，培育发展各种形式的农业面源污染治理市场主体、农村污水垃圾处理市场主体。国务院办公厅《关于加快推进畜禽养殖废弃物资源化利用的意见》提出，坚持政府支持、企业主体、市场化运作的方针，建立企业投入为主、政府适当支持、社会资本积极参与的运营机制。农业农村部《关于深入推进生态环境保护工作的意见》提出，加快培育新型市场主体，推动建立农业农村污染第三方治理机制。当前，我国在推进农业农村生态环境保护和污染治理方面，主要依托政府项目实施，存在政府包办过多、市场主体发育滞后、社会参与度不高等问题，必须发挥市场在资源配置中的决定性作用，培育壮大产业发展主体，调动企业参与积极性，强化污染主体治理责任，这也是落实“谁污染、谁治理”要求的具体体现。

（三）推进农业废弃物高效利用的迫切需要

我国农业废弃物资源面广量大，每年产生畜禽粪污38亿吨，约有40%未能有效处理利用；每年产生秸秆约9亿吨，约有22%未能有效利用；每年使用农膜200多万吨，超过30%未能有效回收。

受经费投入不足、市场机制不活、科技含量不高等因素影响，目前我国农业废弃物资源化利用产业发展严重滞后，小作坊式企业大量存在，在开展废弃物资源化利用方面数量有限、质量不高、效益较差，一些企业还因为自身环保问题面临环境督查和关停风险。按照《农业农村污染治理攻坚战行动计划》的要求，到2020年，全国畜禽粪污综合利用率要达到75%以上、秸秆综合利用率达到85%以上、农膜回收率达到80%以上。实现这些目标任务，必须转变工作思路，用工业理念治理农业污染，用产业化方式推进农业废弃物资源化利用，通过规模化发展和集约化经营，延长产业链、提升价值链、增强产业竞争力，推进农业废弃物资源高效利用，让良好生态环境和生态产品成为“金山银山”。

（四）实现农业农村现代化的迫切需要

当前，我国农业农村进入转型升级、绿色发展新阶段。但是由于长期以来资源过度开发、环境严重污染、生态不断破坏，造成我国农业资源与生态环境仍然欠账太多，农业主要依靠资源消耗的粗放经营的方式没有根本改变，农业面源污染和生态退化的趋势尚未有效遏制，绿色优质农产品和生态产品供给还不能满足人民群众日益增长的需求，实现农业农村现代化任重道远。推进农业废弃物资源化利用产业发展，有利于减少化肥等农业投入品施用，促进种养循环和农业绿色发展；有利于从根本上解决农村白色污染问题（残膜）、黄色污染问题（秸秆）和黑色污染问题（畜禽粪污），美化乡村人居环境，推进乡村振兴；有利于构建农民参与的产业链条和利益联结机制，促进农民就地就近转移就业，增加农民收入，推动农民共享产业发展成果和政策扶持效果，实现农业农村现代化。

二、我国农业废弃物资源化利用产业发展现状与问题

（一）秸秆综合利用产业发展现状与问题

1. 2017年我国秸秆综合利用情况 根据我国可再生能源统计资料，2017年我国秸秆理论资源量102 462.91万吨，可收集资源量83 681.1万吨，已利用量70 020.8万吨，秸秆综合利用率83.7%。其中，秸秆肥料化占56.6%、饲料化23.2%、燃料化15.2%、基料化2.3%、原料化2.7%。

2. 秸秆产业化发展情况 2017年全国农村可再生能源产业发展情况见表1。

表1 2017年全国农村可再生能源产业发展情况

	企业（个）	从业人员（人）	总产值（万元）	固定资产（万元）	利润（万元）	税金（万元）
农村可再生能源	4 160	103 961	2 475 979	2 051 886	278 704	59 512
1. 沼气	1 372	13 318	202 653	217 763	21 274	7 627
2. 节能炉灶炕	229	5 451	76 523	78 391	11 056	2 828
3. 太阳能热利用	1 835	67 674	1 546 943	823 393	160 693	26 586
4. 生物质能利用	724	17 518	649 860	932 339	85 681	22 471

秸秆综合利用产业主要集中在生物质能利用领域，秸秆能源化利用方式包括热化气、秸秆沼气、秸秆固化成型和秸秆炭化4种形式。

从秸秆能源化利用产业看，平均每个企业从业人员24.2人、产值897.6万元、固定资产1 287.8万元、利润118.3万元，表现出投入少、规模小、产出低、效益差等特点。

3. 秸秆综合利用产业发展案例 安徽省寿县中信格义循环经济有限公司依据“组分分离，分质利用”和“生物量全利用”理念，采用自主研发的专利技术和科技成果，通过“三级分离”的成套工艺装备，对农林废弃物资源中的三大组分——纤维素、半纤维素和木质素进行逐级分离，生产沼气电

力、有机液肥、纤维素浆粕、生化木素（BCL）和生物质颗粒成型燃料等产品，延伸产业链，提高附加值，真正将秸秆“吃干榨净”、变废为宝，实现产业化发展。目前，该企业每年利用秸秆约 18 万吨，工业化生产沼气 1 100 万米^3（可产生清洁沼气电力 2 800 万度）；生产秸秆有机液肥 200 万吨；产生化木素 1.5 万吨、纤维素浆粕 3.4 万吨或生产高档本色生活用纸约 3.5 万吨。

4. 推进秸秆综合利用产业化面临的主要问题

（1）秸秆附加值比较低。秸秆的热值只相当于煤的一半，不是优质的能源原料。秸秆中虽然含有氮、磷、钾、镁、钙、硫等作物生长必需的营养元素，但是肥效并不高。由于种养分离，目前秸秆饲料化比例也不高。因此，秸秆产业化开发比较效益不高，在没有政策扶持下，难以调动企业和社会资本参与积极性。关键在于进行工业化开发，提高产品附加值。

（2）秸秆收储运困难。秸秆面广量大、季节性强，需要使用打捆机等才能尽快离田，而目前打捆机购置费用高、使用时间短，成本难以短时间回收。在运输方面，由于秸秆体积大、密度低、运输不方便，带来运输成本过高。在储存方面，秸秆占用空间大，仓储投资成本高，以及存在用地困难和防雨、防火等安全隐患。

（3）缺乏产业化龙头企业带动。目前，我国秸秆综合利用产业主要是在国家和地方政策扶持下发展起来的，企业规模不大，资产大多在 500 万元以下，科技含量不高，以简单农用技术推广为主，缺乏工业化、高附加值的开发技术，产业链条短，主体素质低，市场空间小，经营效益差，难以带动秸秆综合利用产业发展。

（4）还没有形成有效的利益联结机制。农民、收储运体系和加工企业等各自为政，产业链条脱节，利益联结机制不稳定，恶性竞争、诚信缺失等问题突出，加上人工成本、生产成本不断攀升，影响整个产业健康发展。例如，国能德惠生物质发电有限公司设计标准为消化秸秆 28 万吨，但投产至今，年购入秸秆不超过 10 万吨，秸秆运输半径不能超过 50 千米，即使在企业覆盖的 50 千米半径范围内，由于秸秆打包机和人力短缺，秸秆经纪人也难以挨家挨户地收购。目前，秸秆发电企业的上网电价是每度 0.75 元，按 1.3 千克秸秆发一度电计算，回收秸秆的成本就已经接近上网电价，企业难保微薄的利润。

（二）畜禽粪污资源化利用产业发展现状与问题

1. 我国畜禽粪污资源化利用情况 “十二五”污染物总量减排考核认定的规模化养殖场粪污治理模式见表 2。

表 2 “十二五”污染物总量减排考核认定的规模化养殖场粪污治理模式

种类	全国认定情况		粪便处理模式占比（%）		污水处理模式占比（%）					
	养殖场数（家）	养殖量（万头或万只）	储存农用	生产有机肥	生产沼气	储存农业利用	厌氧农业利用	达标排放	厌氧好氧回收利用	无污水（垫草垫料）
生猪	42 054	16 311	80.09	18.81	1.1	30.86	59.56	2.71	4.59	2.28
奶牛	4 125	404	77.49	21.22	1.29	57.41	37.02	1.98	3.07	0.44
肉牛	3 052	263	76.44	22.55	1.01	56.91	38.77	1.21	1.51	1.58
蛋鸡	7 070	43 200	37.94	61.41	0.65	—	—	—	—	—
肉鸡	4 753	180 111	28.68	71.03	0.29	—	—	—	—	—

注：1. 畜禽规模化养殖场规模为：生猪≥500 头（出栏）、奶牛≥100 头（存栏）、肉牛≥100 头（出栏）、蛋鸡≥10 000 只（存栏）、肉鸡≥50 000 只（出栏）。2. 蛋鸡、肉鸡养殖污水产生量较少，大部分采用储存农业利用方式，基本不会对环境造成影响，未统计其污水处理情况。

可以看出，我国规模化畜禽养殖粪污处理仍以肥料化利用为主。从粪便处理看，主要是储存农业利用和生产有机肥，生产沼气的方式仅占1%左右。其中，生猪、奶牛、肉牛养殖粪便的储存农用均在75%以上，而蛋鸡、肉鸡养殖粪便生产有机肥的比例都在60%以上。从污水处理看，主要采用储存农用或厌氧后农用方式，两种方式占比在90%以上，而采用厌氧+好氧达标排放或循环利用，以及生物发酵床养殖的比例很少。

2. 畜禽粪污资源化利用方式 当前，各地围绕畜禽粪污资源化利用，主要有3种方式：一是能源化利用，对粪污进行厌氧发酵处理，生产沼气、生物天然气或发电上网，为农村提供清洁可再生能源；二是肥料化利用，主要包括堆沤熟化制作的农家肥、液态发酵的粪肥、工厂化生产的商品有机肥，最后用于作物种植；三是工业化处理，通过生物或工程措施对畜禽养殖污水进行深度处理，实现达标排放或循环利用。

由于工业化处理基本建设成本和运行成本较高，多数企业难以承受，不适宜大范围推广。因此，在畜禽粪污资源化利用上，必须根据我国畜禽养殖小规模、大群体与工厂化养殖并存的特点，坚持能源化利用和肥料化利用相结合，以肥料化利用为基础，以能源化利用为补充，同步推进畜禽养殖废弃物资源化利用。

3. 畜禽粪污资源化利用产业发展案例 山东民和生物科技股份有限公司是国家级农业产业化龙头企业、上市公司山东民和牧业股份有限公司的全资子公司，公司依托丰富的畜禽粪污资源，建成沼气发电、沼气提纯生物天然气、功能型水溶肥、有机肥等高新技术项目，年可发电2 200多万度；生产固体有机肥料5万余吨、新壮态系列产品16万吨（其中，新壮态植物生长促进液6万吨、新壮态冲施肥10万吨）、生物天然气1 500万米^3。同时，公司还在联合国注册CDM（清洁发展机制）项目，年温室气体减排8万多吨CO_2当量，年可取得CDM项目收益100万美元。在推进粪污资源化利用产业方面取得显著的环境效益、社会效益和经济效益。

4. 畜禽粪污资源化利用产业推进存在主要问题

（1）畜禽养殖规模化程度不高。目前，虽然全国畜禽养殖规模化率已经达到56%，但是具有全国性优势的大型养殖企业屈指可数。2016年，我国年出栏生猪10 000头以上的养猪户（场）只有4 769家，占总数的0.01%，其中年出栏生猪50 000头以上的只有202家；2017年，牧原、天邦、正邦、温氏等前五大养猪企业市场占有率仅为5%左右，表现为“大行业、小公司”格局。由于规模化养殖程度不高，对畜禽废弃物处理规模效益带来影响。

（2）畜禽规模化养殖场主体责任不明确。规模养殖场是畜禽养殖废弃物资源化利用的责任主体。目前，畜禽粪污资源化利用主要有两种方式：一是畜禽养殖企业自行建设污染防治配套设施并保持正常运行，二是畜禽养殖企业委托第三方进行粪污处理。国务院办公厅《关于加快推进畜禽养殖废弃物资源化利用的意见》明确要求落实规模养殖场主体责任制度，但是在实际操作中，一些规模养殖场落实环保责任不到位，仅2017年各省份就年立案查处规模养殖场1 400余家。

（3）市场机制尚未形成。种养结合不紧密，社会化服务组织发展滞后，粪肥还田“最后一公里”问题仍未有效解决。专业化处理企业原料收集难、处理成本高、利用渠道窄，肥料化产品和能源化产品竞争力弱，社会资本投入积极性不高。产业链各主体利益衔接不紧密，可持续运营机制尚未建立，“PPP”模式、受益者付费等还需探索完善。

（4）扶持政策不到位。国办《意见》对推进畜禽粪污资源化利用的相关扶持政策提出了明确要求，但是各级财政专项资金支持总体不足，缺乏粪肥、沼气等终端产品补贴政策。大部分地区沼气发电上网电量全额保障收购政策、接收生物天然气进入城镇管网等政策落实不到位。第三方粪污资源化利用主体用地落实难。

（三）地膜回收利用产业发展现状与问题

1. 我国地膜回收及产业发展现状 2016年，全国农膜用量260.3万吨、地膜用量147.0万吨，覆盖面积2.76亿亩，约占当年耕地面积的13.62%。其中，新疆、山东、甘肃、内蒙古、河北、云南、河南、四川、湖南 9 个省份的地膜覆盖面积均超过 1 000 万亩，覆膜总面积超过全国七成。

包括地膜在内的农用薄膜在塑料薄膜行业的地位举足轻重。2017 年，我国农用薄膜产量为 268 万吨，占塑料薄膜的 30.9%，而需求量为 224 万吨，产销缺口 43.63 万吨，农用薄膜产能严重过剩。其主要原因是产品结构不合理，高档农膜仅占农膜总产量的 2%，中档农膜占 20%，低档农膜占 78%左右，在低档市场上出现明显供过于求的现象。

从产业发展看，2015 年全国塑料薄膜企业 990 家，年产量 1 313.82 万吨，平均产量为 1.33 万吨/家。其中，吉林、河南、浙江 3 省企业平均产量都在 2 万吨上，其余省份都在 2 万吨以下。甘肃省企业平均产量 0.58 万吨，新疆维吾尔自治区企业平均产量 0.28 万吨（图 1）。

从塑料薄膜生产企业看，浙江最多，有 176 家，其次是广东，152 家，其余省份都在 100 家以内。

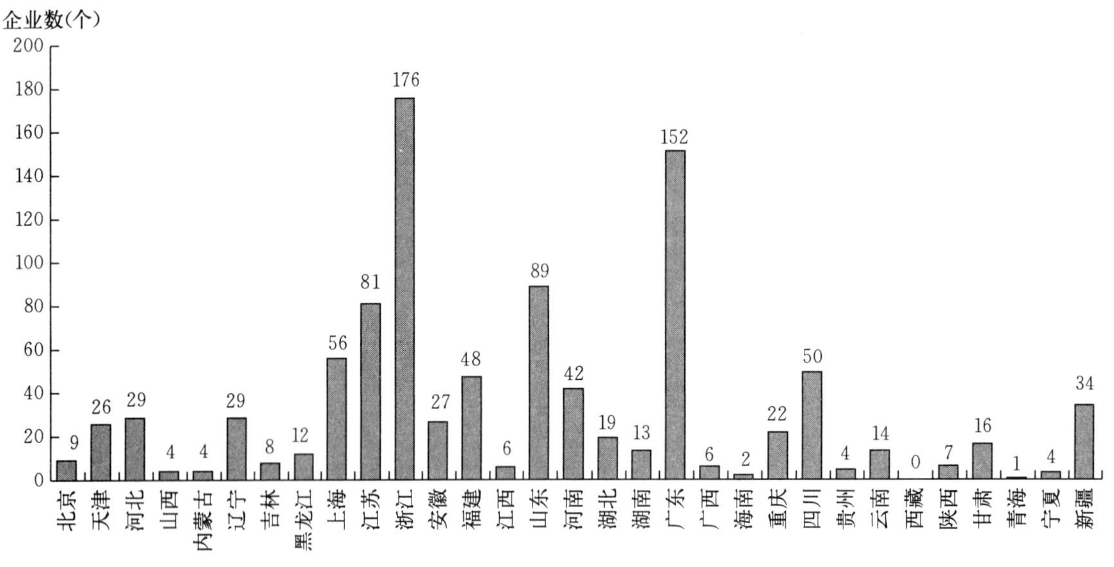

图 1　2015 年我国塑料薄膜生产企业

从市场规模看，2017 年我国塑料薄膜行业市场规模为 5 423.31 万吨，2012—2017 年分年度市场规模如图 2。

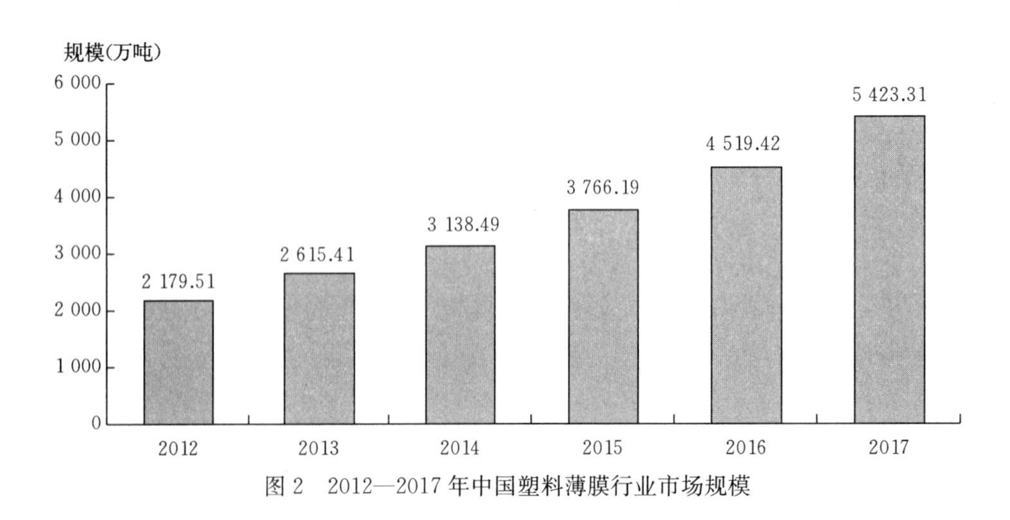

图 2　2012—2017 年中国塑料薄膜行业市场规模

从调研看，2017 年甘肃省扶持引导从事废旧农膜回收加工的各类企业达 224 家，设立乡、村回收网点 2 352 个，基本健全涵盖捡拾、回收、资源化利用等环节的废旧农膜回收利用网络体系。以废旧农膜回收加工企业为纽带，通过发展回收经纪人、流动商贩，或在偏远地区设立固定回收网点等途径，以市场交易的方式收购废旧农膜，形成了企业加工利用、回收网点收集、商贩流动收购、农民捡拾交售的农膜回收利用产业体系。

2. 废旧农膜回收利用主要方式 目前，废弃农膜回收利用主要有两种方式：一是将回收的废旧农膜进行粉碎、清洗后，通过热熔、挤出生产再生塑料颗粒，用再生颗粒进行深加工，生产PE管材、塑料容器（如化粪池）、滴灌带等；二是将回收的废旧农膜直接粉碎，混合一定比例的矿渣，加工生产下水井圈、井盖、城市绿化用树篦子等再生产品。

由于农田残膜含杂质量大，1亩地覆膜用量虽然只有5～6千克，但是回收的残膜往往重达30～40千克。因此，加工企业一般在收购时均按体积论价。因地域和用膜质量差异，目前甘肃省农田残膜收购价格80～120元/米^3，一般25～30米^{3}可加工1吨再生颗粒。

3. 地膜回收利用产业案例 甘肃省会宁县地膜回收利用已形成产业链，全县有规模以上加工企业2家、初级加工企业8家，乡村回收点28个，常年从事废旧地膜收购的流动商贩约有50多人。回收企业以合理的价格敞开收购，调动了农民捡拾交售的积极性。当地农户已普遍使用0.01毫米高标准地膜，亩均投入地膜7.5千克，国家和省级补贴2千克，其余5.5千克地膜由农民自筹，实际上农户每亩投入成本约70元，而回收旧膜可得约11元的补偿，加之地膜覆盖实现粮食增产，平均每户旧膜增收可达200～300元。捡拾交售废旧地膜已成为市场行为，当地企业在政府支持下，规模逐渐扩大，收购量也越来越多，走上良性循环轨道。

4. 地膜回收利用产业发展面临的主要问题

（1）人工捡拾成本高。目前，废旧地膜机械化捡拾尚未大面积推广普及，废旧地膜回收基本靠人工捡拾，数量少、成本高，影响农户捡拾和地膜回收积极性。

（2）市场波动风险大。由于农膜再生产品价格与国际油价密切相关，目前，国际油价持续在低位徘徊，造成废旧地膜再生颗粒销售价格大幅回落，加上一些企业无法享受用电、用水等价格优惠，导致回收加工企业出现亏损，严重影响企业回收加工废旧农膜的积极性。目前，甘肃省绝大多数企业执行一般商业用电价格（0.8～1.1元/度），每生产1吨再生颗粒所用电费约1 000元，电价成本占比较大。另外，随着国务院办公厅《关于禁止洋垃圾入境推进固体废物进口管理制度改革实施方案》的实施，部分塑料企业原料来源也受到一定影响。

（3）产业主体基础差。目前，我国废旧地膜加工企业普遍存在规模小、工艺设备落后、资金不足等问题，县级及以下加工企业多数为家庭式作坊，厂房面积狭小，没有专业的技术人才，没有专门的分类仓储设施，没有消防安全通道，生产秩序混乱，生产设施和工艺简易、落后。随着农村城镇化步伐加快及国家日益重视环保问题，部分加工企业面临重新选址搬迁或者直接关闭的问题。

（4）缺乏产业扶持政策。废旧地膜回收利用带有公益性质、属于微利行业，目前只有全国地膜回收利用试点县及少数地方对地膜回收加工企业进行了有限扶持，缺乏税收、用水、用地、用电及信贷等方面优惠政策，影响企业生产积极性，以及生产者责任延伸制度的顺利实施。

三、推进农业废弃物资源化利用产业发展扶持政策述评

我国环保产业是典型的政策驱动型行业。近年来，随着农业生态文明建设和绿色发展不断深入推进，中央围绕农业废弃物资源化利用研究出台了一系列相关政策措施，组织实施了一系列工程项目，有力地推动了农业废弃物资源化利用产业发展。

（一）秸秆综合利用产业扶持政策述评

1. 政策文件 秸秆综合利用产业扶持政策梳理清单见表3。

表3　秸秆综合利用产业扶持政策梳理清单

序号	文件名称	政策点
1	中共中央、国务院印发生态文明体制改革总体方案	建立种养业废弃物资源化利用制度，实现种养业有机结合、循环发展；完善农作物秸秆综合利用制度；采取政府购买服务等多种扶持措施，培育发展各种形式的农业面源污染治理、农村污水垃圾处理市场主体
2	中共中央、国务院关于全面加强生态环境保护-坚决打好污染防治攻坚战的意见	推行生产者责任延伸制度；扎实推进全国碳排放权交易市场建设，统筹深化低碳试点；依法严禁秸秆露天焚烧，全面推进综合利用；研究对从事污染防治的第三方企业比照高新技术企业实行所得税优惠政策，研究出台“散乱污”企业综合治理激励政策；采用直接投资、投资补助、运营补贴等方式，规范支持政府和社会资本合作项目
3	中办、国办关于创新体制机制推进农业绿色发展的意见	推进秸秆发电并网运行和全额保障性收购；落实好沼气、秸秆等可再生能源电价政策；加大政府和社会资本合作（“PPP”）在农业绿色发展领域的推广应用
4	国务院公布环境保护税法实施条例以及关于环境保护税收入归属问题的通知	决定环境保护税全部作为地方收入
5	农业农村部关于深入推进生态环境保护工作的意见	加大政府和社会资本合作（“PPP”）在农业生态环境保护领域的推广应用；加快培育新型市场主体，采取政府统一购买服务、企业委托承包等多种形式，推动建立农业农村污染第三方治理机制
6	生态环境部、农业农村部印发农业农村污染治理攻坚战行动计划	整县推进秸秆全量化综合利用，优先开展就地还田；研究建立农民施用有机肥市场激励机制；鼓励各地出台有机肥生产、运输等扶持政策；落实畜禽规模养殖场粪污资源化利用和秸秆等农业废弃物资源化利用电价优惠政策
7	国家发展和改革委员会、农业部联合印发关于推进农业领域政府和社会资本合作的指导意见	引导社会资本参与农业废弃物资源化利用等项目；积极探索通过投资补助、资本金注入等方式支持农业“PPP”项目；鼓励金融机构通过债权、股权、资产支持计划等多种方式，支持农业“PPP”项目；探索以项目预期收益或整体资产用作贷款抵（质）押担保；采取资本金注入、直接投资、投资补助、贷款贴息等多种方式，实现社会资本的合理投资回报；完善农业基础设施使用价格制定与调整机制，合理确定价格收费标准；鼓励有条件的地方对设施农业、农机具等保险保费予以补贴； 保障项目用地需要
8	财政部、农业部联合印发关于深入推进农业领域政府和社会资本合作的实施意见	重点引导和鼓励社会资本参与农业绿色发展；支持畜禽粪污资源化利用、农作物秸秆综合利用、废旧农膜回收、病死畜禽无害化处理，支持规模化大型沼气工程；鼓励各地设立农业“PPP”项目担保基金；创新开发适合农业“PPP”项目的保险产品；开展农业“PPP”项目资产证券化试点；加强项目用地保障
9	国家发展和改革委员会、农业部印发全国农村沼气发展“十三五”规划	研究建立农业废弃物处理收费机制；完善沼气沼肥等终端产品补贴政策，对生产沼气和提纯生物天然气用于城乡居民生活的可参照沼气发电上网补贴方式予以支持；比照资源循环型企业的政策，支持从事利用畜禽养殖废弃物、秸秆、餐厨垃圾等生产沼气、生物天然气的企业发展；推动将沼气发酵、提纯、运输等相关设备纳入农机购置补贴目录；研究建立健全并落实规模化沼气和生物天然气工程项目用地、用电、税收等优惠政策
10	国家发展和改革委员会关于完善农林生物质发电价格政策的通知	对农林生物质发电项目实行标杆上网电价政策；统一执行标杆上网电价每度0.75元（含税）

（续）

序号	文件名称	政策点
11	农业部关于打好农业面源污染防治攻坚战的实施意见	加快推进秸秆综合利用的规模化、产业化发展；研究出台秸秆初加工用电享受农用电价格、收储用地纳入农用地管理、扩大税收优惠范围、信贷扶持等政策措施；选择京津冀等大气污染重点区域，启动秸秆综合利用示范县建设；采取财政扶持、税收优惠、信贷支持等措施，加快培育多种形式的农业面源污染防治经营性服务组织；探索开展政府向经营性服务组织购买服务机制和“PPP”模式创新试点
12	农业部印发农业综合开发区域生态循环农业项目指引（2017—2020年）	2017—2020年建设区域生态循环农业项目300个左右，单个项目中央财政资金投入控制在1 000万元左右（地方财政资金投入比例高的省份可适当降低中央财政资金投入规模，全部财政资金投入控制在1 500万元左右）；项目建设期为1年
13	农业部关于印发《东北地区秸秆处理行动方案》的通知	贯彻落实《关于进一步加快推进农作物秸秆综合利用和禁烧工作的通知》要求；研究出台秸秆运输绿色通道、秸秆深加工享受农业用电价格、还田离田补贴等政策措施；鼓励引导龙头企业、专业合作社、家庭农场、种养大户等新型经营主体，发展以秸秆为原料的生物有机肥、食用菌、成型燃料、生物炭、清洁制浆等新型产业

2. 项目工程

（1）耕地质量保护与提升行动。原为“土壤有机质提升试点补贴项目”，于2006年启动实施，从2011年开始，对农民使用秸秆腐熟剂、应用秸秆还田腐熟技术每亩补贴20元；对商品有机肥每吨补贴200元，每亩补贴100千克用量；补贴资金规模5.5亿元。自2012年以来，中央财政每年安排专项资金8亿元，通过物化和资金补助等方式，鼓励和支持农民促进秸秆等有机肥资源转化利用。从2015年起，“土壤有机质提升项目”改为“耕地保护与质量提升项目”。同时，农业部将“耕地保护与质量提升”“测土配方施肥”“旱作农业技术推广”“湖南重金属污染耕地修复及农作物种植结构调整试点”“东北黑土地保护利用试点”等项目进行整合，印发了《耕地质量保护与提升行动方案》。《方案》提出通过增施有机肥、实施秸秆还田等，持续提升土壤肥力。

（2）国家秸秆综合利用试点项目。2016年，农业部、财政部联合印发《关于开展农作物秸秆利用试点 促进耕地质量提升工作的通知》，围绕构建环京津冀生态一体化屏障的重点区域，选择农作物秸秆焚烧问题较为突出的河北、山西、内蒙古等10省份开展秸秆综合利用试点。在试点内容中，提出要充分发挥市场主体作用，对已形成产业规模的秸秆生物燃料、乙醇、发电、多糖、淀粉、造纸、板材等，积极研究可加快产业扩张和技术扩散的政策措施，进一步提高秸秆工业化利用率和利用水平。要加快培育发展秸秆收储运等农村社会化服务组织，强化资金整合、形成政策合力，做大做强秸秆综合利用的基础平台。2016年，中央财政投入资金10亿元，建设试点县90个。2017年，中央财政投入资金13亿元，继续在内蒙古、辽宁、吉林、黑龙江等9省份开展秸秆综合利用试点建设，建设试点县143个（其中东北地区71个），要求所有试点县秸秆综合利用率均达到90%以上或比上年提高5个百分点，每个试点县秸秆还田、利用和收储运等社会化服务组织整体达到5个（含）以上。

（3）果菜茶有机肥替代化肥示范县建设项目。2017年，农业部印发《开展果菜茶有机肥替代化肥行动方案》，组织实施果菜茶有机肥替代化肥示范县建设项目，选择100个果菜茶重点县（市、区）开展有机肥替代化肥示范。在重点任务中，要求制定支持有机肥生产施用的用地、用电、信贷、税收等优惠政策，优先扶持利用畜禽养殖废弃物和农作物秸秆等专业从事有机肥生产的企业和社会化服务组织。在政府扶持上，要求结合实施沼气工程、农业综合开发区域生态循环农业、畜禽粪污资源化利用试点、秸秆综合利用试点等项目，支持果菜茶有机肥替代化肥，同向推进，发挥集合效应，形成政策合力。2017年平均每个县补助1 000万元，2018年继续实施。

（4）国家农业综合开发区域生态循环农业项目。2015年，农业部联合财政部开展农业综合开发区域生态循环农业试点工作；2017 年，正式组织实施区域生态循环农业示范项目。项目以提高农业资源利用效率和实现农业废弃物“零排放和全消纳”为目标，要求按照完整的生态循环农业链条进行项目设计，项目建设须包括畜禽水产养殖废弃物资源化利用、农副资源综合开发、标准化清洁化生产三部分内容，同时兼顾资源利用的多样化和废弃物处理的不同方式。2 015—2017 年，累计投入中央财政资金 9.46 亿元，共计建设项目 91 个。项目共计覆盖耕地面积超过 90 万亩以上，畜禽养殖规模超过 60 万头生猪当量，有效解决了项目区内畜禽粪污、农作物秸秆、农产品加工剩余物等有机废弃物的处理利用难题。生态总站作为第三方评价机构，组织开展了项目省级方案的综合评价和督导评价工作。

（5）东北地区秸秆处理行动。2017 年，农业部印发《东北地区秸秆处理行动方案》，启动东北地区秸秆处理行动。方案提出力争到 2020 年，东北地区秸秆综合利用率达到 80%以上，新增秸秆利用能力 2 700 多万吨，杜绝露天焚烧现象。2017 年，农业部从中央财政秸秆综合利用试点资金中切出 5.86 亿元，在东北地区以玉米主产县为单元，开展秸秆处理利用，通过大力推进秸秆肥料化、饲料化、能源化三大主攻方向，加快培育秸秆收储运社会化服务组织，推动出台并落实用地、用电、信贷等优惠政策，建立起政府引导、市场主体、多方参与的产业化发展机制。2017 年，建设试点县 71 个，新增秸秆还田面积 3 000 多万亩、秸秆收储能力 1 200 多万吨、秸秆利用能力 900 万吨，培育秸秆收储运专业化组织 2 100 多个、年可利用秸秆 10 万吨以上的龙头企业 57 个。

3. 实践探索 经调研了解，安徽省怀远县为推动秸秆综合利用，制定出台了以下政策。

（1）农机购置补贴。每年中央财政补贴资金 4 800 万元，按 30%补贴。县里对购买新型收割打捆一体机并在本地作业的，在中央补贴 30%基础上，由县财政叠加补贴至 50%。

（2）秸秆还田补贴。每年 20 元/亩标准。

（3）秸秆离田补贴。每季 10 元/亩标准。

（4）收储点租赁补贴。对超过 10 亩的临时堆放转运点和收储场地，按 1 000 元/亩的标准给予场地租赁补贴。

（5）秸秆收储补贴。对收储量超过 1 000 吨的收储点，给予每千吨 10 万元的收储运补贴，最高补 50 万元。

（6）秸秆收储点建设补贴。对新建储存库棚面积达到 5 000～10 000 米^2，给予 150 元/米^2 的建设补贴。

（7）秸秆利用补贴。对于年利用秸秆量超过 1 000 吨的企业，按照水稻秸秆 50 元/吨、小麦秸秆 40 元/吨、玉米秸秆 30 元/吨的标准给予奖补。

（8）秸秆禁烧和综合利用工作经费。县财政按全年每亩 15 元（其中，夏季 8 元、秋季 7 元）标准拨付工作经费给乡镇。

（9）秸秆试验示范经费。安排农业领域秸秆综合利用提升工程秸秆还田示范片建设资金 50 万元，开展秸秆还田试验示范。

（10）绿色通道政策。对于县域内开展秸秆运输的车辆，在不超宽超高、安全运输情况下，给予快速放行。

4. 政策评价

（1）缺乏全产业链政策支持。目前，秸秆综合利用政策的扶持重点主要在生产领域（还田环节）及收储运体系建设上（离田环节）。这些都位于产业链的前端，缺乏对全产业链的系统性支持，尤其在加工利用和终端产品补贴方面缺乏政策支持，对推动产业发展作用有限。

（2）扶持政策不到位。政策不具体，综合性强，可操作性差，涉及产业发展的用水、用电、用地、财税、金融等政策难以落地。

（3）科技支撑较薄弱。涉及秸秆新产品研发的科技投入扶持政策缺失，关键技术薄弱，装备水平较低。要推进秸秆综合利用由农用向非农用、低端产品向中高端产品转变，必须有强有力的科技支撑。

（4）项目支持不连续。区域生态循环农业项目 2015 年试点、2017 年正式实施、2019 年取消，不利于连续稳定支持产业和主体发展，导致现在一些真正有实力的企业不愿意承担政府项目。

（5）成本过大。秸秆综合利用政策在注重公平性的同时，忽视了政策实施的效率，依托行政推动造成的各种成本过大。

（6）秸秆有机液肥标准缺失，产品难以进入市场。

（二）畜禽粪污资源化利用产业扶持政策述评

1. 政策文件 畜禽粪污资源化利用产业扶持政策梳理清单见表 4。

表 4　畜禽粪污资源化利用产业扶持政策梳理清单

序号	文件名称	政策点
1	畜禽规模养殖污染防治条例	畜禽养殖用地按农用地管理，并按照国家有关规定确定生产设施用地和必要的污染防治等附属设施用地。从事利用畜禽养殖废弃物进行有机肥产品生产经营等畜禽养殖废弃物综合利用活动的，享受国家规定的相关税收优惠政策。畜禽养殖场、养殖小区的畜禽养殖污染防治设施运行用电执行农业用电价格。利用畜禽养殖废弃物进行沼气发电的，依法享受国家规定的上网电价优惠政策
2	中共中央、国务院印发生态文明体制改革总体方案	实行生产者责任延伸制度，推动生产者落实废弃产品回收处理等责任。建立种养业废弃物资源化利用制度，实现种养业有机结合、循环发展。加快推进化肥、农药、农膜减量化以及畜禽养殖废弃物资源化和无害化。采取政府购买服务等多种扶持措施，培育发展各种形式的农业面源污染治理、农村污水垃圾处理市场主体。通过政府购买服务等方式，加大对环境污染第三方治理的支持力度
3	中共中央、国务院关于全面加强生态环境保护 坚决打好污染防治攻坚战的意见	推行生产者责任延伸制度。扎实推进全国碳排放权交易市场建设，统筹深化低碳试点。推进有机肥替代化肥。研究对从事污染防治的第三方企业比照高新技术企业实行所得税优惠政策，研究出台“散乱污”企业综合治理激励政策。采用直接投资、投资补助、运营补贴等方式，规范支持政府和社会资本合作项目。加快推行排污许可制度，按行业、地区、时限核发排污许可证，全面落实企业治污责任
4	中共中央办公厅、国务院办公厅《关于创新体制机制推进农业绿色发展的意见》	落实好沼气、秸秆等可再生能源电价政策。以沼气和生物天然气为主要处理方向，以农用有机肥和农村能源为主要利用方向，强化畜禽粪污资源化利用。加大政府和社会资本合作（“PPP”）在农业绿色发展领域的推广应用
5	国务院办公厅关于加快推进畜禽养殖废弃物资源化利用的意见	建立企业投入为主、政府适当支持、社会资本积极参与的运营机制。引导和鼓励社会资本投入，培育发展畜禽养殖废弃物资源化利用产业。落实规模养殖场主体责任制度。鼓励在养殖密集区域建立粪污集中处理中心，探索规模化、专业化、社会化运营机制。支持采取政府和社会资本合作（“PPP”）模式，调动社会资本积极性，形成畜禽粪污处理全产业链。培育壮大多种类型的粪污处理社会化服务组织。鼓励建立受益者付费机制。启动中央财政畜禽粪污资源化利用试点。实施有机肥替代化肥行动。鼓励地方政府利用中央财政农机购置补贴资金，对畜禽养殖废弃物资源化利用装备实行敞开补贴。开展规模化生物天然气工程和大中型沼气工程建设。落实沼气发电上网标杆电价和上网电量全额保障性收购政策。生物天然气符合城市燃气管网入网技术标准的，经营燃气管网的企业应当接收其入网。落实沼气和生物天然气增值税即征即退政策，支持生物天然气和沼气工程开展碳交易项目。统筹解决用地用电问题
6	国务院公布环境保护税法实施条例以及关于环境保护税收入归属问题的通知	决定环境保护税全部作为地方收入

（续）

序号	文件名称	政策点
7	国务院办公厅关于推行环境污染第三方治理的意见	对符合条件的第三方治理项目给予中央资金支持。积极探索以市场化的基金运作等方式引导社会资本投入。研究明确第三方治理税收优惠政策。研究推进能效贷款、绿色金融租赁、碳金融产品、节能减排收益权和排污权质押融资。加快推行绿色银行评级制度。鼓励保险公司开发相关环境保险产品，引导高污染、高环境风险企业投保。对符合条件的第三方治理企业，上市融资、发行企业债券实行优先审批；支持发行中小企业集合债券、公司债、中期票据等债务融资工具；选择综合信用好的环境服务公司，开展非公开发行企业债券试点。探索发展债券信用保险
8	农业农村部关于深入推进生态环境保护工作的意见	推进畜牧大县整县实现畜禽粪污资源化利用，支持规模养殖场和第三方建设粪污处理利用设施。加大政府和社会资本合作（“PPP”）在农业生态环境保护领域的推广应用。加快培育新型市场主体，采取政府统一购买服务、企业委托承包等多种形式，推动建立农业农村污染第三方治理机制
9	全国农村环境综合整治“十三五”规划	引入竞争机制和以效付费制度，合理确定建设成本和运行维护价格。推动规模化畜禽养殖企业开展污染第三方治理。研究制定相关税收、土地和电价等优惠政策
10	生态环境部、农业农村部印发农业农村污染治理攻坚战行动计划	鼓励和引导第三方处理企业将养殖场户畜禽粪污进行专业化集中处理。研究建立农民施用有机肥市场激励机制。研究制定有机肥厂、规模化大型沼气工程、第三方处理机构等畜禽粪污处理主体用地用电优惠政策，保障用地需求，按设施农业用地进行管理，享受农业用电价格。鼓励各地出台有机肥生产、运输等扶持政策。推进秸秆和畜禽粪污发电并网运行、电量全额保障性收购以及生物天然气并网。落实畜禽规模养殖场粪污资源化利用和秸秆等农业废弃物资源化利用电价优惠政策
11	国家发展和改革委员会、农业部联合印发关于推进农业领域政府和社会资本合作的指导意见	引导社会资本参与农业废弃物资源化利用等项目。积极探索通过投资补助、资本金注入等方式支持农业“PPP”项目。鼓励金融机构通过债权、股权、资产支持计划等多种方式，支持农业“PPP”项目。探索以项目预期收益或整体资产用作贷款抵（质）押担保。采取资本金注入、直接投资、投资补助、贷款贴息等多种方式，实现社会资本的合理投资回报。完善农业基础设施使用价格制定与调整机制，合理确定价格收费标准。鼓励有条件的地方对设施农业、农机具等保险保费予以补贴保障项目用的需要
12	财政部、农业部联合印发关于深入推进农业领域政府和社会资本合作的实施意见	重点引导和鼓励社会资本参与农业绿色发展。支持畜禽粪污资源化利用、农作物秸秆综合利用、废旧农膜回收、病死畜禽无害化处理，支持规模化大型沼气工程。鼓励各地设立农业“PPP”项目担保基金。创新开发适合农业“PPP”项目的保险产品。开展农业“PPP”项目资产证券化试点。加强项目用地保障
13	国家发展和改革委员会、农业部印发全国农村沼气发展“十三五”规划	研究建立规模化养殖场废弃物强制性资源化处理制度。研究建立农业废弃物处理收费机制。完善沼气沼肥等终端产品补贴政策，对生产沼气和提纯生物天然气用于城乡居民生活的可参照沼气发电上网补贴方式予以支持。比照资源循环型企业的政策，支持从事利用畜禽养殖废弃物、秸秆、餐厨垃圾等生产沼气、生物天然气的企业发展。推动将沼气发酵、提纯、运输等相关设备纳入农机购置补贴目录。研究建立健全并落实规模化沼气和生物天然气工程项目用地、用电、税收等优惠政策
14	国家发展和改革委员会关于完善农林生物质发电价格政策的通知	对农林生物质发电项目实行标杆上网电价政策。统一执行标杆上网电价每度0.75元（含税）
15	环境保护部关于推进环境污染第三方治理的实施意见	推动建立排污者付费、第三方治理与排污许可证制度有机结合的污染治理新机制。坚持排污者担负污染治理主体责任。支持第三方治理单位参与排污权交易。建立健全排污权有偿使用制度，积极完善排污权交易试点。支持第三方治理单位通过合同约定，合理分享排污单位排污权交易收益。鼓励地方设立绿色发展基金，积极引入社会资本，为第三方治理项目提供融资支持。探索引入第三方支付机制，依环境绩效付费

（续）

序号	文件名称	政策点
16	农业部关于打好农业面源污染防治攻坚战的实施意见	加快推行标准化规模养殖，配套建设粪便污水储存、处理、利用设施。支持多种模式发展规模化生物天然气工程。采取财政扶持、税收优惠、信贷支持等措施，加快培育多种形式的农业面源污染防治经营性服务组织。探索开展政府向经营性服务组织购买服务机制和“PPP”模式创新试点。鼓励农业产业化龙头企业、规模化养殖场等，采用绩效合同服务等方式引入第三方治理
17	农业部印发农业综合开发区域生态循环农业项目指引（2017—2020 年）	2017—2020 年建设区域生态循环农业项目 300 个左右，单个项目中央财政资金投入控制在 1 000 万元左右（地方财政资金投入比例高的省份可适当降低中央财政资金投入规模，全部财政资金投入控制在 1 500 万元左右）。项目建设期为 1 年
18	农业部印发《畜禽粪污资源化利用行动方案（2017—2020 年）》	完善畜禽粪污资源化利用产品价格政策，降低终端产品进入市场的门槛。通过 PPP 等方式降低运营成本和市场风险，畅通社会资本进入的渠道。认真组织实施中央财政畜禽粪污资源化利用项目和中央预算内投资畜禽粪污资源化利用整县推进项目

2. 项目工程

（1）畜禽标准化规模养殖场（小区）建设。从 2007 年开始，中央财政每年安排 25 亿元支持生猪标准化规模养殖场（小区）建设。2008 年开始安排 2 亿元支持奶牛标准化规模养殖小区（场）建设。2009 年开始增加到 5 亿元。2011 年，中央财政投入 5 亿元，对主产省份蛋鸡、肉鸡、肉牛和肉羊规模养殖场，采取“以奖代补”方式支持标准化生产改造。2012 年，中央财政新增 1 亿元支持内蒙古、四川、西藏、甘肃、青海、宁夏、新疆及新疆生产建设兵团等地肉牛、肉羊标准化规模养殖场（小区）开展改扩建。2013 年，中央资金增加至 10.06 亿元。2014 年，中央财政共投入资金 38 亿元支持发展畜禽标准化规模养殖。其中，中央财政安排 25 亿元支持生猪标准化规模养殖小区（场）建设，安排 10 亿元支持奶牛标准化规模养殖小区（场）建设，安排 3 亿元支持内蒙古、四川、西藏、甘肃、青海、宁夏、新疆及新疆生产建设兵团肉牛、肉羊标准化规模养殖场（小区）建设。2015 年，国家继续支持畜禽标准化规模养殖，但暂停支持生猪标准化规模养殖场（小区）建设一年。2015 年，中央财政共投入资金 13 亿元支持发展畜禽标准化规模养殖。其中，中央财政安排 10 亿元支持奶牛标准化规模养殖小区（场）建设，安排 3 亿元支持内蒙古、四川、西藏、甘肃、青海、宁夏、新疆及新疆生产建设兵团肉牛、肉羊标准化规模养殖场（小区）建设。2016 年，国家继续支持奶牛、肉牛和肉羊的标准化规模养殖，重点支持规模养殖场粪污处理设施及养殖场配套基础设施建设。

（2）畜禽粪污资源化利用整县推进。2017 年，农业部会同国家发展和改革委员会、财政部启动实施畜禽粪污资源化利用整县推进项目，整县推进畜禽粪污资源化利用，支持规模养殖场和第三方处理机构粪污资源化利用设施建设，探索有效治理模式。安排中央资金 27 亿元，共支持 96 个畜牧大县，撬动社会资金超过 80 亿元。通过“PPP”、政府购买服务、贷款贴息等支持方式，带动市场主体投资 80 亿元以上，社会资本主动参与，积极性大幅提高。中央财政畜禽粪污资源化利用的 51 个项目县，建设了 200 多个社会化服务组织，新建粪污集中处理中心 180 个，年可处理粪污约 8 000 万吨。2018 年继续实施。

（3）果菜茶有机肥替代化肥项目。2017 年，中央财政专项投资 10 亿元，选择 100 个果菜茶重点县（市、区）开展有机肥替代化肥示范，建设内容包括引导种养大户、农民合作社、龙头企业等新型农业经营主体生产有机肥、施用有机肥，打造一批绿色优质果菜茶生产基地（园区），在配套政策上要求结合实施沼气工程、农业综合开发区域生态循环农业、畜禽粪污资源化利用试点、秸秆综合利用试点等项目实施，发挥集合效应，形成政策合力。要培育新型服务组织，开展有机肥积造、运输、施用等社会化服务。在2017年启动的100个示范县的基础上，2018年再增加50个县开展试点，中央财政专项安排15亿元。

（4）大型沼气工程和规模化生物天然气工程项目。自2015年开始，中央根据农村沼气发展新形势，调整投资方向，安排预算内投资20亿元，重点支持建设了25个规模化生物天然气工程试点项目与386个规模化大型沼气工程项目。2016年，中央投入资金20亿元继续支持规模化生物天然气工程试点项目和规模化大型沼气工程建设，进一步探索创新扶持政策和体制机制，使农村沼气工程向规模发展、生态循环、综合利用、智能管理、效益拉动方向转型升级。2017年，中央投资20亿元，支持建设了485个规模化大型沼气工程和18个规模化生物天然气项目，推动畜禽粪污能源化利用。

3. 实践探索

（1）养殖粪便区域处理中心建设。浙江省嘉兴市竹林村养殖粪便区域处理中心建设投资共计120万元。其中，私人投资60万元，获得政府补贴2项。政府补贴包括：一是投资建设补贴，省、市、区、镇四级财政补贴共计60万元；二是运营补贴，每生产1吨初级有机肥给予20元补贴，共6.82万元。2013年，该中心共收集鲜猪粪14 262吨，生产初级有机肥3 411吨，出售价格为每吨350元。据测算，该中心在政府政策支持下和扣除政府补贴下的投资回报率分别为12.27%和－3.83%，可以看出，在没有政府政策支持下，社会资本缺乏投资动机。

（2）有机肥厂建设。浙江省平湖市新埭镇有机肥厂于2010年开始建设，设计全年干鲜粪处理能力1.8万吨。项目建设总投资298万元，其中私人投资140万元，同时获得市政府养殖业废弃物处理项目支持资金158万元。2013年，全镇生猪出栏7.1万头，产生干鲜粪2.84万吨；该厂处理干鲜粪1.2万吨，产出有机肥约2 000吨，政府核定出售价格为每吨550元。经测算，该厂在政府支持政策下和扣除政府补贴下的投资回报率分别为16.21%和2.58%，可以看出，政府的相关支持政策对培育有机肥市场主体具有重要作用。

（3）养殖污染物排放第三方治理。福建省南平市自2014年开展"养治分离"（养殖户负责生产，公司负责治理）机制创新，在延平区引入该公司（福建）生物科技有限公司，开展第三方治理试点。该公司依靠微生物技术，首先将畜禽粪污固液分离，然后将固体废弃物堆肥生成生物有机肥、液体发酵为液态有机肥，推进生猪养殖零排放。项目运营阶段以每头猪30元的价格向养殖户收取污染处理费，其中19元作为公司处理成本，11元作为未来建设基金，而每头猪35元处理成本的缺口则通过出售有机肥、延伸绿色蔬菜购销产业链条的收益解决。

4. 政策评价

（1）畜禽养殖废弃物资源化利用相关项目过于集中扶持畜牧大县和规模化畜禽养殖场，容易进一步强化种养分离，需要进一步跟进种植业方面的扶持政策。

（2）政策难以落实。国务院办公厅《意见》中对推进畜禽粪污资源化利用相关扶持政策作出了具体规定，在农业设施用地政策、沼气发电标杆电价、生物天然气入网等许多方面都提出明确要求，但是缺乏可操作性和有效监管，在很多地方并没有落到实处。

（3）畜禽粪污资源化利用政策扶持侧重于"建"，对管护和运行缺乏相应的政策支持，没有有效运用"PPP"模式、受益者付费等机制，缺乏对粪肥、沼气等终端产品的补贴政策。

（4）现有畜禽废弃物资源化利用项目基本属于政府推动型，政府包办太多，企业和市场参与度低。

（5）缺乏对产业主体培育的针对性扶持政策，导致主体弱小分散、规模化和集中度不高。

（三）地膜回收利用产业扶持政策述评

1. 政策文件　地膜回收利用产业扶持政策梳理清单，见表5。

表 5　地膜回收利用产业扶持政策梳理清单

序号	文件名称	政策点
1	中共中央、国务院印发生态文明体制改革总体方案	实行生产者责任延伸制度，推动生产者落实废弃产品回收处理等责任。加快推进化肥、农药、农膜减量化以及畜禽养殖废弃物资源化和无害化，鼓励生产使用可降解农膜。采取政府购买服务等多种扶持措施，培育发展各种形式的农业面源污染治理、农村污水垃圾处理市场主体。通过政府购买服务等方式，加大对环境污染第三方治理的支持力度
2	中共中央、国务院印发关于全面加强生态环境保护 坚决打好污染防治攻坚战的意见	推行生产者责任延伸制度。推进有机肥替代化肥、病虫害绿色防控替代化学防治和废弃农膜回收，完善废旧地膜和包装废弃物等回收处理制度。采用直接投资、投资补助、运营补贴等方式，规范支持政府和社会资本合作项目
3	中共中央办公厅、国务院办公厅关于创新体制机制推进农业绿色发展的意见	建立农药包装废弃物等回收和集中处理体系，落实使用者妥善收集、生产者和经营者回收处理的责任。加大政府和社会资本合作（“PPP”）在农业绿色发展领域的推广应用
4	国务院公布环境保护税法实施条例以及关于环境保护税收入归属问题的通知	决定环境保护税全部作为地方收入
5	农业农村部关于深入推进生态环境保护工作的意见	构建加厚地膜推广应用与地膜回收激励挂钩机制，开展地膜生产者责任延伸制度试点。加大政府和社会资本合作（“PPP”）在农业生态环境保护领域的推广应用。加快培育新型市场主体，采取政府统一购买服务、企业委托承包等多种形式，推动建立农业农村污染第三方治理机制
6	生态环境部、农业农村部印发农业农村污染治理攻坚战行动计划	整县推进农膜回收利用，推广地膜减量增效技术，做好 100 个地膜回收利用示范县建设。试点“谁生产、谁回收”的地膜生产者责任延伸制度，实现地膜生产企业统一供膜、统一回收
7	国务院办公厅印发关于禁止洋垃圾入境推进固体废物进口管理制度改革实施方案	2017 年底前，全面禁止进口环境危害大、群众反映强烈的固体废物；2019 年底前，逐步停止进口国内资源可以替代的固体废物。到 2020 年，将国内固体废物回收量由 2015 年的 2.46 亿吨提高到 3.5 亿吨
8	国家发展和改革委员会、财政部、农业部、环境保护部关于进一步加快推进农作物秸秆综合利用和禁烧工作的通知	支持秸秆代木、纤维原料、清洁制浆、生物质能、商品有机肥等新技术的产业化发展，完善配套产业及下游产品开发，延伸秸秆综合利用产业链。在秸秆产生量大且难以利用的地区，秸秆发电优先上网且不限发。落实好秸秆综合利用税收优惠政策，切实促进秸秆资源化利用。研究将符合条件的秸秆综合利用产品列入节能环保产品政府采购清单和资源综合利用产品目录。鼓励银行业金融机构积极为秸秆收储和加工利用企业提供金融信贷支持。秸秆收储设施用地原则上按临时用地管理，属于永久性占用的，按建设用地依法依规办理审批手续。粮棉主产区和大气污染防治重点地区秸秆捡拾、打捆、切割、粉碎、压块等初加工用电纳入农业生产用电价格政策范围
9	国家发展和改革委员会、农业部联合印发关于推进农业领域政府和社会资本合作的指导意见	引导社会资本参与农业废弃物资源化利用等项目。积极探索通过投资补助、资本金注入等方式支持农业“PPP”项目。鼓励金融机构通过债权、股权、资产支持计划等多种方式，支持农业“PPP”项目。探索以项目预期收益或整体资产用作贷款抵（质）押担保。采取资本金注入、直接投资、投资补助、贷款贴息等多种方式，实现社会资本的合理投资回报。完善农业基础设施使用价格制定与调整机制，合理确定价格收费标准。鼓励有条件的地方对设施农业、农机具等保险保费予以补贴。 保障项目用地需要

（续）

序号	文件名称	政策点
10	财政部、农业部联合印发关于深入推进农业领域政府和社会资本合作的实施意见	重点引导和鼓励社会资本参与农业绿色发展。支持畜禽粪污资源化利用、农作物秸秆综合利用、废旧农膜回收、病死畜禽无害化处理，支持规模化大型沼气工程。鼓励各地设立农业"PPP"项目担保基金。创新开发适合农业"PPP"项目的保险产品。开展农业"PPP"项目资产证券化试点。加强项目用地保障
11	工业和信息化部、国家标准委、农业部联合发布聚乙烯吹塑农用地面覆盖薄膜	将地膜最低厚度从0.008毫米（极限偏差±0.003毫米）提高到了0.010毫米（负极限偏差为0.002毫米）
12	农业部关于打好农业面源污染防治攻坚战的实施意见	严禁生产和使用厚度0.01毫米以下地膜。加大旱作农业技术补助资金支持，对加厚地膜使用、回收加工利用给予补贴。开展农田残膜回收区域性示范。在重点地区实施全区域地膜回收加工行动，率先实现东北黑土地大田生产地膜零增长。采取财政扶持、税收优惠、信贷支持等措施，加快培育多种形式的农业面源污染防治经营性服务组织。探索开展政府向经营性服务组织购买服务机制和"PPP"模式创新试点
13	农业部印发农膜回收行动方案	研究制定地膜回收加工的税收、用电等支持政策，扶持从事地膜回收加工的社会化服务组织和企业。引导种植大户、农民合作社、龙头企业等新型经营主体开展地膜回收，推动地膜回收与地膜使用成本联动。建设回收利用示范县。探索生产者责任延伸制度。推动地膜新标准、农用地膜回收利用管理办法出台。推动对符合条件的地膜回收机具敞开补贴。研究制定地膜回收加工的税收、用电等支持政策

2. 项目工程

（1）农业清洁生产农田废旧地膜回收与综合利用示范项目。2012—2015年，农业部联合国家发展和改革委员会、财政部在甘肃、新疆等10个省份和新疆生产建设兵团的229个县（区、团场）累计投资9.01亿元，实施以废旧地膜回收利用为主的农业清洁生产示范项目。通过示范县市政府统筹，企业具体实施，国家发展和改革委员会、财政部和农业部门具体监管的方式，推动项目取得实效。累计新增残膜加工能力18.63万吨，新增回收地膜面积6 309.9万亩。

（2）农膜回收利用示范县建设。根据农业部印发《农膜回收行动方案》，从2017年开始，在旱作农业项目中切出一部门资金，在甘肃、新疆、内蒙古3个重点用膜区，以玉米、棉花、马铃薯3种覆膜作物为重点，选择100个覆膜面积10万亩以上的县，整县推进，建立示范样板。逐步构建起"5个1"（出台地方条例、推行地方标准、落实以旧换新补贴、实施加工利用项目、构建监管体系）的地膜综合回收利用机制。两年累计投入约5亿元。

（3）探索生产者责任延伸制度。在甘肃、新疆选择4个县探索建立"谁生产、谁回收"的地膜生产者责任延伸制度试点，明确定点企业，签订任务合同，由地膜生产企业统一供膜、统一铺膜、统一回收，地膜回收责任由使用者转到生产者，农民由买产品转为买服务，推动地膜生产企业回收废旧地膜。各示范区不断探索创新回收模式，进一步完善地膜回收网点，加大回收利用企业扶持力度，推广"交旧领新"、"废旧农膜兑换超市"、农田保洁员等模式。中央财政没有资金支持。

3. 实践探索 经调研了解，甘肃省在推进地膜回收利用方面，主要采取了以下政策措施。

（1）由2013年甘肃省人大通过《甘肃省废旧农膜回收利用条例》。

（2）2014年制定、发布地方标准《聚乙烯吹塑农用地面覆盖薄膜》，2015年制定、发布地方标准《废旧地膜回收技术规范》。

（3）2011年，在全国率先设立省级财政废旧农膜回收利用专项资金。截至目前，累计投入资金近1.36亿元，采用"财政贴息、先建后补、以奖代补"等方式，扶持建设了一批基本覆盖全省主要用膜地区的加工企业和回收网点。

（4）引导农民使用高标准地膜。通过政府招标采购，在旱作农业项目区对农民使用0.01毫米以上地膜，按每亩2千克标准给予补贴；在非旱作农业项目区，按每亩1千克标准给予补贴。

（5）在废旧地膜回收利用示范县，按照8元/亩的标准进行补贴，建立“以旧换新”回收机制；对每个回收网点补贴5万元，主要用于回收场所建设、设施设备购置等。回收网点（商贩）等向废旧地膜加工企业交售1米^{3}地膜补贴20元。建设地膜机械回收示范区，每县补贴20万元。开展高效环保地膜的应用示范，每县补贴20万元。开展全生物可降解地膜应用示范，每县补贴50万元。

（6）在临泽、合水、广河3县开展地膜生产者责任延伸制试点，探索建立“谁生产、谁回收”的长效机制。在旱作农业县区，组织开展“一手交旧膜、一手领新膜”的“交旧换新”工作试点；在非旱作农业区，采购高标准地膜用于开展“以旧换新”试点。在部分县区探索建立“废旧农膜兑换超市”，引入“以物易物”兑换机制。

（7）实施农业清洁生产（地膜回收利用）示范项目。2012—2015年获得中央补助资金近2.34亿元，覆盖全省44个农业县，通过改扩建厂房，引进工艺先进的生产设备，建立布局合理的回收网点，有力提升了全省回收加工企业的工艺设备水平和回收加工能力。

4. 政策评价 一是农膜回收利用扶持政策少，且主要在回收环节，在加工利用方面缺乏扶持政策。二是缺乏对企业经营风险防控的有效政策，地膜加工产品附加值低，价格波动大，企业经营效益不稳定，抗风险能力弱。三是农膜加工企业经营环境较差，税负负担重，原料来源少，用电、用地、用水等问题突出。四是政策不稳定，随意性大。

四、完善农业废弃物资源化利用产业扶持政策的思路和重点

（一）总体思路

立足各地资源禀赋，聚焦作物秸秆、畜禽粪污、农用地膜三大领域，以壮大产业主体、完善产业链条、优化产业环境、提升产业要素为主要目标，充分发挥市场在资源配置中的决定性作用，依靠完善的市场竞争机制，壮大新主体、发展新产业、培育新动能、打造新业态。同时，更好发挥政府部门的作用，加强政策创设引导，加大市场监管服务，着力培植一批农业废弃物资源化利用重点龙头企业，推动农业废弃物资源化利用产业健康快速发展。

（二）重点领域

1. 培育壮大产业主体 统筹用好财政奖补、税收、金融等优惠政策，采用奖励、补助、减免、设立产业基金等手段，重点竖起一批农业废弃物资源化利用产业“领跑者”和行业“标杆”。采取政府购买服务、企业委托承包、政府与社会资本合作、环境污染第三方治理、生态补偿等方式，重点扶持一批农业废弃物资源化利用龙头企业。引导鼓励工商资本进入农业环境污染治理领域，带动农业废弃物资源化利用产业发展。着力解决好市场主体发展产业面临的用水、用地、用电、用机、用人等突出问题。

2. 构建完善产业链条 农业废弃物资源化利用涉及多主体、多环节、多要素，要加强政策扶持和机制创新，通过政策的系统配套，推动产业链上各主体、各环节、各要素有机衔接，让人流、物流、资金流、信息流等在产业链上有效循环，形成产业发展合力。

3. 优化产业发展环境 推进法律法规建设，加强事中、事后监管。制定鼓励性政策、引导性政策和准入制度，整顿市场秩序。优化财政资金使用方式，从“补建设”向“补运营”，从“事前补”向“后奖励”转变。推动行业诚信建设，加强行业自律。鼓励和引导社会资本设立投资基金，推动农业生态环境保护产业化、市场化。建立全国统一、科学规范、清晰明确的技术标准体系和评价指标体系。建立产业信息公开共享和公众参与机制，建立健全环境保护信息披露、信用评价、举报执法等制度。

4. 提升产业要素质量 推进土地、人才、资金、技术、管理、机制等产业要素集聚，不断提升产业要素质量，提高产业发展质量、效益和竞争力。推进产业发展科技人才培养，加强农业废弃物资源化利用技术研发推广，强化科技对产业的支撑服务。培育壮大农业废弃物收储运、产品营销等产业服务组织。建立农业废弃物资源化利用产业联盟，加强政、产、学、研联合协作。强化产业体制机制创新，不断增强产业发展活力。

5. 调动农民积极参与 建立激励和约束并举的政策机制，引导农民参与农业废弃物资源化利用产业，完善利益联结机制，形成利益共同体，让广大农民分享产业发展带来的效益，实现小农户与大产业的有机衔接。同时，加强对农民的教育培训，提高广大农民资源节约和环境保护意识，自觉减少农业废弃物对环境的污染排放。

五、有关对策建议

（一）推进畜禽粪污资源化利用产业发展政策

1. 推动落实畜禽规模养殖场的治污主体责任 加强政府监管和责任考核，按照“谁污染、谁治理”的要求，倒逼企业建设污染防治配套设施并保持正常运行，或者委托第三方进行粪污处理，带动粪污资源化利用产业发展。

2. 推动落实畜禽粪污资源化利用终端产品补贴政策 将畜禽粪污资源化利用相关资金项目从建设施、保运行，向按终端产品数量和质量进行补贴，包括落实沼气发电上网标杆电价和上网电量全额保障性收购政策、开展有机肥生产补贴等，调动畜禽粪污资源化利用企业的生产积极性。

3. 推动出台畜禽粪污资源化利用产业发展的配套优惠政策 包括财政、税收、金融、用地、用电、用水等方面，通过“PPP”模式等方式引入社会资本和大型专业化企业参与畜禽粪污资源化利用产业发展。

4. 建立行业准入和产业负面清单制度 提高行业准入门槛，提升畜禽养殖场规模化程度和产业集中度，做大做强粪污资源化利用产业。

（二）推进地膜回收利用产业发展政策

1. 调整现有政策支持方式 在政策制定和项目安排上，由推广使用向回收利用转变，更加突出加工利用，通过先建后补、引入“PPP”模式等，扶持一批废旧地膜加工企业，提升技术水平和加工能力。

2. 着力稳定企业收益预期 建立废旧地膜再生产品保护价收购政策，防范市场波动风险。企业用电、用水、用地执行农用标准，降低企业生产成本。出台税收优惠减免政策，调动企业参与废旧农膜资源化利用积极性。

3. 完善生产则责任延伸试点制度 通过立法形式强化生产企业主体责任，加大政策扶持，确保企业责任与利益相匹配。推动企业建立健全废旧地膜回收体系，根据回收加工量，采取以奖代补方式给予适当补贴。扶持引导企业与农户建立长期合作关系。

（三）推进秸秆综合利用产业发展政策

1. 转变秸秆综合利用方式 推动秸秆综合利用产业逐步由以农用为主向非农用方向转变，由初级产品向中高端产品转变，强化中高端引领，提高秸秆资源化利用附加值，大力发展秸秆沼气、秸秆炭、有机液肥、纤维素浆粕、生化木素和生物质颗粒成型燃料等产品，推动建立以秸秆为原料的终端产品补贴制度，培育发展碳交易市场，促进秸秆综合利用产业发展。

2. 扶持一批秸秆综合利用重点骨干企业 遴选技术成熟、规模较大、产业化程度高、实现商业化运作的龙头企业，采取政府购买服务、“PPP”模式等，给予重点扶持和信贷支持，依托企业构建秸秆收储运体系和完整产业链条，完善利益联结机制，提高企业的产业带动能力。

3. 强化秸秆综合利用科技支撑 通过熟化一批新技术、改进一批新工艺、引进一批新装备、研发一批新产品，形成从农作物品种、种植、收获、秸秆还田、收储运到加工利用等全链条、全过程的技术规范和装备标准，提高秸秆综合利用的标准化水平和产品科技含量。

4. 落实秸秆综合利用产业配套扶持政策 推动落实企业用电、交通运输、产品营销、税收、信贷等方面优惠配套政策，营造良好的政策环境。

北方部分地区农村综合利用新能源缓解大气污染问题研究

（2018 年）

党的十九大报告提出：坚持全民共治、源头防治，持续实施大气污染防治行动，打赢蓝天保卫战。当前，我国社会主要矛盾已经转化为人民日益增长的美好生活需要和不平衡不充分的发展之间的矛盾，人民对美好生活的需要日益广泛，不仅包括物质文化生活，更有健康、环境等多方面要求。近年来，我国北方部分地区（本研究报告特指京、津、冀、晋、鲁、豫 6 个省份）大气污染十分严重，雾霾天气频繁发生。《2016 中国环境状况公报》显示，2016 年全国 338 个城市发生重度污染 2 464 天次、严重污染 784 天次，以 PM2.5 为首要污染物的天数占重度及以上污染天数的 80.3%。其中，有 32 个城市重度及以上污染天数超过 30 天，分布在新疆、河北、山西、山东、河南、北京和陕西，主要是华北地区。74 个重点监测实施城市中，空气质量最差的 10 个城市依次是衡水、石家庄、保定、邢台、邯郸、唐山、郑州、西安、济南和太原，主要也在华北地区。造成北方部分地区空气污染严重的主要原因包括工业排放、汽车尾气、建筑扬尘、燃煤排放、秸秆焚烧等诸多因素。从农村地区看，主要涉及燃煤排放和秸秆焚烧两个方面，而加强农村地区新能源综合开发利用是减少燃煤排放、杜绝秸秆焚烧、缓解大气污染的有效途径。

一、北方部分地区农村主要大气污染源现状分析

2017 年 8 月，环境保护部等部门印发《京津冀及周边地区 2017—2018 年秋冬季大气污染综合治理攻坚行动方案》，方案把稳固“散乱污”企业及集群综合整治成果和高架源稳定达标排放作为坚守阵地，把压煤减排、提标改造、错峰生产作为主攻方向，把重污染天气妥善应对作为重要突破口，要求全国“2+26”城市加强散煤污染综合治理，全面完成以电代煤、以气代煤任务，严格防止散煤复烧，加强煤质监督管理；强化面源污染防控措施，严格控制秋季秸秆露天焚烧。进一步明确了农村地区燃煤治理和秸秆禁烧两大方向。

（一）北方部分地区农村燃煤使用情况

据统计，2014 年北方部分地区能源消费结构中，煤炭占 72.3%，高于全国 6.7 个百分点；在燃煤作为生活能源消费中，农村占 71.1%，高于全国 29.9 个百分点。相关省份的煤炭消费及农村生活能源消费情况见表 1、表 2。

表 1　2014 年北方部分地区省份煤炭消费

单位：万吨标煤

地区	北京	天津	河北	山西	山东	河南
能源消费	6 831	8 145	29 320	29 863	36 511	22 890
其中：煤炭	1 240.4	3 591	21 168.7	26 848.7	28 258.9	17 321.7
比例	18.2%	44.1%	72.2%	89.9%	77.4%	75.7%

数据来源：中国能源统计年鉴，2015。

表2 2014年北方部分地区农村生活能源消费情况

单位：万吨标煤

	煤合计	油品合计	液化石油气	天然气	电力
北京	128.1	14.9	17.8	4.6	28.9
天津	45.1	23.4	13.1	1.3	24.2
河北	891.6	177.7	40.6	2.2	267.6
山西	456.2	38.9	7.3	5.7	70.1
山东	275.9	194.26	19.3	58.5	322.2
河南	310.6	147.6	75.2	13.2	246.9

数据来源：中国能源统计年鉴，2015。

可以看出，除北京、天津外，其他地区煤炭消费在能源消费中比例都超过70%，成为引发北方部分地区雾霾天气的重要推手。从各地燃煤污染对PM2.5的贡献看，北京占22.4%，天津占27%，河北高达50%以上，河南为31%。

1. 北方部分地区农村燃煤利用特点

（1）原煤消费比例大。2014年，北方部分地区农村居民生活能源消费中，原煤消费2 332.5万吨，占煤炭总消费量的79.1%。原煤的品质差、燃烧效率低下、污染控制措施弱，原煤散烧直接排放的污染量是火电用煤的5～10倍。环境保护部公布的资料显示，我国每年散煤消耗量在6亿～7亿吨，占全国煤炭消耗量的20%，仅次于电力行业；排放二氧化硫接近1 000万吨，排放氮氧化物320多万吨。

（2）劣质煤占农村消费市场主体。由于用户使用习惯，以及燃料的可靠性、稳定性、经济性和便捷性等原因，目前农村居民仍在大量购买使用廉价的劣质散煤，劣质煤占农村散煤市场的80%以上。这些劣质煤灰分和硫分含量高，其使用大多无除尘、脱硫等污染控制措施，而且低空排放，污染物排放量是工业燃煤的10倍左右。按北方部分地区农村居民约5 000万户计算，依照目前的农村能源消费水平，仅供暖季的煤炭消费总量就超过2 000多万吨，污染排放量相当于工业用煤2亿多吨。

（3）燃煤冬季集中排放问题突出。北方部分地区农村燃煤消费主要集中在冬季采暖兼做饭，其他季节主要使用液化气和电，如北京市2015年煤炭消费量的75%集中在冬季采暖期。而我国北方地区冬季正值逆温层频发、静稳天数集中，大气污染物扩散条件转差，容易诱发雾霾天气频发。

煤炭在使用过程中排放出大量污染物，主要包括碳氢化合物、多环芳烃、硫氧化合物、氮氧化合物、金属和非金属氧化物、氟化物、悬浮颗粒物等。以2012年为例，我国因煤消费产生的一次PM2.5、二氧化硫和氮氧化物排放量分别占污染物排放总量的62%、93%和70%。可以说，煤炭消费是形成我国雾霾等污染天气的重要因素。

从北方部分地区看，目前河北农村仍以煤炭作为主要能源，以小煤炉、小锅炉、茶浴炉为主的分散燃煤量达3 700余万吨，80%用于冬季取暖。采暖期散烧总量大、方式落后、排放强度高，是导致冬季雾霾频发、重污染天气较多的重要因素。统计数据显示，河北省农村每年耗煤约4 000万吨，燃煤排放二氧化碳7 440万吨、二氧化硫40万吨、粉尘43万吨。由于排放物不经处理直接排入大气，农村每年消耗燃煤排放的污染物比全省所有电厂排放量总和还要多，其中二氧化硫是所有电厂排放量的1.45倍，粉尘是所有电厂排放量的5.4倍。

从河南省看，目前农村地区煤炭消费占全省煤炭消耗的12%，农村地区生活用煤炭消费仅占全省煤炭消耗的5%。据测算，农村煤炭生活消费对PM2.5的贡献比例为2%左右。

2. 北方部分地区农村燃煤治理的主要政策措施 目前，随着大中城市和工业领域对燃煤利用进行技术改造和有效替代，农村地区燃煤治理逐步成为防治雾霾天气的重点和难点。为降低农村生活燃煤消费比例，加快淘汰劣质散煤，避免燃煤集中消费诱发雾霾天气，各地都出台了相应的政策措施。

（1）推进减煤换煤增效。北京市采取以奖代补方式对实施“减煤换煤”给予奖励，对减少的用煤按照200元/吨进行奖励，对更换为型煤和兰炭的按照200元/吨进行奖励，对农村住户更换为优质燃煤炉具的按照炉具购置价格的1/3进行补贴，每台最高补贴700元。河北省推广热效率在70%以上的高效清洁燃烧炉具，省财政按700元/台的标准进行补贴。天津市2015年更换农村炉具86万台，中央和市里安排扶持资金9亿元。

（2）实施煤改清洁能源替代。河北省对使用碳纤维电采暖、电采暖锅炉、空气源热泵采暖的农户，每户补贴2 700元；对推广太阳能采暖为主的农户，每户补贴1.5万元；对煤改气的农户，每户补贴2 700元；对使用地热采暖的农户或小区，每户补贴2 700元。北京市对完成“煤改电”任务的村庄，住户在晚21：00至次日6：00享受0.3元/度的低谷电价，同时市、区两级财政各补0.1元/度；对采用储能式电暖器取暖的住户，按照设备购置费用的1/3进行补贴，最高补贴2 200元；对安装空气源热泵、非整村安装地源热泵的住户，按照取暖住房面积每平方米补贴100元，每户最高补贴1.2万元；对住户取暖用终端设备按购置价格的1/3进行补贴，最高补贴2 200元。

（3）推广高效清洁煤。北京市在郊区推广无烟煤和洁净型煤，政府每吨补贴400～500元。山东省淄博市推广型煤和兰炭，每吨民用清洁型煤与兰炭补贴200元，每户按2吨进行补贴。河北省对使用洁净燃料的用户按当地洁净燃料补贴政策享受补贴。

（4）划分禁煤无煤区。河北省将廊坊、保定等环京津18个县（区）划为禁煤区，105万农户全部实施电代煤、气代煤改造。天津市在武清区开展无烟煤试点建设，除集中供热用煤外，其他全部由清洁能源替代，涉及政府补助资金67.7亿元，每年运行补助资金4.8亿元。北京市要求朝阳、海淀等7个重点区在2017年10月底基本实现无煤化。

（5）大力推广新能源。北京市对农村住户安装太阳能采暖设施的费用由市政府承担30%、住户承担1/3，剩余部分由区政府承担。河北省对使用生物质成型燃料为农户和农业生产单位供暖的，每吨补贴300元。2017年，石家庄市争取大气污染防治资金4 000多万元，实施煤改太阳能、煤改地热等1 700多户。

（6）健全服务保障体系。北京市建立优质型煤“供应、配送、质量监督”体系，保障优质型煤使用。天津市建立供煤企业、乡镇配送中心、村级服务站、用煤农户4级销售配送网络，组织中标的无烟型煤生产企业建立乡镇配送中心，财政补贴500元/吨，其中50元/吨用于村级服务站建设、450元/吨拨付至中标的无烟型煤企业。

3. 存在的主要问题 由于农村地区地广人稀、农民收入不高、补贴资金不足、技术推广不到位等原因，目前在农村燃煤治理方面还存在一些问题。

（1）农村燃煤难以大量替代。除北京、天津以外，其他地区煤炭消费在能源消费中均占有很大比例，一煤独大的格局难以短时期内根本扭转，一旦采取大量减煤或禁煤措施，而又没有更多更好的清洁能源来替代，很容易陷入新的能源短缺危机。例如，2017年冬季一些地方农村禁煤以后，导致部分中小学生搬到室外上课。

（2）基础设施投入和运营成本较大。我国北方农村地区户均电网线路容量只有2～3千瓦，用电代煤供暖需要达到9～10千瓦，涉及大规模农村电网改造等基础设施建设，用气代煤也存在管网建设、网点布局、后期维护等诸多问题，投入成本大。北京市实施天然气改造工程总投入高达2 000亿元，采用天然气供暖后，居民每年每立方米承担费用约为30元，而原先采用燃煤供暖仅需16元。

（3）农民收入偏低。相对于农民收入水平，农村用电、用气价格明显偏高，地方财力补贴标准偏低且不统一。例如，河北省散煤价格300～500元/吨，型煤价格800～1 000元/吨，无烟煤价格1 200元/吨，散煤具有明显的价格优势，加上清洁煤热值较低，农民自然偏好经济适用的散煤。2014年，京津冀晋鲁豫地区农村居民可支配收入分别为 18 867.3 元、17 014.2 元、10 186.1 元、8 809.4 元、11 882.3 元和 9 966.1 元，除了北京、天津、山东高于全国平均水平，河北、山西、河南 3 省均低于全国平均水平，按照一个采暖季户均使用 3 吨煤炭计算，选择散煤可以节约 1 000 多元，这对于农村居民来说是一笔不小的开支，一些地方农村居民能源消费“贫困”现象也比较突出。

（4）国家对新能源利用缺乏有效扶持。目前，我国对农村新能源开发利用的补贴主要集中在沼气领域，而且是在前端，在成型燃料、省柴节煤炉灶炕、太阳能热利用等方面的补贴政策不多。2013 年，国家还取消了成型燃料补贴政策，导致成型燃料产业发展举步维艰。对洁净煤等清洁能源的补贴，主要依靠地方财力，如果地方财政困难、补贴力度不够，推广起来就非常困难，如目前我国农村冬季采暖炉用户中，还有 80%的居民在使用低效炉灶、燃用劣质原煤。

（5）农房建筑多缺乏节能保温设施。北方部分地区多数农房建造方式传统、建筑材料陈旧、结构设计不合理、能源效率较低，单位面积供暖能耗量均超过 10 千克标煤/米^2，约 80%的农宅没有保温设施，这就造成冬季供暖能耗偏高，煤炭等能源使用量普遍增加。

（6）市场监管缺乏法律法规依据。目前，我国对散煤管理没有相应的法律法规，对民用优质煤、洁净型煤、清洁炉具等的质量和性能也没有统一标准，开展市场监管和执法检查缺乏相应依据，导致散煤、劣质煤和不合格炉具仍在农村大量使用。环境保护部督查发现，北京市在售散煤煤质超标率为 22.2%，天津市超标率为 26.7%，河北省唐山、廊坊、保定、沧州 4 市平均超标率达 37.5%。

（二）北方部分地区农村秸秆生产及综合利用

1. 秸秆生产及利用情况 2018 年中央 1 号文件提出：加强农村突出环境问题综合治理，推进农作物秸秆综合利用。目前，我国秸秆理论资源量达到 10.4 亿吨，可收集量 9 亿吨，其中玉米、水稻和小麦 3 类农作物秸秆占总量的 79.2%，秸秆已利用量为 7.21 亿吨，综合利用率达到 80.11%，其中秸秆肥料化、饲料化、基料化、燃料化、原料化利用量分别占已利用量的 53.93%、23.42%、4.98%、14.27%、3.40%，形成了秸秆农用为主、多元发展的格局，

但全国尚有 1.8 亿吨秸秆未得到有效利用，多数在田间就地焚烧。华北地区是我国粮食主产区，每年秸秆可收集资源量达 2.35 亿吨，已利用量为 2.1 亿吨，秸秆综合利用率 89.36%，虽然高出全国平均水平 9.25 个百分点，但是仍有 2 500 万吨秸秆没有得到有效利用，至少一半以上被就地焚烧，秸秆焚烧会产生大量的 CO、氮氧化物、苯及多环芳烃等有害气体，不仅严重污染大气、危害人体健康，还会破坏土壤结构，导致农田质量下降，极易引起森林草原火灾，是巨大的火灾隐患。

根据环境保护部卫星遥感监测的露天焚烧火点数比例估算，2015 年我国秸秆露天焚烧量约为 8 110万吨，总碳排放量约为 3 450 万吨，其中东北地区约占 74.1%。

面对秸秆禁烧屡禁不止的问题，环境保护部等在《京津冀及周边地区 2017—2018 年秋冬季大气污染综合治理攻坚行动方案》中提出了非常严厉的监管措施，要求强化地方各级人民政府秸秆禁烧主体责任，建立网格化监管制度。在秋收阶段开展秸秆禁烧专项巡查。实行严格问责，加强监督检查，充分利用卫星遥感等手段密切监测各地秸秆禁烧情况，对未监管到位造成区域环境影响的，严格追究相关地方政府及相关部门主要负责人责任；对重污染天气预警期间出现秸秆焚烧的，一律严肃问责。

2016 年，财政部会同农业部选择农作物秸秆焚烧问题较为突出的河北、山西、内蒙古、辽宁、吉林、黑龙江、江苏、安徽、山东、河南 10 个省份开展农作物秸秆禁烧和综合利用试点，中央财政安排资金 10 亿元，采取“以奖代补”的方式，由试点省根据试点任务自主安排，用于支持秸秆综合利用的重点领域和关键环节。在坚持农用为主的基础上，可以因地制宜发展以秸秆为原料的农村沼气集中供气工程、秸秆成型燃料等能源化利用，积极推进已经形成一定产业规模的生物质燃油、乙醇、秸秆发电等秸秆工业化发展。目前，该项目已连续实施 3 年（表 3）。

表 3 2016 年北方部分地区秸秆综合利用情况

单位：万吨

	可收集量	已利用量	肥料化	饲料化	燃料化	基料化	原料化
全国	82 357.41	67 269.24	38 869.03	14 815.97	9 711.99	1 837.87	2 034.38
北京	73.47	72.11	47.44	23.14	1.02	0.51	
天津	220.18	213.80	162.93	33.03	8.81	0.22	8.81
河北	5 870.79	5 621.17	3 876.10	1 376.26	240.77	71.69	56.35
山西	1 430.17	1 269.62	806.39	355.41	90.56	8.32	8.94
山东	8 527.26	7 482.49	4 709.1	1 486.18	562.9	343.01	381.30
河南	7 396.17	6 361.23	5 025.37	954.18	190.84	63.61	127.22

2017 年 4 月，农业部办公厅遴选发布了秸秆农用十大模式，分别为东北高寒区玉米秸秆深翻养地模式、西北干旱区棉秆深翻还田模式、黄淮海地区麦秸覆盖玉米秸旋耕还田模式、黄土高原区少免耕秸秆覆盖还田模式、长江流域稻麦秸秆粉碎旋耕还田模式、华南地区秸秆快腐还田模式、“秸-饲-肥”种养结合模式、“秸-沼-肥”能源生态模式、“秸-菌-肥”基质利用模式和“秸-炭-肥”还田改土模式，为管制秸秆禁烧行为、推动秸秆综合利用提供了典型经验。

2. 秸秆禁烧屡禁不止的原因

（1）秸秆产生量不断增加，传统利用方式逐渐减少。与 1990 年相比，2015 年秸秆资源总量增加了近 4 亿吨；与此同时，我国城镇化率从 26.4％提高到 56.1％，乡村人口数量大幅减少，种植业和养殖业逐渐分离，电能、天然气等商品能源广泛应用……作为传统家庭生活能源和牲畜饲料的秸秆用量也伴随着农民生活和农村生产方式的改变不断降低。据统计，农村生活能源中秸秆消耗量（以标煤计）20 余年来下降了 0.42 亿吨，其在农村生活能源中所占的比例也从 45％降低至 27％。秸秆产量大，综合利用出路少、不畅通是秸秆焚烧的症结所在。

（2）秸秆利用机会成本不断增加，农户利用秸秆意愿不强。一方面，焚烧秸秆是传统的老习惯，许多农民认为焚烧秸秆可减少病虫害发生，等于为来年耕种施一次肥，且省了搬运辛苦和存放不便的问题。另一方面，近年来我国农业就业人数和比例持续减少，导致劳动力价格增长较快，农民从事相同工时所得到的收益远远大于秸秆利用。调查结果表明，农户自行收集和运输秸秆的成本每亩为 67 元，每人每天的净收入则不足 100 元，令农民感到耗时费力，无利可图；采取秸秆机械化还田的成本每亩也在 40～80 元，不划算。东北农民无奈地说：“不烧秸秆种不了田、运出秸秆白种田”。因此，从投资与收益角度上讲，不断推高的秸秆利用机会成本，极大地降低了农户秸秆综合利用的积极性。

（3）秸秆利用机制不通畅，产业化程度不高。一方面，受收储运成本高、关键技术薄弱、欠缺成熟商业模式、政府扶持力度不够等因素影响，秸秆综合利用企业投入高、产出低，“成本地板”与“价格天花板”直接导致现有企业大多规模小、效益差，秸秆综合利用市场化、产业化步履艰难。另一方面，相关部门尚未形成协同推进的工作局面，缺乏普惠性政策。发展和改革、农业、财政、环保等部门“九龙治水”，没有形成真正合力；现已出台的政策大多集中在秸秆禁烧、农机补贴、大气污染治理等方面，在秸秆利用各个环节的用地、电价、收储运体系建设、终端产品应用等方面缺乏普惠性的扶持政策。“政策少、不系统、不配套、难落地”，导致秸秆综合利用执行效果大打折扣。

3. 秸秆焚烧排放污染量测算 曹国良等按秸秆露天焚烧比例占被废弃的 1/2 估算，研究了我国秸秆露天焚烧排放的 TSP（总悬浮颗粒物）等污染物清单，结果表明 2003 年全国秸秆焚烧碳排放量约为 5 720 万吨。赵建宁等参照曹国良的研究方法计算得出，2008 年我国秸秆焚烧量为 9 400 万吨，约占粮食作物秸秆总量的 19%，总碳排放量为 4 460 万吨。李飞跃和汪建飞等研究表明，2010 年我国秸秆焚烧量约为 1.28 亿吨，约占秸秆总量的 22%，总碳排放量约为 5 430 万吨。

本研究组利用环境保护部公布的卫星监测秸秆焚烧火点数对各区域秸秆焚烧量进行计算显示，目前我国秸秆露天焚烧量约为 8 110 万吨，约占全国秸秆量的 7.8%。同时，根据秸秆焚烧排放因子计算出总碳排放量约为 3 450 万吨，结合每吨标煤二氧化碳排放因子，相当于 4 560 万吨标煤释放碳量（表 4）。

表 4　不同区域卫星遥感监测农作物秸秆焚烧总碳排放量估算

区域	秸秆未收集量（$\times10^4$ 吨）	焚烧比例（%）	秸秆焚烧量（$\times10^4$ 吨）	CO 排放量（$\times10^4$ 吨）	CO_2 排放量（$\times10^4$ 吨）	CH_4 排放量（$\times10^4$ 吨）	总碳排放量（$\times10^4$ 吨）
黄淮海区	8 032.9	8.4	671.2	68.6	933.2	1.5	285.0
西北区	5 131.5	20.1	1 031.1	105.4	1 433.7	2.3	437.9
东北区	9 556.7	63.0	6 020.6	615.3	8 371.0	13.2	2 556.6
东南区	5 576.8	3.5	193.1	19.7	268.5	0.4	82.0
西南区	3 896.6	5.1	198.3	20.3	275.7	0.4	84.2
全国	32 194.4	25.2	8 114.3	829.3	11 282.1	17.8	3 445.7

本研究组根据曹国良等提供的秸秆露天焚烧排放清单因子，即 TSP（总悬浮颗粒物）11 克/千克、PM10（可吸入颗粒物）5.77 克/千克、SO_2（二氧化硫）0.4 克/千克、NO_x（氮氧化物）2.5 克/千克、NH_3（氨气）1.3 克/千克、CH_4（甲烷）1.68 克/千克、EC（元素碳）0.69 克/千克、OC（有机碳）3.3 克/千克、VOC（有机挥发物）15.7 克/千克、CO（一氧化碳）56.4 克/千克、CO_2（二氧化碳）1 515 克/千克的标准，按照秸秆未利用量的一半被焚烧，对华北地区秸秆焚烧排放污染物进行了测算，结果如表 5。

表 5　2016 年华北地区秸秆露天焚烧产生各种污染物的排放量

单位：万吨

	焚烧量	TSP	PM10	SO_2	NO_x	NH_3	CH_4	EC	OC	VOC	CO	CO_2
河北	124.8	1.05	0.72	0.05	0.31	0.16	0.27	0.09	0.41	1.96	9.26	189.05
山西	80.3	0.68	0.46	0.03	0.20	0.11	0.18	0.06	0.27	1.26	5.95	121.55
山东	522.4	4.40	3.01	0.21	1.31	0.68	1.15	0.36	1.72	8.20	38.76	791.42
河南	517.5	4.36	2.99	0.21	1.30	0.67	1.14	0.36	1.71	8.12	38.40	784.07

注：北京、天津没有秸秆焚烧现象。

秸秆焚烧主要排放物为二氧化碳和一氧化碳，也有其他有害物质。根据秸秆综合利用规划，到 2020 年全国秸秆综合利用率要达到 85%以上。目前，我国秸秆利用以还田为主，燃料化率只占 14.27%。随着田间秸秆还田量日益饱和并带来许多负面影响，必须拓展秸秆其他利用空间，开展秸秆能源化利用是提供农村新能源、缓解大气污染的重要途径。

二、北方部分地区农村综合利用新能源缓解大气污染主要路径及成效分析

1980 年召开的“联合国新能源和可再生能源会议”将新能源定义为“以新技术和新材料为基础，使传统的可再生能源得到现代化的开发和利用，用取之不尽、周而复始的可再生能源取代资源有限、

对环境有污染的化石能源，重点开发太阳能、风能、生物质能、潮汐能、地热能、氢能和核能（原子能）”。从北方部分地区农村来讲，新能源开发的重点主要是太阳能和生物质能（包括沼气）。发挥华北地区资源优势，大力开发太阳能、沼气和其他生物质能，积极推进秸秆能源化利用，是减少农村燃煤使用、杜绝秸秆直接焚烧、改善农村用能结构、缓解大气严重污染的有效措施。

（一）积极推进农村沼气转型升级

1. 农村沼气发展情况 农村沼气技术主要以畜禽粪污为原料，通过厌氧发酵等方式，将粪便中的有机物转化成简单的有机酸，再将简单的有机酸转化为甲烷和二氧化碳。目前，我国沼气推广技术包括户用沼气和大中小型沼气工程。我国户用沼气始于20世纪80年代初，并在国家沼气国债项目的大力支持下得到迅速发展，为缓解当时农村能源紧张和肥料不足的矛盾作出了突出贡献；但是，随着规模化畜禽养殖业发展及农村劳动力大量外出就业等，户用沼气发展受到限制。2015年，国家启动农村沼气工程转型升级，由重点发展户用沼气向规模化生物天然气和大型沼气工程转型，重点支持大规模沼气工程和生物天然气工程，取得了良好的经济效益、社会效益和生态效益（表6、表7）。

表6　2016年华北地区户用沼气发展情况

	沼气用户（万户）	年末累计（万户）	本年利用（万户）	年产气量（万米^3）	集中供气户数（万户）
全国	4 381.08	4 161.14	3 202.14	1 178 696.49	219.94
北京	4.53	0.25	0.05	13	4.28
天津	6.74	4.86	3.4	1 023.4	1.88
河北	272.3	263.8	193.36	60 617.56	8.5
山西	77.81	70.88	23.65	6 485.54	6.93
山东	264.73	248.63	194.66	69 922.09	16.1
河南	419.77	383.12	314.99	101 154.25	36.65

表7　2016年北方部分地区沼气工程建设情况

	年末数（处）	总池容（万米^3）	年产气量（万米^3）	供气户数（万户）	其中：处理农业废弃物工程（处）	其中：大中型沼气工程（处）	其中：小型沼气工程（处）
全国	113 440	2 013.41	269 879.19	212.45	113 182	17 999	95 183
北京	117	7.06	1 674.6	4.25	117	73	44
天津	841	6.16	1 545.75	1.82	441	432	409
河北	2 908	55.39	9 764.76	6.84	2 900	275	2 605
山西	428	9.81	2 473.02	5.86	428	162	266
山东	8 317	147.7	20 924.69	15.4	8 269	690	7 579
河南	6 233	187.86	40 352.23	34.97	6 204	1 670	4 534

据测算，建设1处1万米^{3}的沼气工程，年可产沼气300万米^{3}以上，年可消纳6万吨粪便或1.2万吨干秸秆，可替代约2 284吨标准煤，可减少COD排放约3 000吨或颗粒物排放180吨。1处日产500米^{3}沼气的规模化沼气工程，每年可生产沼肥1 000吨，按氮素折算可减施43吨化肥，沼液作为生物农药长期施用可减施化学农药20%以上。从河北省大中型沼气工程运行效果看，据统计，截至

2016 年底，全省处理农业废弃物大中小型沼气工程 2 900 处，其中大中型沼气工程运行 292 处，总池容 52.32 万米^3，年产气量 9 093.62 万米^3，年可处理畜禽养殖粪便、秸秆等农业废弃物约 1 000 万吨，可替代化石能源约 1 100 万吨标准煤，减排二氧化碳约 40 万吨。

2. 河北省安平县“热、电、气、肥”联产循环农业模式 河北京安生物能源科技股份有限公司通过沼气发电项目、生物天然气项目及热电联产项目，建设污水处理厂、沼气发电厂、生物质热电厂和有机肥厂，对京安养殖场及安平县域内畜禽粪污、废弃秸秆等农牧业废弃物进行综合治理，整县推进，通过发酵制沼、沼气发电、生物质直燃发电、城市集中供热、有机肥生产等产业，打造了完整的“热电气肥”联产跨县循环模式，形成了 3 种可复制、可推广的技术路线：一是畜禽废弃物资源化利用。采取具有自主知识产权的低浓度有机废水高效厌氧发酵制取沼气专利技术，解决了沼气生产波动大的难题，实现了全天候持续稳定产气，成为北方第一家利用畜禽粪污并网发电的沼气发电企业。二是农林废弃物能源化利用。引进世界先进热电联产技术，通过燃烧农作物秸秆等生物质，解决居民冬季取暖集中供热需求。三是污水处理、中水利用。利用微生物回流技术，日处理污水 5 万吨，处理后达到国家一级 A 类处理标准。

该模式年可提纯生物天然气 700 万米^3 供应周边 2 万户居民炊用取暖和 CNG 加气站；年可利用废弃秸秆 30 万吨，发电 2.4 亿度。2017 年，时任国务院副总理汪洋在全国畜禽养殖废弃物资源化利用工作会上对“安平模式”给予充分肯定及推广建议：“河北安平通过大型沼气工程这样的纽带推进畜禽粪污能源化肥料化利用，不仅大幅提高了全县畜禽养殖废弃物综合利用率，还培育出了电气热肥一体资源化利用产业。安平的做法不错，我看除了东北这一带以外，西北基础条件好的地区也可以做”。

3. 河北省定州市规模化生物天然气“PPP”模式 该模式由定州市政府与四方格林兰定州清洁能源科技有限公司以“PPP”模式合作建设，总投资 2 亿元。项目以畜禽粪便和玉米秸秆为主要原料，沼气经提纯后加工成为清洁环保的生物天然气；沼渣添加一定比例的氮、磷、钾，制成有机肥料；沼液用于农田灌溉。2017 年 5 月运行后，年可处理畜禽粪污 18.25 万吨、青贮玉米秸秆 8.28 万吨，年产生物天然气 730 万米^3、生物有机肥 4 万吨、工业用液态二氧化碳气 5 000 吨；冬季可满足 1 900 户农民炊事和清洁取暖，每年可替代燃煤约 10 000 吨，减少碳排放约 12 万吨，实现年产值 5 200 万元（图 1）。

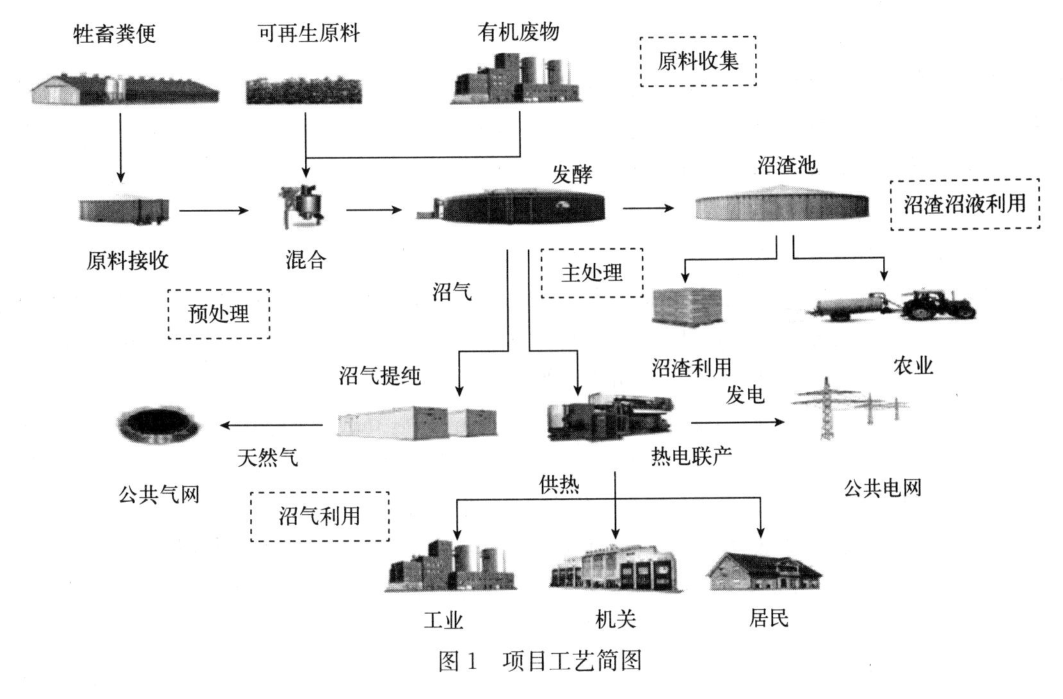

图 1　项目工艺简图

（二）积极推进太阳能热开发利用

1. 太阳能热利用情况 太阳能热利用主要是用太阳能集热器将太阳辐射能收集起来，通过与物质的相互作用转换成热能加以利用。目前，我国太阳能热技术推广主要包括太阳能热水器、太阳灶、太阳房、太阳能温室、太阳能光伏发电及太阳能路灯。太阳能热是一种取之不尽、用之不竭的低成本、高效清洁能源，对于解决农村地区冬季取暖问题、有效替代燃煤消费具有重要作用。各地都对太阳能热利用给予了大力支持（表8）。

表8 2016年华北地区太阳能热利用情况

	太阳能热水器（万台）	太阳灶（台）	太阳房（处）	小型光伏发电（处）
全国	4 770.84	2 279 387	292 674	367 917
北京	51.73	120	10 865	168 768
天津	41.02	0	2	0
河北	468.05	51 283	18 117	17 391
山西	184.14	69 435	15	3 600
山东	839.16	4 758	886	2 355
河南	381.37	0	40	10 084

北京市对农村住户在自有住房、村集体在公用建筑上安装太阳能采暖设施的费用由市政府固定资产投资承担30%、农村住户或村集体承担1/3、剩余部分由区政府承担。

河北省对住宅保温措施到位、经济条件较好的农户，推广太阳能采暖为主、其他能源为辅的采暖模式，财政每户补贴1.5万元。目前，河北省在农村大力实施“太阳能＋生物质能”“太阳能＋天然气”“太阳能＋空气能”“太阳能＋电”等多种技术模式的试点示范，累计示范达到5 000余户，年可替代散煤1.5万吨。

河南省把村级光伏小电站建设作为光伏扶贫的重点强力推进，在光照资源较好的地区因地制宜建设村级光伏小电站，保障扶贫对象获得20年以上稳定收益。截至2017年10月底，全省已建成村级光伏小电站4 500个，总规模54万千瓦，累计发电9 800万度，总收益约9 400万元，覆盖贫困户近11万户。“十三五”期间，河南省还将新建6 946个村级小电站，总投资约120亿元。

2. 河北省承德市户用分布式光伏发电取暖模式 该模式利用屋顶及附属场地建设装机容量不超过6兆瓦，且在10千伏及以下电压等级接入的户用分布式光伏电站。光伏电站由太阳能电池组件和逆变器等设备组成。户用分布式光伏电站与居民电采暖连接，光伏电站自发自用余电上网，在供给居民生活取暖用能之余，余电上网享受电价补贴，实现太阳能-电能-居民取暖的良性循环。

分布式光伏发电上网可选用“自发自用、余电上网”或“全额上网”中的一种模式。“自发自用、余电上网”模式的收益为自用电量和余电上网电量两部分，自用部分的收益为国家补助＋自用节约电费，余电上网部分的收益为国家补助＋燃煤机组上网标杆电价；“全额上网”模式的收益，执行光伏地面电站上网标杆电价。国家补贴的执行期限原则上为20年。

户用分布式光伏发电投资少、效益高，按每户5千瓦为例，每年发电量7 000度左右，按“自发自用、余电上网”模式，自用电部分占15%，3年内每度电1.00元，年收入7 000元以上；3年后每度电0.80元，年收入5 600元以上，一般5～8年可收回建设成本，年收益率为12%～20%。

3. 河北省临西县绿色村镇技术模式 该模式在临西县东留善固村80户别墅用户试点，项目总投资600万元，其中省级补贴300万元、农户自筹约300万元（主要用于地暖、地板砖铺设及其他费用）。项目采用分户太阳能光伏发电＋空气源热泵＋外墙保温采暖模式（图2、图3）。每户建立一座2千瓦太阳能光伏并网发电站，以全部上网计量模式向国家电网售电，全年发电所得的收入用来冬季空气源热泵采暖之用。

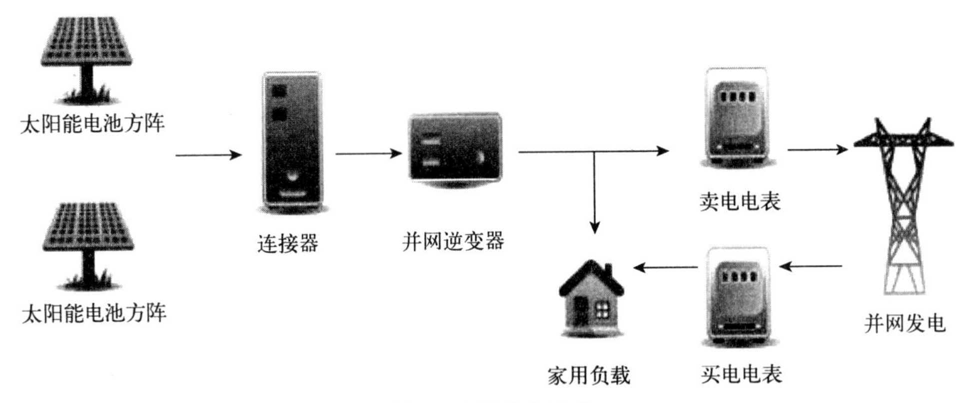

图 2 光伏发电系统

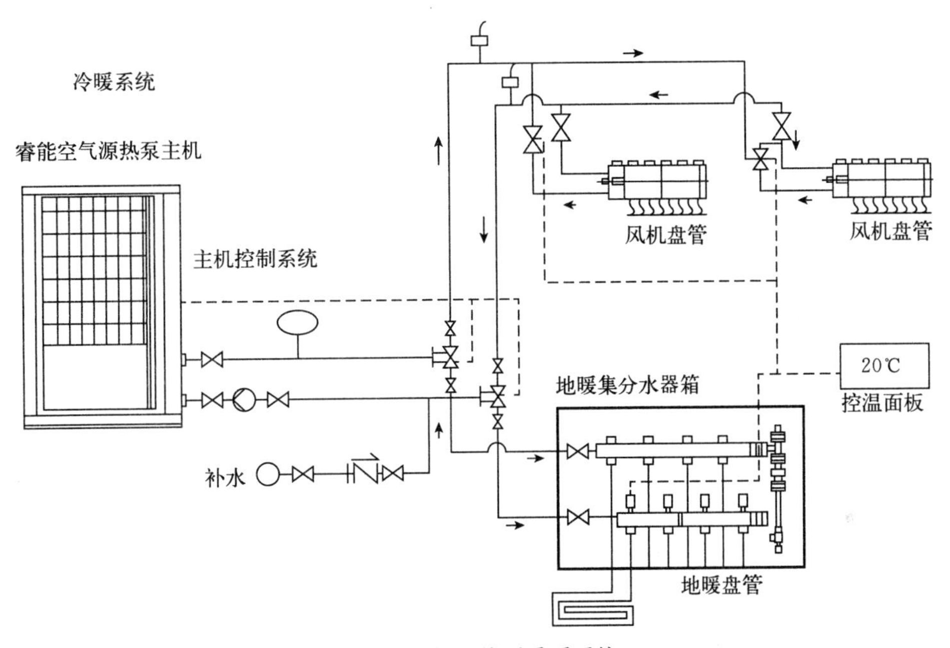

图 3 空气源热泵采暖系统

据测算，2 千瓦光伏电站每年发电收入 2 508 元，20 年收入 50 160 元，折合标煤（按市价 600 元计算）83.6 吨。而据专家统计，每节约 1 吨煤，同时减少污染排放 2 493 千克二氧化碳（CO_2）、75 千克二氧化硫（SO_2）、37.5 千克氮氧化物（NO_x）、680 千克碳粉尘。这样的话 20 年可减少污染排放二氧化碳（CO_2）266.75 吨、二氧化硫（SO_2）8 吨、氮氧化物（NO_x）4 吨、碳粉尘 72.76 吨。

（三）积极推进秸秆能源化利用

1. 秸秆能源化利用情况 能源化利用主要包括秸秆固化成型、秸秆气化、秸秆沼气和秸秆炭化等技术。其中，秸秆固化成型是利用木质素充当黏合剂将松散的秸秆等农林废弃物挤压成颗粒、块状和棒状等成型燃料，具有高效、洁净、点火容易、二氧化碳零排放、便于运储、易于实现产业化生产和规模应用等特点；既可用于农村炊事取暖，也可以作为农产品加工业、设施农业（温室）、养殖业等区域供热燃料，还可以作为工业锅炉和电厂的燃料，替代煤等化石能源。秸秆气化是以秸秆等生物质为原料，以氧气（空气、富氧或纯氧）、水蒸气或氢气等作为汽化剂，在高温条件下通过热化学反应将生物质中可燃的部分转化为可燃气的过程，秸秆汽化后燃烧使用，干净卫生，还可进行集中供气（表 9）。

表 9　2016 年北方部分地区秸秆燃料化利用情况

	秸秆热解气化集中供气		秸秆沼气集中供气		秸秆固化成型		秸秆炭化	
	运行数（处）	供气户数（万户）	运行数（处）	供气户数（万户）	数量（处）	年产量（吨）	数量（处）	年产量（吨）
全国	257	9.8	330	7.49	1 362	4 902 847	106	287 647
北京	14	0.63	2	0.03	2	1 100		
天津	3	0.07	1	0.06	6	27 000	1	21 000
河北	8	0.46	20	1.66	325	890 576	5	21 180
山西	40	1.23	11	1.07	13	5 800		
山东	46	1.56	13	0.7	101	265 653	3	15 900
河南	3	0.11	45	1.69	62	470 810	4	10 300

2. 河北省青县秸秆沼气产业化综合利用模式　由河北耿忠生物质能源开发有限公司组织实施，以“秸秆中温高浓度发酵制取沼气工艺技术及相关设备开发研究”（国内首创）以及“基于秸秆沼液等含腐殖酸水溶肥料的研制”（国际先进水平）科技成果为依托，通过建设大型、特大型秸秆沼气工程，利用玉米、小麦等农作物秸秆制取沼气供应居民生活用气或提纯成“生物天然气”供车用或工业使用，秸秆制沼气后的沼渣、沼液经深加工制成含腐植酸水溶肥、叶面肥或育苗基质等，应用于蔬菜、果树及粮食生产，实现秸-沼-肥良性循环。

从经济效益看，1 米^3 沼气的热值与 0.5 千克液化气的热值相当，但价格要低 1.3 元，按每户每天使用 1 米^3 沼气计算，一年可节省燃气费 474.5 元。沼气站每生产 1 米^3 沼气能得利润 0.4 元，一个 1 000 米^3 的沼气工程年可赢利 14.6 万元；还有年产沼渣 1 200 米^3 左右，收入 3.6 万元。此外，还可以通过生产有机肥等创造更多价值。

从减排效果看，以 1 000 米^3 秸秆沼气工程为例，每户每天使用秸秆沼气，可减少燃烧秸秆 5 千克，1 000 户居民每年减少直接燃烧秸秆 1 825 吨、节约标煤 260 吨、减排 CO_2 676 吨、减排 SO_2 2.21 吨、减排 NO_x 1.92 吨、减排粉尘 0.31 吨，减少了大气污染。

3. 河北省平泉市炭、电、热、肥多联产利用模式　该模式是基于生物质热解气化原理，以生物质为原料，通过生物质热解气化发电多联产新工艺，在高温、限制氧气的条件下发生热分解，使生物质大分子（纤维素、半纤维素、木质素）分解成小分子的可燃气、生物质炭、生物质提取液。该模式将生物质气化发电、活性炭、余热利用、活性炭肥生产等多种技术有机结合，在一条生产线上实现了活性炭、发电、冬季供暖、热水供应、炭基肥、植物源液体肥等多种产品，解决了长期困扰我国生物质气化发电联产活性炭关键技术（图 4）。

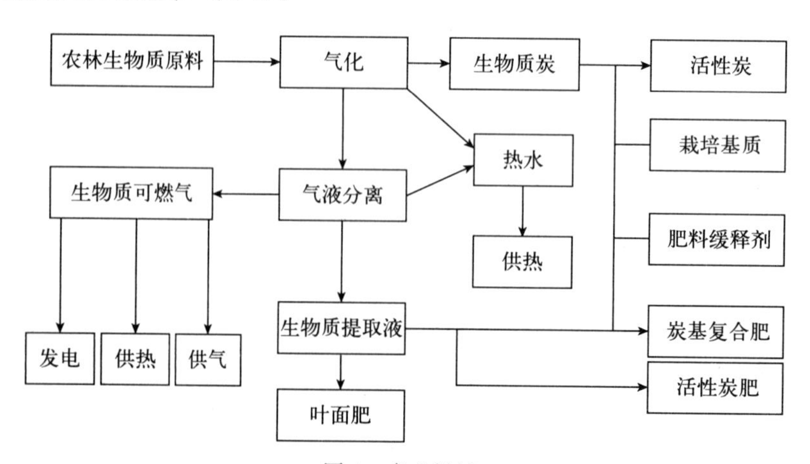

图 4　产业链流

从运行效果看，5 兆瓦生物质发电多联产项目，年消耗生物质原料约 6 万吨，每年发电 4 200 万度（0.75 元/度），价值 3 150 万元；生产活性炭 1.2 万吨（9 000 元/吨），价值 1.08 亿元；热水（80 ℃）40 万吨（20 元/吨），价值 800 万元；提取液 1.44 万吨（生产液体肥约 3 万吨，5 000 元/吨），价值 1.5 亿元；总产值约 2.975 亿元。另外，节约标煤约 1.68 万吨，减排 CO_2 约 4.2 万吨，减排 NO_x 约 630 吨，减排 SO_2 约 1 260 吨，1.2 万吨活性炭固定 CO_2 约 3.6 万吨，产生良好的经济、社会和环境效益。

4. 河北省三河市车用生物天然气示范模式 三河天龙新型建材有限公司规模化生物天然气工程年处理农作物秸秆 9 万吨，畜禽粪便 2 万吨；日产沼气 3.23 万米^3，经过压缩提纯后日产生物天然气 1.8 万米^3；生产过程中所产生的沼渣、沼液全部制成固态有机肥、液态有机肥。该模式以“水解预处理＋CSTR 厌氧发酵＋独立储气膜＋沼气净化提纯增压＋沼肥综合利用”作为核心处理工艺，不但解决了区域秸秆等农业废弃物、畜禽粪污等环境污染问题，还可提供新型能源，节能减排，清洁空气，同时生产有机肥料，发展生态循环农业（图 5）。

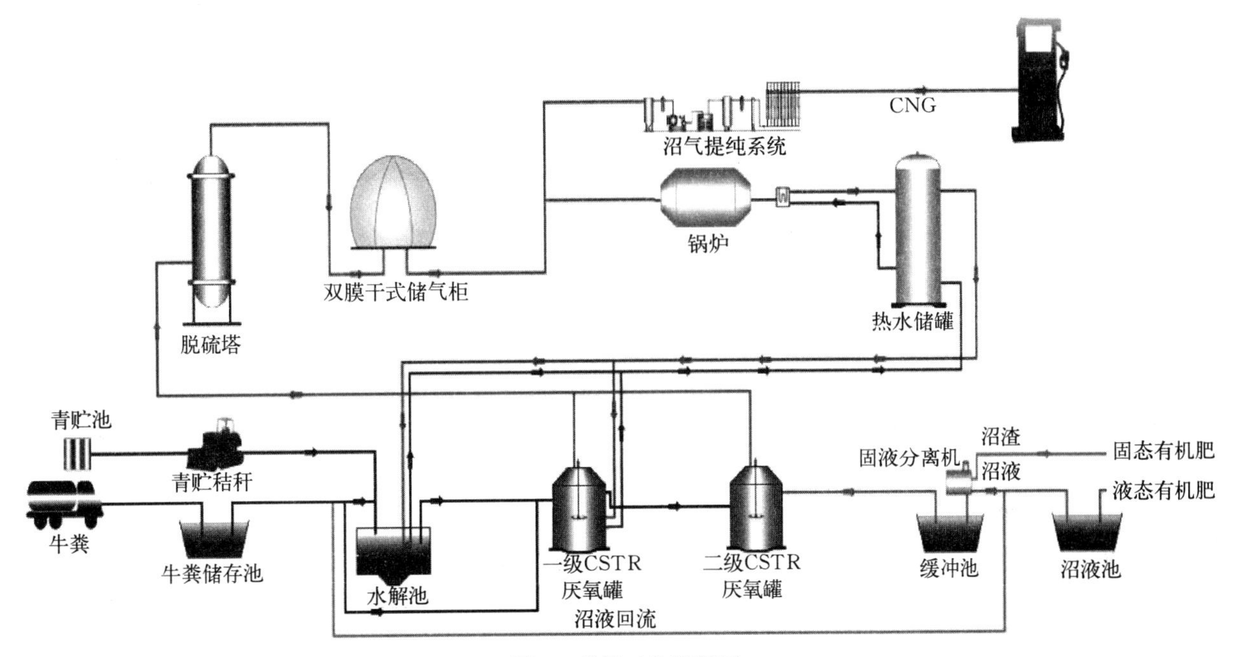

图 5 项目工艺流程图

项目建成后，可年产生物天然气约 528.33 万米^3，替代 6 340 吨标煤燃烧；年可生产沼渣肥 1.97 万吨，生产沼液肥 1.5 万吨；每年减少 CO_2 排放 2.87 万吨，减少 SO_2 排放 196 吨，对 COD 的减排也具有重要意义，具有良好的综合效益（图 6）。

三、北方部分地区农村综合利用新能源缓解大气污染存在的主要问题及对策建议

（一）存在的主要问题

1. 产业化推进程度较低 我国规模化畜禽养殖场每年产生畜禽粪污 20.5 亿吨，仍有 56%未得到有效利用；秸秆综合利用率虽然超过 80%，但是主要以简单还田为主，真正产业化利用率不高。在农村沼气建设方面，沼肥市场还未成熟，沼渣沼液以自产自用为主，尚未形成有机肥产、供、销产业链条，利用方式简单粗放，利用规模较小，综合效益不高。沼气以直接使用为主，高值转化存在体制机制方面制约，收益不高。沼气工程的生态效益未能充分体现，生态终端补贴政策缺位，产业链条不

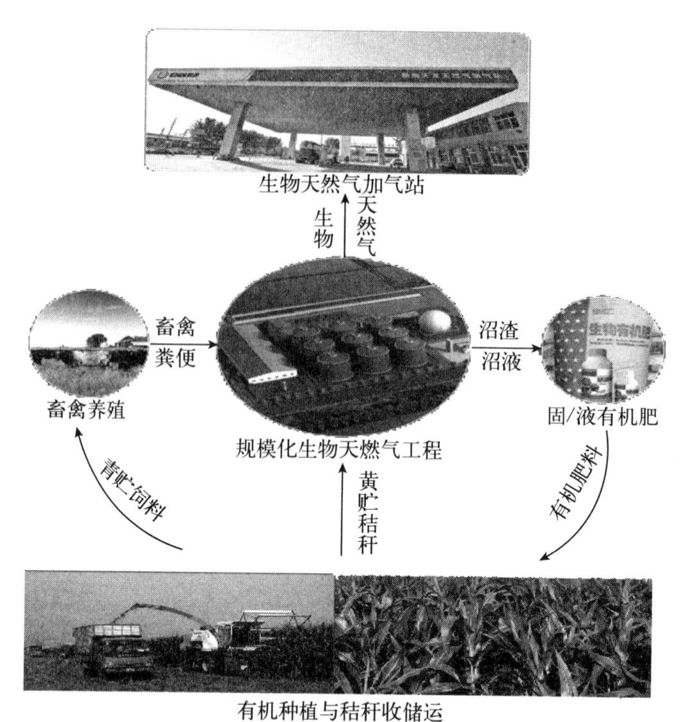

图6　生态能源循环经济模式图

完整，直接影响工程效益，导致相当一部分企业处于亏损状态。在秸秆利用方面，由于农作物秸秆具有能量密度低、热值不高、种类繁多、难以运输收储等特性，在综合利用产业化过程中还存在许多技术和管理方面的现实困难，加上缺乏系统配套的扶持政策，造成目前秸秆综合利用产业化程度普遍偏低，普遍存在收储运难、仓储设施条件较差、技术水平有限、产业化工艺落后、引导性资金投入不足、企业往往无利可图、参与积极性不高等不利因素。

2. 政策严重缺失　对农村可再生能源的补贴主要集中在沼气领域，在成型燃料、省柴节煤炉灶炕、太阳能热利用等方面的补贴政策不多。但是，从沼气来看，由于沼气项目前期建设投入大，日常运营、维护投入成本较高，导致由沼气提纯的生物天然气及沼气发电成本居高不下，而目前政府的相关补贴政策仍然停留在项目的基础设施和工程建设层面，在销售终端的价格补贴方面严重缺失，导致很多规模化沼气企业处于亏损状态。另外，在沼气发电上网和生物天然气并入城镇天然气管网等方面还存在许多歧视和障碍，受天然气价格下降、燃气特许经营权的双重制约，沼气、生物天然气取暖难以享受“气代煤”补贴政策，造成了沼气和生物天然气的市场竞争能力不强。在秸秆综合利用方面，存在秸秆还田补贴标准过低、秸秆存储场地用地指标解决困难、部分秸秆收储运和加工机械未纳入农机补贴范围等问题。

3. 运营成本居高不下　新能源开发利用产业链条长，原料量大分散、成分复杂，收集、运输、销售难度大，生产经营成本居高不下。例如，沼气生产包括原料收集加工、沼气发酵、增温保温、净化储存、输送使用等过程，据河北省调查，生产每立方米沼气成本在1.8元左右。养殖场沼气工程一般离农村2千米以上，为农户集中供气，管网铺设难度大、投资大，供气积极性不高。从秸秆利用看，由于秸秆量大、收购价格偏低，加上收集、运输和存储的人工和场地成本，几乎无利可图，有的农民宁可将其还田甚至焚烧，也不卖给公司。另外，受制于农作物生长的季节性和规模化生产的连续性，大量原料存储的成本也不容忽视。

4. 保障存在隐患　新能源开发利用的原料和产品大都是易燃、易爆、易污染的产品。一堆秸秆就是一个庞大的着火点，一罐沼气就是一个危险的爆炸物，一车畜禽粪便就是一个严重的污染源，一吨劣质煤就是一个巨大的污染排放源。在农村新能源开发利用过程中，必须对原料和产品的安全隐患引起高度重视。一些地方和企业由于经营管理不善、操作使用不当，出现严重的安全事故，给企业和个人生命财产带来严重损失。

5. 使用积极性不高 农村劳动力大量外出就业，留在农村的大多是老人、妇女和小孩，能源需求量不大，加上开发沼气等新能源，需要的劳动力和人工成本过高，农民更喜欢安全卫生、便捷高效的电、气等清洁能源，而对收入低的农户，更喜欢传统价低的煤炭、薪柴等能源，对沼气等新能源的接受程度不高。

（二）相关对策建议

推进北方部分地区农村新能源综合开发，必须立足我国农村能源消费现状和结构不断优化升级需要，结合农村生活特点、资源禀赋、消费习惯和承受能力，以燃煤清洁高效利用为重点任务，以煤改电、煤改气等为有益补充，以沼气、太阳能、生物质能等可再生能源为发展方向，加大基础设施建设，推动产业发育发展，强化政策扶持力度，加强市场监管处罚，逐步推动农村居民积极主动地使用高效清洁能源，实行多能互补、综合利用。

1. 农村减煤替代，大力发展农村新能源 实施农村煤改电、煤改气、煤改太阳能、煤改地热等清洁能源替代工程，逐步减少燃煤使用，杜绝散煤和劣质煤流通，逐步扩大电能替代范围，科学布局液化气网点供应，因地制宜地利用浅层地能，稳步推动农村城镇化建设，推动有条件的地方逐步淘汰燃煤小锅炉，实行冬季集中供暖；打造一批区域无煤化试点示范区，开展煤改电（气、太阳能、生物质能、地热等）技术综合试点示范，辐射带动周边农村燃煤治理。加快发展沼气、太阳能、生物质能等农村新能源，以沼气和生物天然气为主要处理方向，推进畜禽养殖废弃物的能源化利用；以秸秆颗粒成型燃料、秸秆沼气和生物天然气为重点，推进秸秆能源化利用；以太阳能热水器、太阳房、太阳能路灯、小型光伏发电为重点，加强太阳能热开发利用。

2. 政府和市场两个方面积极性 政府资金投入和项目支持力度，设立农村新能源开发专项补助资金，加大对农村大中型沼气工程、太阳能利用和秸秆能源化利用的补贴力度。落实沼气发电上网标杆电价和上网电量全额保障性收购政策。将以畜禽养殖废弃物为主要原料的生物天然气工程、大型沼气工程建设用地纳入土地利用总体规划，在年度用地计划中优先安排。研究出台沼肥、沼气终端产品补贴政策，协调供电部门将沼气生物天然气、沼肥生产按照农业用电价结算。开展农村电网改造升级、油气供应网点建设、新能源原料和产品收储运体系等基础设施建设。实施农房能效提升工程，因地制宜采用经济合理的建筑节能技术。对低收入农户和贫困农户实行新能源精准扶贫。大力发展农村新能源市场，采取“以奖代补”、“先建后补”、政府购买服务、“PPP”模式等方式，加快培育农村新能源市场主体，完善基本生活用能价格保护机制，建立可再生能源利用终端补贴，引导和调动企业生产经营农村新能源的积极性。

3. 新能源生产经营推广的有效模式 “好煤＋好炉”模式，启动散煤替代和省柴节煤炉、灶、炕升级换代工程，扶持炉具企业配套开发节能环保型燃煤采暖炉具，推动配套使用优质煤和洁净型煤。构建农村新能源“生产-供应-流通-监管”标准化统一配送体系和质量监控体系，推动新能源利用从生产到用户全过程封闭运行。引导各类投资主体、生产企业和社会服务组织开展生产、配送、推广和服务，探索商业化有效运作模式。

4. 相关法规建设 制修订农村燃煤治理相关法律法规，出台民用散煤和民用型煤的强制性国家标准，完善燃煤排放标准和质量检测标准，明确燃煤、炉具和电取暖设备等产品质量技术标准。推动制修订农村新能源开发利用和推广使用相关法规，将相关扶持政策上升到法律层面，增强政策执行的约束力和影响力。加强农村燃煤市场监管，开展散煤污染整治专项行动和区域联合执法，全面取缔劣质散煤销售点，坚决打击农村劣质燃煤非法生产、销售、使用等行为。

农业资源环境生态监测预警体系创设方案研究

（2019年）

为加快构建农业资源环境生态监测预警体系，强化基础设施、能力提升、信息平台和支撑服务等方面建设，实现农业资源环境生态全方位、全过程、全要素监测预警，着力解决当前农业资源环境生态数据分散、家底不清、变化不察、质量不明等问题，夯实乡村振兴战略实施和农业农村绿色发展数据基础，提高监测预警能力和支撑服务水平。根据中共中央办公厅、国务院办公厅《关于创新体制机制推进农业绿色发展的意见》等文件要求，研究提出农业资源环境生态监测预警体系建设方案。本方案所指农业资源环境生态监测预警体系覆盖耕地、农用水、渔业、农业野生植物、外来入侵物种、农业投入品、农业废弃物、生物多样性、农村人居环境整治等领域。

一、建设背景

加强农业资源环境生态监测预警是保护农业资源生态环境的基础工作，是提高政府科学决策水平的重要依据，是强化农业农村资源环境生态监管考核的重要抓手。2017年9月，中共中央办公厅、国务院办公厅印发《关于创新体制机制推进农业绿色发展的意见》，明确提出“建立农业资源环境生态监测预警体系”。2018年6月，中共中央、国务院印发《关于加强生态环境保护 打好污染防治攻坚战的意见》，进一步要求“建立独立权威高效的生态环境监测体系，构建天地一体化的生态环境监测网络，实现国家和区域生态环境质量预报预警和质控”。当前，我国农业进入绿色发展新阶段，推进农业供给侧结构性改革，促进农业可持续发展，迫切需要推行农业绿色生产方式，开展农业绿色发展行动，发展资源节约型、环境友好型、生态保育型农业，逐步把农业资源环境压力降下来。实施乡村振兴战略，实现生态宜居，迫切需要解决农村人居环境突出问题，打造农民安居乐业的美丽家园，让良好生态成为乡村振兴的重要支撑点。这些都需要通过监测预警体系在摸清底数、掌握情况的基础上，作出准确判断和科学决策。但是，长期以来，我国农业农村资源环境生态存在数出多门、家底不清、变化不察、质量不明等问题，同时现有监测体系分头组织、监测点位少、分布不合理、标准不统一、数据不共享等问题也很突出，影响监测预警工作开展，急需加强资源统筹整合，完善监测预警体系，打造共享信息平台，提高监测预警能力。开展农业农村资源环境生态监测预警工作，有利于摸清农业农村资源环境生态家底、夯实数据基础、客观评价农业农村生态环境保护和治理成效、强化政府监管和责任考核，为促进农业绿色发展、实现乡村振兴提供有力支撑。

经过多年建设，我国已初步建成覆盖耕地、作物、土壤环境、化肥、农药、畜禽粪污、秸秆、地膜、农业生物、农村能源、渔业、草原、生态农业等众多领域的监测预警体系。依托国家遥感中心、15个省级遥感分中心和200个地面网点县，构建了全国农业遥感监测系统。组建了国家、省、市、县四级共14 000多个监测点的全国耕地质量监测网。建立了由273个农田氮磷流失定位监测点、210个农田地膜残留定位监测点、25个畜禽养殖废弃物排放定位监测点和2万个农田调查点组成的全国农业面源污染监测网络。此外，还设立了15.2万个农产品产地土壤重金属污染国控监测点、8个农业野生植物原生境保护监测点、48个渔业环境监测中心（站）、23个省级草原监测机构、13个生态农业基地监测点等。依托各类监测网络，完善相应监测技术标准体系，通过遥感监测、地面监测、调查统计、数据分析等方式，积累了大量监测数据和资源，形成了一批覆盖不同领域的监测数据库和信息平台，在此基础上，汇总发布了全国耕地质量监测报告、全国草原监测报告、中国渔业生态环境状况公报等监测预警成果，为实现农业绿色发展、推进乡村振兴发挥了重要的支撑作用，也为构建农业农村资源环境生态监测预警体系奠定了扎实的工作基础。

二、发展现状和存在的主要问题

近年来，农业农村部相关司局及部属单位根据职能定位和业务需求，积极推进农业资源环境生态监测预警基础设施、人员队伍、信息平台和支撑服务等方面建设，不断提升监测预警服务水平，为推进农业绿色发展和生态文明建设提供了重要基础支撑。但是，在建设过程中也面临诸多现实问题。

（一）资源监测现状及面临主要问题

1. 耕地 据统计，2017 年我国耕地 20.23 亿亩，划定永久基本农田 15.5 亿亩。全国土壤总的超标率为 16.1%，耕地的点位超标率为 19.4%。

在耕地数量监测方面，农业农村部遥感应用中心已经形成以 1 个国家中心、2 个分部、11 个分中心、4 个相关单位和 200 个网点县为主体，畜牧业、渔业和热作等相关领域技术单位为延伸的国家、区域和县三级监测体系。全国范围内承担农业部遥感监测业务运行和研究工作的技术人员达到 500 多人，每年通过计划内培训固化了一支服务于农业遥感监测工作的专业技术团队。此外，还通过共享方式获得自然资源部 2008 年 12 月 31 日的二调数据。

在耕地质量监测方面，构建了以农业农村部耕地质量监测机构和地方耕地质量监测机构为主体，以相关科研教学单位的耕地质量监测站（点）为补充，覆盖面广、代表性强、功能完备的国家耕地质量监测网络，在全国布设 14 000 多个耕地质量监测点，通过定点调查、田间试验、样品采集、分析化验、数据分析等方式，对耕地土壤理化性状、养分状况等质量变化开展了动态监测。目前，农业农村部和各省份每 5 年发布一次全国耕地质量等级信息。同时，在省、市、县设立土壤肥料技术推广、监测和管理机构，各级技术推广和管理人员共有 2.8 万人。

在全国布局 4 万个土壤环境长期监测国控点、15.2 万个土壤重金属污染国控定位监测点，开展农产品产地土壤重金属污染动态监测预警。农业农村部环境保护科研监测所先后牵头组织进行了 20 余次土壤重金属污染监测，获得监测数据 20 余万条，涵盖主要农业种植区。2012 年开展全国土壤重金属污染普查工作，获取全国农区土壤重金属监测数据 130 万条。

存在的主要问题：在数量上，需要针对不同作物类型，覆盖实际种植作物的耕地边界，在作物生长季节及时拿到当年地块边界数据；需要综合考虑我国作物收获次数，每年开展两次工作；需要构建天空地一体化的数据采集网络，以及大数据、云计算平台和操作系级别的并行软件。在质量上，需要在现有地面监测体系的基础上，增加遥感观测手段，建成天地一体化的观测监测平台，实现由点到面的耕地质量监测与评价。同时，增加土壤墒情、肥料效应和产地环境等监测内容。

2. 农业用水 我国农业用水总量稳定在 3 800 亿米^3 左右，农田灌溉水有效利用系数超过 0.55。全国节水农业技术应用面积超过 4 亿亩。

目前，水利部以水文、流域为监测单元构建大江大湖站点数据监测体系和信息平台，主要关注生产生活用水，在农业用水调度方面没有明确的服务体系。我国现有农田灌溉水水质标准由农业农村部环境保护科研监测所起草、农业农村部发布。

存在的主要问题：现有监测布点、手段和技术不能满足农业用水监测需要，农业农村部还没有摸清全国范围农业可调度水资源存量，没有掌握农业地表用水和农田灌溉水水质监测情况。

3. 农业生物资源

（1）农业野生植物。我国已建成农业野生植物原生境保护小区 235 个，并在 8 个原生境保护小区开展农业野生植物监测预警，主要方式是组织各省份对农业野生植物物种开展调查，组织科研单位对农业野生植物资源开展抢救性收集和异地保存。依据《农业野生植物原生境保护点监测预警技术规范》，在全国 168 个已建的农业野生植物原生境保护点开展监测。但是，目前农业野生植物资源监测预警没有专项经费支持，只在部分省份由当地自己拿出一些经费开展试点。

（2）水生生物。目前，我国已建设水生生物自然保护区 200 多处，其中国家级 23 处（面积 102 万公顷）、省级 51 处（330 万公顷）、地市级 120 余处。建设国家级水产种质资源保护区 11 批共 535 处，覆盖四大海区各个流域，涉及面积约 1 400 万公顷。

从 1985 年开始，农业部渔业行政主管部门在我国主要海区、流域和省份相继建立了渔业环境监测站，形成以国家渔业环境监测中心为枢纽、覆盖全国的渔业环境监测网络。目前，全国从事渔业环境监测的单位有 60 多家，纳入监测网络管理的单位有 32 个，从事渔业资源环境、资源保护和监测的技术人员近千人。

存在的主要问题：监测时间主要选在春、夏两季，监测频次少，监测数据无法全面反映监测水域的周年环境现状；技术标准缺失或有待修订；监测手段主要依靠现场采样监测等传统技术，尚未实现快速监测和长期定点的在线监测，缺少大尺度的环境监测信息。缺乏监测专项经费，各监测中心（站）只能靠其他项目补充开展工作。

（3）外来入侵物种。目前，我国已初步完成外来入侵物种信息与数据库建设，累积整理和收录 200 多种外来入侵物种（IAS）的野外考察信息、700 多种 IAS 的基本信息。外来入侵物种的监测预警工作：一是由农业农村部农业生态与资源保护总站组织相关省份农业资源环保站对外来入侵物种开展调查，了解分布情况；二是由农业农村部农业生态与资源保护总站组织中国农业科学院农业资源与农业区划研究所、中国农业科学院农业环境与可持续发展研究所等单位，利用卫星遥感技术对外来入侵物种的扩散蔓延进行监测；三是农业农村部环境保护科研监测所开展农业生物资源编目初步研究。

存在的主要问题：监测预警投入相对不足，现有监测体系“盲点”多，监测技术手段落后，监测周期长，常常发生发现即成灾的情况。在遥感、无人机、自动化、信息化、管理等相关学科技术集成上存在一定的差距和不足。

4. 农业气候资源 目前，国家气象局气象共享网平台已经建设约 700 个地面观测站点，根据相关农业气象观测规程，采用气象观测方法，连续多年采集气温、降水、日照等站点观测数据，并通过国家气象局气象共享网平台共享发布数据成果。

存在的主要问题：没有全球范围气象站点观测数据，需要加密国内气象站点观测数据，缺乏国家气象局生产的天气预报相关产品，还不能通过政务外网实现数据共享。

5. 农业防灾减灾 开展了全国范围的干旱、重点流域的洪涝灾害及局部区域的病害、低温冷害等应急监测。制定了农作物低温冷害遥感监测、农作物病害遥感监测（小麦条锈病、玉米大斑病、玉米小斑病）等标准规范。采用以遥感数据为主确定灾害位置和程度、以气象数据为辅框定易感区域相结合的技术方法进行监测。监测成果通过内部上报和提供地方服务的形式发布。

存在的主要问题：目前还缺乏以统计数据、地面调查为主的全国农业灾害发生规律图，需要在全国范围开展月际尺度的动态监测，需要建立天空地一体化的数据采集网络，以及大数据、云计算平台和操作系级别的并行软件等来支撑。

（二）环境

1. 农业投入品

（1）化肥。2016 年，我国化肥施用量 5 984 万吨、亩均化肥施用量 21.9 千克，远高于世界平均水平（每亩 8 千克），是美国的 2.6 倍、欧盟的 2.5 倍。

已在全国 31 个省份构建由 273 个农田产排污系数监测点、2 万个典型调查田块组成的农田氮磷排放监测网。

存在的主要问题：农田化肥经过淋溶、径流进入水体的监测点位不足，还不能客观、准确反映来自农田的总氮、总磷等水体污染物变化情况，监测技术手段有待提高，监测经费严重不足。

（2）农药。2016年，我国农药使用量达132万吨。主要农作物病虫害绿色防控覆盖率为25.2%，近年来农药使用量持续下降，已经在全国范围实现农药使用量零增长，但是农药利用率仅为35%。

农药残留监测包括土壤及农产品农药残留监测，在农业农村部农产品质量安全监管司的领导下，通过建设土壤农药残留例行监测点和农产品农药残留例行监测点，持续开展土壤及农产品农药残留监测，每年数据条数约1.3万，涉及44种长效农药残留量和208项常用农药残留量。与此同时，还通过农业污染源普查方式收集相关数据，目前正在进行第二次污染源普查。

存在的主要问题：监测点位不足，频次不高，对于残留农药进入土壤、水体的相关监测技术手段还不完善。

2. 农业废弃物

（1）农作物秸秆。2016年，全国秸秆产生量为9.84亿吨，可收集量8.24亿吨，秸秆资源利用量约为6.72亿吨，综合利用率为81.68%。秸秆禁烧监测主要通过气象卫星监测秸秆焚烧火点；秸秆综合利用监测主要通过汇总各地秸秆综合利用评估报告数据推算得出。

存在的主要问题：利用卫星遥感监测秸秆焚烧火点没有做到全时段、全天候、全覆盖，技术手段运用上存在漏洞。开展秸秆综合利用调查统计缺乏专项经费支持，调查样本和频次较少，监测结果缺乏科学性和准确性。

（2）畜禽粪污。2016年，全国生猪出栏超过7亿头，生猪年出栏500头以上的规模养殖比例达到40%。目前，畜禽养殖粪污排放量高达38亿吨，资源化利用率接近60%。结合农村环境质量监测试点，在部分地区开展了畜禽养殖业环境监测工作，全国建有25个畜禽养殖废弃物排放定位监测点，主要开展畜禽养殖化学需氧量、氨氮排放量等监测工作。同时，建立畜禽规模养殖场直联直报信息平台，实行统一管理、分级使用、共享直联，将全国现有大规模养殖场纳入平台管理，实现规模养殖场动态在线监测。

存在的主要问题：监测点位少，监测数据代表性差。畜禽规模养殖场直联直报信息平台有待进一步完善。缺乏对畜禽粪污中的重金属和抗生素等的有效监测。

（3）废旧地膜。2016年，全国农膜（包括棚膜和地膜）用量为260.3万吨，当季农膜回收率不足2/3。2016年，新疆、甘肃等地膜使用重点地区废旧地膜当季回收率近80%。

自2014年起，农业部在全国17个主要覆膜省份建立了210个农田地膜残留污染国控监测点，主要监测单位面积内地膜残留量，以及不同作物、覆膜年限、回收方式、土壤质地、距离村庄远近对农田地膜残留量的影响。

存在的主要问题：废旧地膜残留污染国控监测点位少、代表性不足。缺乏专门的经费支持。没有充分利用卫星遥感监测、物联网等现代信息技术手段。

3. 农村人居环境　农村人居环境监测主要涉及农村生活垃圾和生活污水。目前，我国农村生活垃圾每年产生量大约2.8亿吨，生活污水产生量90多亿吨。已在全国20多个省份建成1 500多个农村清洁工程示范村，示范村生活垃圾、生活污水的处理利用率达到95%以上。2016年，全国村庄生活垃圾处理率达到60%左右，对污水进行处理的行政村比例达到22%。

农村生活垃圾、生活污水总体监测情况由住建部村镇司掌握。

存在的主要问题：农业农村部牵头负责农村人居环境整治的管理体制和运行机制还没有理顺，农村生活垃圾和污水监测的体系尚未建立，手段缺乏，底数不清。监测经费投入严重不足。

（三）生态

1. 渔业生态　2016年，全国水产养殖面积834.634万公顷，已建成水生生物自然保护区200多处。建设国家级水产种质资源保护区11批共535处，涉及面积约1 400万公顷。

全国渔业生态环境监测网成立于1985年，在黄渤海、东海、南海和黑龙江、黄河、长江、珠江流域等主要渔业水域建立海区（流域）、省份渔业环境监测中心（站）48个，从事渔业生态环境监测专业技术人员760余人，主要开展水生生态环境常规监测、事故性监测、专项监测及环境评价等任务。自2000年起，每年编制发布《中国渔业生态环境状况公报》。

存在的主要问题：人员工资待遇没有保障，监测经费严重不足，仪器设备陈旧老化，技术人员严重不足等。

2. 农田生态 按照《国务院关于建立粮食生产功能区和重要农产品生产保护区的指导意见》要求，到2020年全国“两区”耕地面积达到10.4亿亩，其中划定粮食生产功能区9亿亩、划定重要农产品生产保护区2.38亿亩（与粮食生产功能区重叠8 000万亩），占现有耕地面积51.2%。依托“两区”构建农田生态系统，包括农田生物多样性保护与利用、农田生态系统养分流失阻控、农田生态系统废弃物资源化利用、障碍农田安全利用与生态修复、生态循环农业建设与综合示范、农田生态系统服务功能等方面内容。

2014—2018年，农业农村部农业生态与资源保护总站在山东、内蒙古、重庆、辽宁、湖北、甘肃等省份启动建设13个现代生态农业示范基地，形成了全国六大主要类型区域农田生态系统优化与功能提升的建设模式，并制定了农业清洁生产、生态沟渠建设、作物秸秆全量利用、稻鸭共作技术、天敌绿色控制等农田生态系统优化调控技术规范。

2017年，国家农业综合开发办公室在河北等10个省份开展田园综合体建设试点，每个试点省份安排试点项目1个。

存在的主要问题：农田生态系统建设单项治理多、综合施策少，非生物环境关注多、生物要素被弱化。全国还没有启动对农田生态系统的监测预警工作。

三、总体思路

（一）指导思想

全面贯彻落实党的十九大精神，按照《关于加快推进生态文明建设的意见》《关于创新体制机制推进农业绿色发展的意见》《生态环境监测网络建设方案》《关于深入推进生态环境保护工作的意见》等文件要求，围绕耕地、农用水、渔业、农业野生植物、外来入侵物种、农业投入品、农业废弃物、农田生态系统、农村人居环境等重点领域，坚持全面设点、全国联网、自动预警、依法追责，构建农业农村资源环境生态监测预警体系，强化资源整合、基础设施、网络平台、支撑服务、人才队伍、共建共享等方面建设，实现农业农村资源环境生态全方位、全过程、全要素监测预警，形成政府主导、部门协同、社会参与、公众监督的农业资源环境生态监测工作新格局，为推进农业绿色发展、实施乡村振兴战略提供有力保障。

（二）基本原则

1. 部门统筹、因地制宜 按照统筹布点、统筹信息系统、统一技术规范、统一质量控制、统一信息发布的“二统筹三统一”原则，统一部署农业资源环境生态监测体系建设和工作运行，鼓励地方根据实际情况，增设监测点位和监测项目，提高监测频次。

2. 分工协同、落实责任 推进部门之间、牵头单位之间分工合作，强化监测质量监管，落实政府、企业、社会的相关责任和权利。

3. 健全制度、统筹规划 健全农业资源环境生态监测标准和技术规范体系，制定出台监测预警工作制度，整合各方面资源，统一规划布局监测网络。

4. 科学监测、创新驱动 依靠科技创新与技术进步，加强监测科研和综合分析，强化卫星遥感等高新技术、先进装备与系统的应用，提高农业资源环境生态监测立体化、自动化、智能化水平。

5. 综合集成、测管协同 推进全国农业资源环境生态监测数据联网和共享，开展监测大数据分析，加强对数据采集、分析、利用和发布的全程监督管理，实现农业资源环境生态监测与监管有效联动。

（三）建设目标

到 2022 年，全国农业农村资源环境生态监测网络基本实现重要农业资源、农业投入品、农业废弃物、农产品产地环境、农村人居环境、农业生态等领域监测预警全覆盖，各级各类监测数据系统互联共享，监测预报预警、信息化能力和支撑保障水平明显提升，监测与监管协同联动，初步建成天地一体、上下协同、信息共享的农业农村资源环境生态监测预警网络。

1. 监测预警体系基本健全 有效整合分散的监测网络，构建全国统一高效、布局合理、功能完善的农业资源环境生态监测预警体系。将 40 个国家农业可持续发展试验示范区、100 个果菜茶有机肥替代化肥示范县、586 个畜牧粪污资源化利用大县、部分田园综合体及农业绿色发展相关项目实施区域等纳入监测预警体系。

2. 监测预警能力不断提升 建立完善农业资源环境生态监测预警相关规章制度和标准规范。建立重要农业资源台账制度，摸清农业资源底数。强化监测预警科技支撑和信息化应用，利用大数据、人工智能、卫星遥感、物联网等高新技术实现动态监测和精准化管理。加强监测预警机构建设和资质认证。不断提高监测预警人员综合素质和能力水平。完善与农业资源环境生态监测预警体系发展相适应的财政保障机制。

3. 信息系统实现整合共享 加快推进农业资源环境生态板块资源整合，采用“深度整合、逐步清理”的方式，以一展现（统一展现）、一中心（数据中心）、两平台（数据综合展现平台、共享交换平台）为主要内容，构建共享开放大数据、协同联动大系统的信息化支撑体系。推动目前分散在相关单位的农业资源环境生态监测数据实现有效集成、互联共享。推进农业资源环境信息系统与监测预警体系同步建设、相互促进。

4. 支撑服务水平不断提高 加强监测数据资源开发应用，开展大数据关联分析，建立统一、规范、权威的农业资源生态监测信息发布机制，为开展农业生态环境保护决策管理和业务指导提供数据支持，为企业和农民开展生产经营服务提供相关信息，为考核问责地方政府落实资源环境生态保护和监管责任提供科学依据，为应对资源环境生态突发事件、实施现场同步监测与执法提供技术支持。

四、重点任务

以重要农业资源、农产品产地环境、农业面源污染、重点保护农业野生植物、外来入侵生物、生物多样性等为重点，统一规划、优化设置、不断提升农业资源环境生态监测点位，明确相关建设内容、监测数量、时空分布、监测方法、标准技术、监测平台等内容，着力构建布局合理、协调配合、功能完善的全国农业资源环境生态监测预警网络。

（一）资源

1. 耕地 在耕地数量监测上，依托农业农村部遥感应用中心形成的遥感监测体系，构建天空地一体化的数据采集网络，以及大数据、云计算平台和操作系级别的并行软件，对不同区域耕地面积及其变化情况进行遥感监测，同时利用耕地台账和统计报表等方式进行相互印证，掌握我国耕地资源总量及其变化趋势，形成全国耕地空间年度分布图，力争每年更新一次。

在耕地质量监测上，以农业农村部耕地质量监测机构和地方耕地质量监测机构为主体，以相关科研教学单位的耕地质量监测站（点）为补充，构建覆盖面广、代表性强、功能完备的国家耕地质量监测网络。通过定点调查、田间试验、样品采集、分析化验、数据分析等工作，对耕地土壤理化性状、养分状况等质量变化开展动态监测。同时增加遥感观测手段，建成天地一体化的观测监测平台，实现由点到面的耕地质量监测与评价。

农业农村部和各省份每 5 年发布一次全国耕地质量等级信息。也可根据实际需要，增加土壤墒情、肥料效应和产地环境等监测内容。在全面提升耕地质量监测手段的基础上，实现耕地质量监测与评价方法的转型升级，构建全国耕地质量空间分布图。

2. 农业用水 以水库库容遥感监测为主，通过水文数据共享，结合农作物面积，实现农业用水量估算，摸清全国范围农业可调度水资源存量，明确全国农业用水分配。农业用水要根据作物类型变化，实现年度监测，提交时间为每年 12 月 31 日。

在农业用水水质监测上，要依托各地水文站，定期从进水口提取水样，参照农业用水相关标准进行检测，相关数据实现联网共享。农田灌溉水水质标准由农业农村部环境保护科研监测所起草，农业农村部统一发布。

3. 农业野生植物 依托农业农村部农业生态与资源保护总站及各省农业资源环保站，在全国建设 1 个国家级、17 个省级重点保护农业野生植物监测预警中心、500 个农业野生植物原生境保护小区和 1 000 个农业野生植物野外分布点，完善相关监测预警信息系统建设，通过地面微波传输设备、植被关键生理参数和环境因子传感器、保护区设施监控系统进行网络管理平台架构设计，开发跨平台的多功能数据采集接口，将海量视频信息数据的安全快速汇交查询，实现野生植物及相关环境信息的远程实时监控。

收集、整理和更新国家重点农业野生植物名录并对名录进行管理，对国家重点保护农业野生植物物种已建立的重点生物多样性富集区和区域分布的目标物种、伴生物种、威胁因素、环境因子等进行实时监测和预警，并利用 GIS 平台提供位置查询服务、轨迹检索服务、三维场景服务、调度指挥服务，及时展现重点生物多样性富集区农业野生植物监测预警空间分析结果。

4. 外来入侵物种 依托农业农村部农业生态与资源保护总站和农业农村部环境保护科研监测所，结合行业体系和地方科研院所力量，构建国家外来入侵生物动态监测预警体系，开展外来入侵生物物种普查、跟踪监控和生态影响评价，建立外来入侵生物数据库，针对潜在危险生物，建立卫生遥感与地面监测相结合的外来入侵物种早期预警和风险控制体系，支撑外来入侵物种治理和清除。

在海南、福建、新疆、内蒙古等外来物种入侵的高风险区、高敏感区，分期、分批建设 19 个外来入侵物种监测预警区域站和 289 个监测站点，完善国家监测预警网络，提高信息收集、处理、发布的准确性和时效性。

利用遥感技术、Web GIS（网络地理信息系统）技术，以中高分辨率卫星数据为基础，开展入侵生物物种爆发情况监测、生境背景信息监测（温度、降水、土壤湿度等），实现数据自动采集、智能汇交、实时传输，开展大空间尺度上入侵生物物种爆发的快速预警和高效监测。

根据有关外来入侵生物监测的行业规范，在外来入侵生物的疫区、危险区、非疫区设立监测点，进行定点监测。收集监测点基础信息、植被生理信息、环境因子信息等，对相关数据进行科学的分析、处理，构建监测点相关的预警模型，实现对全国外来入侵生物监测点的科学化管理，科学指导全国的外来入侵生物监测点的建设工作。

根据各种外来入侵生物监测技术规程，制订外来入侵生物信息采集表，并规范其抽样方法和调查方法；调查数据通过网络上报到系统数据库；系统科学地对调查数据进行统计分析和管理；利用外来入侵生物分布点的环境因子数据，以及外来入侵生物的生态学、生物学特性数据，建立外来入侵生物生境监测预警模型；利用生态位模型，建立指标体系，对外来入侵生物在全国的分布进行预测；预测信息通过网络，结合 Web GIS 发布。

采用地面调查和无人机遥感监测相结合等方式，开展年度外来入侵物种变化监测，以及每 5 年进行一次本底调查。

5. 水生生物 依托中国水产科学院相关平台，在各级水生生物自然保护区和水产种质资源保护区建立水生生物监测点，利用卫星遥感技术和渔船定点定期调查，通过已有数据汇总和野外调查补充的方式，摸清保护区域内水生生物资源分布情况及其变化趋势，提出我国水生生物保护清单及保护措施，实现水生生物资源良性、高效、循环利用。

加强水生生物自然保护区信息系统建设，立足于服务水生生物保护区信息、基本建设管理、保护信息查询、地理分布信息、工程建设审批等，为自然保护区建设和管理提供信息服务，满足保护区申报、晋升、效果评价、工程建设、生态补偿等管理职能需求。

加强水产种质资源保护区信息系统建设，实现国家级水产种质资源保护区基础信息的采集、报送、导出、查询、制图、分类、排序、统计，实现保护区相关信息的叠加分析、空间分析等功能。

6. 农业气候资源 借助国家气象局气象共享网平台约700个地面观测站点，按照国家气象局制定的相关农业气象观测规程和气象观测方法，开展全国范围干旱、洪涝、低温冷害、病害等农业灾害月际尺度的动态监测。每月提交一次监测数据，通过连续多年的监测数据积累，掌握各地气候资源状况及其发展变化趋势，为有效利用气候资源、促进防灾减灾提供科学依据。

（二）环境

1. 农田氮磷流失 按照第一次全国污染源普查有关技术规定，将全国划分为六大区域开展农田面源污染监测。其中，北方高原山地区和南方山地丘陵区开展地表径流监测；南方湿润平原区以地表径流监测为主，兼顾地下淋溶；黄淮海半湿润平原区、东北半湿润平原区和西北干旱半干旱平原区以地下淋溶监测为主，兼顾地表径流。

在综合考虑全国六大监测分区农作物种类、种植模式和种植面积、农田面源污染的主要发生途径及发生风险的基础上，在全国布设农田面源污染国控监测点400个，包括地表径流国控监测点300个，地下淋溶国控监测点100个。每个国控监测点覆盖9个监测小区，每个监测小区配备一个单独的田间径流池或田间渗滤池，用于收集地表径流或地下淋溶水样品。

采用在线仪器监测分析地表径流和地下淋溶氮、磷浓度和流量，利用自动气象站收集降水量、气温和辐射数据，利用土壤传感器收集土壤水分、盐分和电导等数据，采集地表植物生长图像，结合无线网络节点传输技术，建立以国控监测点为基础的种植业氮、磷流失野外自动监测网络。

每个监测周期原则上为一个周年，起始时间一般为某种作物播种日，结束时间为次年同一天；不仅包括作物生长期，也包括休闲期。

通过长期定位监测，掌握我国农业主产区、主要地形、气候类型和主要种植模式下农田氮、磷等主要面源污染物的排放数量及变化趋势，为准确测算全国农业面源污染提供依据。

2. 农药残留 在全国建设1 000个土壤农药残留例行监测点和12 000个农产品农药残留例行监测点，其中，土壤例行监测点面向44种长效农药残留量及土壤用药，农产品例行监测点面向208项常用农药残留量。

每年开展例行监测一次。通过原位监测、实验室分析、数据分析和评价等方法，掌握土壤例行监测点长效农药残留量，农产品例行监测点常用农药残留量。

建立土壤和农产品农药残留信息管理平台，定期发布相关信息，为开展耕地有机污染综合防治、管控农产品质量安全提供依据。

3. 畜禽养殖粪污 依托586个畜牧大县，建设200个规模化畜禽养殖场环境监测站点和全国性的数据网络；监测畜禽粪污处理与排放量，兽药、饲料添加剂使用量及重金属、抗生素等污染物含量。采用在线仪器自动监测技术及其设备，在规模化畜禽养殖场污水排水口监测污水、COD、氨氮、总氮和总磷的排放量，结合无线网络节点传输技术，建立畜禽养殖场环境污染监测网络和信息系统。监测项目包括含水率、有机质、挥发性固体、全氮、全磷，以及铜、锌、砷、汞、铅、铬、镉等重金属含量。每月开展例行监测一次。

将纳入国家主要污染物总量减排核算范围的规模化畜禽养殖场（小区）列入日常监督性监测范围，鼓励安装污水排放在线监测、固体废弃物处理设施视频监控等设备，并与市级以上环境保护部门联网，实时掌握污染物排放情况。

建立畜禽规模养殖场直联直报信息系统，填报《规模化养殖场基本情况表》《规模化养殖场污染物产生和排放情况表》，督促规模养殖场和畜禽粪污资源化利用专业机构做好粪污收集、处理、利用等信息台账工作，指导安装养殖用水监控设备，建立用水台账。加强全国畜禽粪污资源化利用情况跟踪监测，动态反映各地畜禽粪污资源化利用基本情况。

4. 秸秆综合利用 在水稻、玉米、小麦等秸秆主产区和秸秆综合利用试点县，选取120个县开展秸秆产生和综合利用情况调查监测，利用省、地、县3级数据调研上报网络，加强对典型地块农作物秸秆去向调查，掌握典型地块基本秸秆去向状况及区域分布特征，为开展秸秆综合利用提供数据基础。

5. 地膜回收利用 在全国300个农用地膜回收示范县开展基于卫星影像的遥感监测，利用卫星遥感覆盖范围广、多时相、周期短等特点，大面积同步观测；通过影像数据预处理、农用地膜信息提取和实地样本复核采集，一方面掌握示范县农用地膜实际覆盖面积、控制覆膜率，另一方面考核回收体系的建设运转情况。

同时，围绕县级种植业地膜覆盖情况和典型地块地膜使用及残留情况，建立省、地、县3级数据调查和上报网络，通过开展清查工作，完成数据的录入、审核及上报，掌握全国地膜覆盖状况、残留状况及区域分布特征，为农业污染综合评价与防治提供基础数据。

6. 农产品产地环境 构建覆盖全国15万个国控点的农产品产地环境监测预警网络，采用手持式快速检测设备、无线传感器监测网络等形式，通过现场监测和定点实时自动监测相结合，自动监测、收集重点区域农产品产地国控点开展的土壤和空气的相关环境监测信息，形成国控点环境质量数据源；采集分析土壤、植株和可食用部分的样品，利用实验室数据自动采集和传输技术，获得土壤理化特性、重金属总量和有效态含量，植株与可食用部分重金属含量等数据；利用遥感监测及估产技术，评估产地环境污染对农产品污染风险及分布。收集到的数据通过监测网络传送到农产品产地环境监测数据库与污染风险预警软件平台。

根据农产品产地土壤环境状况、空间分布特征、背景值数据范围、种植农作物类型、地形地貌特征等情况，建设4万个农产品产地土壤环境监测国控点，覆盖全部产粮大县、主要土壤类型及水稻、小麦、玉米、蔬菜等大宗农产品产地，利用地面监测与空间遥感技术结合，开展镉、汞、砷、铅、铬、铜、锌、镍等主要重金属全量及有效态时空变化态势分析，明确其含量及危害性时空变化特征，解析变化原因。其中，土壤样品重金属全量每三年监测1次，有效态每年监测1次，农产品样品每年监测1次。通过原位监测、实验室分析、数据分析和评价等方法，动态监测耕地重金属含量变化趋势，评估产地环境安全风险，为加强耕地重金属污染防治提供科学依据。

7. 农村污水和垃圾 根据农村人居环境整治工作需要，在全国范围建设1 100个典型乡村污水和垃圾监测站点，监测污水收集和处理情况、垃圾回收和处理处置情况，每月监测1次。监测数据上报乡村污水及垃圾信息管理平台，为推进乡村环境综合整治和美丽乡村建设提供依据。

（三）生态

1. 农田生物多样性 在全国不同类型农田建设50个生物多样性综合观测站和800个观测样区，完善生物多样性观测体系，开展生物多样性综合观测站和观测样区建设。对重要生物类群和生态系统、国家重点保护物种及其栖息地开展常态化观测、监测、评价和预警。

2. 渔业生态环境 依托全国渔业生态环境监测网各成员单位，在我国主要海区、流域和省份建立渔业生态环境监测站，开展渔业水域水质、底质、生物等指标常规监测，开展海洋重要渔业水域生态环境监测，包括海洋天然重要渔业水域水环境质量状况、重点海水养殖区水环境质量状况、重要渔业水域沉积物环境质量状况及生物环境状况等；开展内陆重要渔业水域生态环境监测，包括江河、湖泊、水库重要渔业水域水环境质量状况及基础生物环境状况等。

建设100个水产养殖监测站点和全国性的数据网络。采用在线仪器自动监测技术及其设备，在工厂化水产养殖场和集中连片池塘养殖排水口监测污水、COD、氨氮、总氮和总磷的排放量，结合无线网络节点传输技术，建立水产养殖污染监测网络。

五、运行机制

（一）资源整合机制

针对目前农业资源环境生态监测点位设置不足、布局不合理、标准规范不全、监测质量不高等问题，以及农业资源环境生态监测数据分散在不同部门、科研院所和地方部门的情况，加快整合分散业务，建立统一高效的监测预警网络。

在农业资源保护方面。整合农业农村部耕地质量监测保护中心的耕地质量监测数据，有关部门的农业用水监测数据，中国水产科学研究院的水生生物监测数据，中国农业科学院农业资源与农业区划研究所的重要农业资源台账数据，中国城市规划设计研究院的农业遥感监测数据，农业农村部农业生态与资源保护总站的农业野生植物资源和外来入侵物种防控监测数据。

在农产品产地环境方面。整合全国农业技术推广服务中心的化肥、农药、包装废弃物监测数据，全国畜牧总站的饲料添加剂和兽药监测数据，中国水利水电科学研究院的鱼药监测数据，农业农村部环境保护科研监测所的耕地重金属污染监测数据，中国农业科学院农业资源与农业区划研究所的农业面源污染监测数据，农业农村部畜牧兽医局的畜禽粪污、病死畜禽监测数据，农业农村部农业生态与资源保护总站的农作物秸秆、废旧地膜、农村能源监测数据，以及有关部门的生活垃圾、生活污水监测数据。

在农业生态保育方面。需要整合农业农村部渔业渔政局的渔业生态监测数据，农业农村部农业生态与资源保护总站的生态农业基地建设、农田生态系统、生物多样性监测数据。

此外，还需要把地方有关部门的监测数据统一整合到全国统一的农业资源环境生态监测平台上来。

国家发展和改革委员会发展规划司要会同有关部门和单位按照职能定位和业务分工编制统一规划，科学测算、合理布设、统一建设监测点位，制定统一的监测标准规范，形成布局合理、功能完善的监测网络，并根据实际情况进行动态调整，满足长期、动态、科学监测需求。

（二）长期支持机制

农业资源环境生态监测预警体系一旦建立，必须保持相对稳定，固化相关业务，在基础设施、监测手段、任务安排等方面应重点向现有监测点位和所在单位倾斜，按照公益性行业特点，充分发挥政府主导作用，以满足长期、稳定、连续监测的需要，确保监测数据质量。

建立与农业资源环境生态监测预警体系发展相适应的支持保障机制，重点支持硬件设备、软件系统开展、人才队伍建设、日常管理、系统维护升级、安全保障、考核评价、行政执行等建设，提升监测预警能力，满足开展例行监测需要。

强化各方面责任，各级农业部门、重点行业和排污企业必须落实自行监测及信息公开的法定责任，严格执行农业资源保护、环境污染排放标准、生态保育和相关法律法规的监测要求。各级农业资源环境生态保护部门要依法开展监督性监测，组织开展农业资源环境生态等监测与统计工作。

（三）质量管控机制

建立覆盖农业资源环境生态监测预警全过程的国家-地方-实施机构-实施人员等多级联动的质控工作机制。建立落实日常监测台账制度，安排专门人员负责，加强业务培训和日常督促检查，确保监测到的第一手数据信息客观、全面、准确和可核查。

建立由政府、企业、高校、科研院所等共同参与、跨行业的专家指导委员会，指导开展监测预警工作，分析评价监测数据，参与监测数据资料的开发利用。

强化监测预警科技手段。推进农业资源环境生态监测新技术和新方法研究，健全监测技术体系，推广使用高科技产品与技术手段，鼓励自主研发监测仪器设备，提高样品采集、实验室测试分析及现场快速分析测试能力，不断满足监测工作需要。

研究制定农业资源环境生态监测网络管理办法、监测信息发布管理规定等部门规章。统一监测布点、监测和评价技术的标准规范，并根据工作需要及时修订完善。落实信息安全等级保护和分级保护规定，明确数据采集、传输、存储、使用、开放等各环节网络安全保障的范围边界、责任主体和具体要求。采用自主安全可控产品和服务，提升基础设施关键设备安全可靠水平。完善数据与网络安全管理制度，强化安全措施，防止数据资料流失或泄露，确保监测数据质量安全。

（四）信息共享机制

建立生态环境监测数据集成共享机制。各级农业部门、大专院校和科研院所获取的农业资源环境生态监测数据要实现有效集成、互联共享。农业农村部和地方建立监测数据共享与发布机制，重点区域、重点行业和企业要按照农业农村部门要求将自行监测结果及时上传。

建设监测预警数据库和信息技术平台。规范监测、调查、普查、统计等分类和技术标准，加强历史数据规范化加工和实时数据标准化采集。整合集成各有关部门农业资源环境生态监测数据，建设监测预警数据库，运用云计算、大数据处理及数据融合技术，实现数据实时共享和动态更新。建设农业资源环境生态监测预警智能分析和动态可视化平台，加强监测数据资源开发与应用，开展大数据关联分析，实现综合监管、动态评估与决策支持。

统一发布生态环境监测信息。建立统一的农业资源环境生态监测信息发布机制，规范发布内容、流程、权限、渠道等，及时准确发布全国农业资源环境生态监测信息，提高农业农村部信息发布的权威性和公信力，保障公众知情权。

六、保障措施

（一）加强组织领导

部委间由农业农村部牵头，各级农业资源环境生态部门统筹国家网建设工作，建立联席会议制度，加强统筹协调，定期督促检查。部内成立由发展规划司牵头、相关司局和部属单位参加的农业资源环境生态监测预警体系建设领导小组，制订工作方案，明确职责任务，明确工作进度，密切分工协作。研究制定农业资源环境生态监测预警体系运行管理相关规章制度，抓好落实网络建设、标准规范、数据上报、信息共享和考核评价等各项工作，积极推动监测预警成果转化应用。

（二）加大经费投入

将农业资源环境生态监测预警体系建设纳入政府公共财政支持的重点领域，设立财政专项，形成长期稳定的投入机制。明确地方政府和农业农村部门的相关事权责任，推动地方各级财政加大支持力度。采取政府购买服务、“PPP”模式、事后补贴等方式，调动企业和社会力量的投入和参与积极性，形成多元化投入保障机制。严格落实建设主体责任和项目法人责任制、招投标管理制、工程监理制和项目合同制，加强资金管理和监督，不断提高资金使用效益。

（三）推进资源整合

加强体系资源整合，推动数据信息共享，在部内整合农业农村部耕地质量监测保护中心、全国畜牧总站、中国水产科学研究院、中国农业科学院、农业农村部规划设计研究院、农业农村部农业生态与资源保护总站、全国农业技术推广服务中心等单位的相关监测数据，纳入全国统一的农业资源环境生态监测平台。同时，加强部门之间协调配合，推进农业水资源、农村生活污水、农村生活垃圾等方面监测数据信息共享。

（四）强化科技支撑

推进农业资源环境生态监测新技术和新方法研究，健全监测技术体系，促进和鼓励高科技产品与技术手段在农业资源环境生态监测领域的推广应用。鼓励国内科研部门和相关企业研发具有自主知识产权的监测仪器设备，推进监测仪器设备国产化。制定统一监测布点和评价技术标准规范，增强各部门监测数据的可比性，确保监测活动执行统一的技术标准规范。加强农业资源环境生态监测队伍建设，加强人员培训，提高监测人员综合素质和能力水平。

（五）统一信息平台

搭建统一农业资源环境生态监测信息平台，建立监测数据集成共享机制，建设监测预警数据库，加强监测数据资源开发与应用，开展大数据关联分析，规范统一发布内容、流程、权限、渠道等，及时准确发布全国农业资源环境生态监测信息，加强预报、评估和预警能力。

（六）强化考核评价

加强对农业资源环境生态监测预警工作的考核评价，建立相应的评价指标体系，对实施监测预警主体和任务承担单位定期开展考核，及时了解掌握相关单位在网络平台建设、信息收集上报、分析加工处理、成果转化应用等方面的工作进展和成效，及时督促指导，提高监测预警质量，并建立有效的奖惩机制，将考核结果作为后续项目安排和任务承担的重要依据。

广东省大埔县“两山”理论创新实践示范区建设方案研究

（2019年）

2005年8月，时任浙江省委书记习近平到安吉县余村调研，首次明确提出“绿水青山就是金山银山”的科学论断。“绿水青山就是金山银山”，阐述了经济发展和生态环境保护的辩证关系，揭示了保护生态环境就是保护生产力、改善生态环境就是发展生产力的深刻道理，指明了实现生态优势向经济优势转化的发展方向。深入学习贯彻习近平新时代中国特色社会主义思想，必须牢固树立“绿水青山就是金山银山”的发展理念，把绿色生态作为大埔县的最大优势、最大财富、最大品牌，积极探索从生态美到百姓富的新路径、新模式，大力发展生态农业、生态工业和生态文化旅游产业，不断将生态优势转化为经济优势，推动大埔经济社会转型升级、绿色发展，打造“两山”理论创新实践示范区、先行区，让良好生态环境成为大埔经济社会持续健康发展的有力支撑点、人民生活水平不断提高的核心增长点，走出一条经济发展和生态环境保护相辅相成、相得益彰的新路子。

一、大埔县推进“两山”理论创新实践的现状分析

（一）大埔县推进“两山”理论创新实践具有良好基础

大埔县地处闽粤之交，位居韩江中上游，总面积2 467万千米^2，下辖14个镇和1个林场，总人口57.19万，常住人口38.45万人。2017年，全县生产总值90亿元，比2016年增长8%，城乡居民人均可支配收入16 780元，比2016年增长9.2%。

1. 具备良好的生态环境条件 大埔县全域山清水秀，境内群山环抱、峰峦重叠、山环水绕，自然环境宜人。全县森林覆盖率79.86%，活立木总蓄积量超过600万米^3，空气质量达到国家1级标准，全年空气质量良好率100%，46个城镇集中式饮用水源地水质达标率保持100%，先后被评为“中国绿色名县”“广东省林业生态县”，是名副其实的天然大“氧吧”，2013年被授予“中国长寿之乡”称号。近年来，大埔县持续加强生态环境保护，着力打好蓝天、碧水、净土三大保卫战，生态环境质量继续保持良好态势。

2. 绿色主导产业发展初具规模

（1）主导产业有了一定基础。大埔县立足当地资源优势，集中打造蜜柚、茶叶等重点产业。目前，全县蜜柚种植面积19万亩，总产量22万吨，总产值7.3亿元，带动蜜柚种植农户6.64万户，全县农村人口仅蜜柚平均收入达1 800元以上，同时发展成为广东省最大的红肉蜜柚生产基地。全县茶园面积达9.5万亩，总产量0.56万吨，总产值5.35亿元。蜜柚、茶叶两大产业产值占全县农业总产值的36.4%。大埔先后被评为“中国蜜柚之乡”“中国绿色生态蜜柚示范县”“全国重点产茶县”“中国茶叶十大转型升级示范县”“中国名茶之乡”“中国最美茶乡”，其中大埔西岩乌龙茶荣获地理标志保护产品。此外，大埔县还建立富硒农产品适度规模基地7个，通过认证的无公害农产品10个、绿色食品5个。

（2）清洁低排放工业稳步推进。大埔县水力资源丰富，水资源蕴藏达到70多万千瓦，可开发量53万千瓦。瓷土储量4.2亿吨，紫砂陶土储量超过1亿吨。大埔县充分发挥资源优势，积极发展水电、陶瓷等低污染产业，推进陶瓷、电力传统产业转型升级。目前，全县拥有200多座大小电站，总装机达29万千瓦，丰水期每天最大出电量达8万千瓦。2017年，大埔县工业总产值83.5亿元，规

模以上工业增加值15.3亿元，分别比2016年增长7.9%和12%。其中，全年电力产业税收1.72亿元；陶瓷销售收入16亿元，税收1.09亿元。此外，还依托农业特色资源大力发展农产品加工业。

（3）全域文旅产业发展迅速。大埔县利用优美宜人的生态环境、丰富多彩的文化资源，以韩江（大埔）客家文化旅游特色带为抓手，以“红色文化、客家文化、农耕文化”为主题，推动旅游产业向深度和广度空间拓展，加快创建省级全域旅游示范县。2017年，全年共接待海内外游客593.86万人次，比2016年增长10.38%，实现旅游收入33.84亿元，同比增长12.22%。此外，还利用良好的生态环境、富硒的优质绿色食品、配套的服务设施，大力发展乡村度假和康养产业，促进一二三产业融合发展。

（二）面临的发展机遇

1. 成为粤港澳大湾区建设的“后花园” 2019年2月，中共中央、国务院印发《粤港澳大湾区发展规划纲要》。《纲要》提出的粤港澳大湾区由珠三角9个城市、香港和澳门组成，人口超过6 600万人，面积5.6万多千米^2，GDP约1.3万亿美元。随着粤港澳大湾区交通等基础设施建设不断提速，将逐步建成集金融服务、科技创新、产业集群于一体的世界一流湾区，发挥引领创新、聚集辐射的核心功能。大埔作为粤港澳大湾区的“后花园”“二小时工作生活圈”，将为引进资金、科技、人才等资源，推动科技创新和配套产业发展及其转型升级带来难得的发展机遇，特别是在绿色优质农产品供给、文旅康养产业等方面发展潜力巨大。

2. 发展定位和思路更加清晰 《梅州市城市建设总体规划（2015—2030年）》提出，要建设“梅江韩江绿色健康文化旅游产业带”，推进大健康产业和体育休闲、文化旅游重点项目建设，发展以生态资源和客家文化为特色、以养生健康休闲为重点、以文化旅游产业为载体的现代旅游产业集群，创建国家全域旅游示范区。《大埔县城市总体规划（2011—2020年）》提出，要通过绿色工业、文化旅游、现代服务、生态农业等幸福导向型产业，实现“绿色的经济崛起”。与此同时，《大埔县“十三五”农业发展规划》《大埔县全域旅游发展总体规划》等进一步细化了大埔绿色经济崛起的具体路径和举措。这些规划和思路为推进大埔县绿色发展、打造“两山”理论创新实践示范区指明了发展方向，提供了基本遵循。

（三）存在的主要问题

1. 资源禀赋严重不足 大埔县属于典型的九山半水半分田的山区县，虽然生态环境良好，光、温、水、气、土壤等生产条件优越，但是资源禀赋严重不足，人均耕地面积少而且分散，农业生产粗放经营，没有形成规模和竞争力。农民经济收入主要依靠打工获取，青壮年大多外出务工，打工收入占农民收入的56%。此外，大埔县还是广东省扶贫开发重点县，经济总量小，财政基础薄弱，脱贫攻坚任务依然艰巨。

2. 区位优势不够明显 大埔县位于粤、闽、赣3省交界处，虽然有高速公路及铁路便利连接东南沿海三大经济圈及周边地区，但是距珠三角经济辐射圈直线距离约350千米，距潮汕揭经济圈直线距离约90千米，距海西经济圈直线距离约120千米，加上山区道路崎岖，实际距离还要更远，交通仍然不够发达，到厦漳泉和汕潮揭等出省、出海快捷通道仍未打通，县内公路等级比较低，区位优势不够明显，对沿海资源和产业吸引力不足。

3. 产业发展基础薄弱 2017年，大埔县三次产业比例为26.1：28.9：45，农业占比偏高，工业实力不强，三产发展滞后。以蜜柚、茶叶为主的支柱产业规模化、标准化、专业化种植水平不高，新型经营主体实力较弱，示范带动能力不强，产业发展停留在最初的生产包装阶段，产业链条短，产品附加值低，品牌效应不明显，缺乏与其他产业的融合发展。工业以陶瓷和电力为主，产业链条较短，产品效益和竞争力不强，多数农产品加工业尚处于初级阶段，存在无品牌化包装和无稳定销售渠道的困扰。第三产业特别是文旅产业的资源优势尚未充分挖掘，游客以省内为主，虽然近年来接待规模持续扩大，但是收入增长率持续下降，文旅产业还没有与一二产业有效融合，缺乏知名品牌。

4. 政策扶持还不到位 由于生态环境属于公共产品，生态消费属于文化或精神消费，难以计价和收费，要将良好生态环境转变为经济优势，必须将各种生态要素找到委托品，物化为具体产品，才能形成赢利模式。大埔县虽然生态环境优势明显，但是生态产品还不够丰富，基础设施建设和产业发展配套设施滞后，产品质量有待提高，品牌效应还不明显，政策扶持还不到位，导致产品出不去、卖不出好价钱，外面的人进不来，消费不足，吸引力不够。此外，在生态补偿、绿色认证、品牌创建、绿色投入、绿色考评等方面还缺乏具体政策措施。

二、推进"两山"理论创新实践示范区建设总体思路

（一）指导思想

以习近平新时代中国特色社会主义思想为指引，牢固树立和深入践行"绿水青山就是金山银山"的理念，贯彻落实《粤港澳大湾区发展规划纲要》，立足国家重点生态功能区定位和大埔生态优势，深入实施"生态立县、实业富县、文旅兴县"发展思路，坚持生态优先，突出人文引领，推动绿色发展，通过大埔县"两山"理论创新实践示范区建设，大力发展生态农业，积极探索打通"绿水青山"向"金山银山"的转化通道，凸显生态质量和效益，培育形成可复制、可推广的创新示范模式，将全县打造成为"两山"理论创新实践示范区，在广东省乃至全国发挥示范带动作用。

（二）基本原则

1. 坚持绿色导向 按照人与自然和谐共生理念，以保护当地良好生态环境、提升生态服务功能为出发点和落脚点，统筹山水林田湖草系统治理，统筹经济发展和生态环境保护的关系，通过大力造林、科学营林、严格护林，保护森林资源，提升森林质量和生态服务功能。坚决打赢蓝天保卫战，深入实施水污染防治行动计划，全面落实土壤污染防治行动计划，加强农业废弃物资源化利用，持续开展农村人居环境整治行动。积极探索以生态优先、绿色发展为导向的高质量发展新路子，努力推动大埔生态文明建设迈上新台阶，为实现经济社会高质量、可持续发展奠定良好生态基础。

2. 坚持高端引领 以提高资源利用效率和经济发展质量为核心，推进供给侧结构性改革，引进高端技术，开发高端产品，提供优质服务，实施一批重点项目，建设一批特色基地，打造产品价值高地，形成产业竞争优势，通过技术创新、产品创新和商业模式创新加快当地传统优势产业转型升级，促进大埔经济由中低端水平向中高端水平迈进。通过差别化战略和品牌化运作，探索出产品优质优价的新路子，让1%的品质差异获得100%的价格差异。

3. 坚持产业推进 培育壮大产业主体，统筹利用财政、金融、税收等优惠政策手段，引进大中型工商资本，加快升级本土企业。构建完善产业链条，推动产业链上各主体、各环节、各要素有机衔接，让人流、物流、资金流、信息流等在产业链上有效循环、形成合力。提升产业要素质量，推进土地、人才、资金、技术、管理、机制等产业要素集聚集中，提高产业发展质量、效益和竞争力。优化产业发展环境，从政策制度、市场环境、信息公开、公众参与等方面，营造良好的产业发展外部环境。推进相关产业融合发展，培育新动能、打造新业态，完善产业链、提升价值链，发挥产业的龙头带动作用。

4. 坚持品牌培育 大力推进区域公用品牌、企业自主品牌和知名品牌建设，打造高品质、有口碑的"金字招牌"。充分发挥政府部门在品牌建设中的主导作用，依靠政府的强大推力和营销手段，提高消费者对产品的认知度，打造区域公用品牌。依托国家地理标志保护产品区域，建立健全促进"地标"产品经济发展的长效机制，创建国家地理标志保护示范区。推动个别品牌分别打造向区域品牌综合打造转变，由国内知名品牌向国际知名品牌转变。进一步强化各类生产经营主体的品牌意识，激发他们对品牌创建、管理、维护的内生动力，重点扶持少数具有影响力、竞争力的品牌做大做强。

构建高中低端相结合的金字塔型品牌结构，明确不同产品的品牌定位，以高端引领带动中低端品牌建设，推动生产、经营、市场等多个主体参与品牌建设、分享品牌价值，共同保护好区域公用品牌。

5. 坚持文化厚植 充分利用大埔县丰富的红色文化、客家文化、民居文化、民俗文化、农耕文化和小吃文化等资源，挖掘文化内涵，熔铸文化意蕴，提升文化品位。着力打造文化新载体，厚植文化新优势，增强文化新活力。加快推进各类文化与相关产业的有机融合，大力发展文化+产业、文化+产品、文化+旅游、文化+养生等新产业、新业态、新产品，促进文化厚植与经济发展相辅相成、共同繁荣。

6. 坚持创新驱动 以企业创新为主体，科技创新为先导，全面推进技术创新、制度创新、管理创新和思维创新，努力形成多主体、多层次、开放互动的创新机制和环境，促进产业发展从要素驱动向创新驱动转变。加大企业创新支持力度，围绕主导产业、重点领域和关键环节，集聚优势资源，联合开展技术攻关和产品开发，培育一批具有自主知识产权和核心技术的科技型企业。鼓励支持企业与高等院校、科研机构等开展多种形式的合作，建立长期稳定的产学研协作关系。完善人才培养、引进、扶持、使用等方面政策机制，以产业发展吸纳人才，以人才培养支撑产业，发挥人才对产业的基础支撑作用。加强本土化优质人力资源开发和能人队伍建设，不断增强当地经济发展后劲。

（三）主要任务

坚持“生态立县”理念不动摇，以良好生态环境为依托，大力发展生态农业、绿色工业、文旅产业和现代服务业，不断拓展从生态美到百姓富的转化路径，努力实现大埔县经济绿色崛起。

1. 夯实生态本底，打造大埔县生态屏障

（1）推进生态环境保护区建设。着力构筑以韩江、梅江和汀江为核心的“一核一环五轴”区域生态安全格局。对丰溪林场自然保护区、三河镇水源交汇区、坪山梯田区、横屏山景区等重要生态功能区，实施分类管控和特殊保护。构建以“两江十字交汇”为轴线的千里水道风景线。开展生态清洁小流域建设和水土保持科技示范园建设。实施重大地质灾害隐患点村庄搬迁和整治工程，加强山体地貌生态修复、废弃矿山和受损农用地再利用。大力实施森林碳汇、生态景观林带、森林进城围城、乡村绿化美化等林业重点生态工程。

（2）打好生态环境保护“三大战役”。持续深化蓝天行动，加强工业废气污染治理和达标排放改造，深化高岭土行业专项整治，建立县、镇、村露天焚烧网格化监管机制，加快淘汰黄标车和老旧车，加强工地和运输扬尘管理、烟花爆竹燃放管控和矿山粉尘污染防治，大力发展清洁能源和可再生能源。深入实施碧水工程，深化落实河长制，大力推行湖长制。加强水源地环境保护，完成县级饮用水源保护区内环境违法违规问题清理整治。大力实施“南粤水更清”“南粤河更美”行动计划。全面推进全县“散乱污”工业企业（场所）综合整治。加快建设污水处理设施，实现全县建制镇污水处理设施全覆盖。强化畜禽养殖污染防治，遏制农业面源污染。全面推进净土工程，开展土壤污染状况详查，实施农用地分类管理和安全利用，加强土壤环境质量监管，强化各类固废处置设施建设，推进土壤重金属污染防治与修复。

（3）推进农村人居环境整治。落实农村人居环境整治三年行动计划，继续组织实施农村“三清三拆三整治”工作。以农村人居环境整治为切入点，组织实施“十村示范、百村整治”工程，开展垃圾、污水、厕所、村道、住房和村庄环境六大整治行动。加强乡镇和规模较大村庄集中式污水处理设施建设，推进居住分散的村庄建设分散式、低成本、易维护的污水处理设施。推进农村生活垃圾分类回收和无害化处理。建设生态沟渠、污水净化塘、地表径流集蓄池等设施，净化农田排水及地表径流。

2. 建设生态农业，做大做强特色主导产业 坚持质量兴农、效益优先、绿色导向，把增加绿色优质农产品有效供给放在突出位置，加快蜜柚、乌龙茶等主导产业转型升级，打造珠三角区域绿色优质农产品基地和食品安全示范基地。

（1）大力发展特色蜜柚产业。在湖寮、百候、枫朗、茶阳、青溪等北部蜜柚主产区，加快推进土地向新型经营主体集中流转，建设蜜柚现代农业产业园，打造蜜柚特色农产品优势区，扶持培育蜜柚产业化龙头企业，推广公司＋合作社＋农户＋市场的经营模式。开展蜜柚标准化生产经营，引进开发蜜柚新品种，推广蜜柚种植绿色技术，增施有机肥，采用生物防治病虫害技术，推广套袋技术，提升蜜柚品质。发展蜜柚精深加工，研发生产蜜柚系列产品，探索蜜柚全果综合利用，研发蜜柚冷藏保鲜技术，让蜜柚由“季节果”变成“四季果”，延长产业链、提升附加值。开展蜜柚品牌创建，组织参加产品展览、展销、交易会等，开展品牌创建、评选活动，打造不同档次品牌，突出高端引领，提升品牌知名度和市场竞争力。积极申报“大埔蜜柚”国家地理标志证明商标。推进种养结合，推广“蜜柚＋生猪”“蜜柚＋肉鸡”等种养结合循环发展模式，实现蜜柚基地带动养殖零排放、养殖粪便提供蜜柚种植优质肥。推进蜜柚种植与文化旅游融合发展，通过举办蜜柚节会，发展乡村旅游，并举办观花、采摘、品尝、DIY 等活动。

（2）稳步发展茶叶支柱产业。重点建设东部西岩山脉乌龙茶核心区基地，打造大埔乌龙茶的品牌，擦亮“中国名茶之乡”的金字招牌，把大埔发展成广东茶叶主产区。积极推进茶园土地流转集中，发挥龙头企业和专业合作社的带动作用，提高茶叶生产组织化程度。着力打造生态有机茶园，开展茶叶品种统一选育推广和栽培管理，实施有机肥替代化肥示范行动，推进病虫害绿色防控技术措施，推广机械修剪、采摘等设备，确保茶叶的规格及色、香、味、形等符合统一标准。大力推进茶叶精深加工，加快现有茶叶加工厂技术改造升级，创新乌龙茶加工工艺，研发应用控温、控湿等“空调”做青新技术、新设备，加强产品包装、储藏运输等环节操作管理，大力开发乌龙茶饮料。推进茶叶区域公用品牌建设，通过参加博览会、展销会、媒体宣传等方式，打响大埔乌龙茶茶叶品牌，培育乌龙茶饮料知名品牌。推进茶叶产业与文化旅游融合发展，围绕茶主题、依托茶资源、讲好茶故事，打造茶园景观，推广茶道和制茶体验，开发茶叶礼品，发展茶区民宿，形成以茶促旅、以旅兴茶的发展格局。

3. 发展绿色工业，打造低碳环保清洁产业

（1）推进陶瓷产业转型升级绿色发展。提高陶瓷企业准入门槛，制定执行绿色陶瓷生产标准，实行陶瓷企业绿色认证。支持和鼓励年产值 5 000 万元以上的陶瓷企业通过联合、兼并等形式做大做强，形成陶瓷产业“龙头”。推进陶瓷产业供给侧结构性改革，大力发展中高端陶瓷，以及小体量、轻量化、功能化产品，减少资源和能源消耗。加强陶瓷企业技术创新和转型升级，大力开发具有自主知识产权的技术、设备和产品，加强低耗能、高环保、智能化设备和工艺技术的引进应用，加强对生产过程中各种废渣、废泥、废品等废弃物循环利用。推广使用清洁能源，逐步淘汰燃煤、重渣油，改用煤气、天然气和轻质柴油。实施名标、名牌战略工程，引导和鼓励陶瓷企业制定产业联盟标准，统一使用“大埔青花瓷”地理标志证明商标和“中国高陂陶瓷”注册商标。推动陶瓷产业与其他产业融合发展，大力发展陶瓷文化创意产业及高附加值新兴陶瓷产业，生产大埔青花瓷容器包装，形成大埔特有品牌，提高其他产品附加值。大力发展陶瓷产品电子商务，开展网上绿色营销。建立陶瓷产业绿色评价指标体系，开展陶瓷产品全生命周期、全产业链绿色生产考评。

（2）建设绿色低碳循环产业工业园。坚持“工业新城、生态园区”理念，加快建设广州海珠（大埔）产业转移工业园，推进工业产业绿色转型发展，制订产业准入负面清单，转变招商引资方式，实行生态招商、生态建园，严把环评审批关，严禁高污染、高耗能企业进入，对不符合国家产业政策、环保不达标的项目坚决不予审批，努力走出一条绿色生态与工业融合发展的新路子。积极争取建成投产一批项目、新引进一批企业进园开工建设，鼓励和引导乡贤企业投资建设产业创新中心和科技企业孵化基地，推进新一轮技术改造、绿色化改造，全面落实工业企业技术改造事后奖补政策，扶持骨干企业实施技术改造、自主核心技术研发，打造一批具有较强竞争力和区域品牌优势的龙头企业。

4. 做大文旅产业，打造广东全域旅游示范区 依托大埔县丰富的生态田园山水和客家人文历史景观，以短期短途停留客人为主要对象，以打造梅江、韩江绿色健康文化旅游产业带和粤东客家历史文化旅游胜地为主要抓手，围绕休闲观光、文化体验、乡村旅游、健康养生、采摘购物等功能主题，大力发展全域文化旅游，积极探索“旅游＋”“＋旅游”等文旅融合模式，实现区域资源有机整合、产业深度融合发展。

积极探索“旅游＋生态”模式，建设一批国家级、省级生态旅游景区，打造粤东北生态漫游基地。结合乡村农业景观、农业生产、农业产品、农事节庆等资源，大力发展乡村民宿、农家乐、农业庄园、家庭农场，开发农事体验、乡野拓展等乡村休闲旅游产品，抓好西岩山万亩茶园和双髻山蜜柚公园等农业休闲体验观光景区建设，打造“旅游＋农业”模式。恢复保护传统古镇村落，建设客家文化集中展示区，打造陶瓷文化创意产业园，创新传统特色文化载体和表现形式，提升大埔“旅游＋文化”模式的影响力。加强文旅产业整体规划设计，推进各项配套服务设施建设，制定相关标准规范，强化宣传推广力度，争创大埔文旅产业知名品牌。

5. 做强康养产业，打造粤港澳大湾区的健康后花园 依托境内良好的生态环境、丰富的旅游资源、“长寿之乡”美誉，以粤港澳为重点区域同时面向全国，以中长期停留的中老年客人为主要对象，大力发展森林康养、气候康养、中医药康养、食疗康养等模式，建设“康养大埔”，打造新的经济增长亮点。建设康养小镇，以康养产业为核心，将健康、养生、养老、休闲、旅游等多元功能融为一体，催生带动形成新的产业和业态。开发康养食品，充分利用“中国长寿之乡”及富硒带的优势，大力发展生态有机农产品、富硒功能食品、食用中药材、山珍野味等具有保健养生功能的产品，并结合生态观光、农事体验、食品加工体验、餐饮制作体验等活动，推动康养食品产业链综合发展。优化康养服务，整合优化医疗资源，构建康养医疗服务体系，提供预防、治疗、康复、养生等服务；大力发展康养文化，加强“长寿之乡”宣传，探索会员制等机制模式，打造链接全国、全球的康养产业大数据和智慧服务平台，创建具有大埔区域特色的康养产业品牌，谋划创建国家康养产业试验区。

三、打造“两山”理论创新实践示范区建设样板

按照“两山”理论创新实践示范区建设的总体思路，结合大埔县各地特点和优势，集中优势资源，着力打造一批各具特色的典型样板，加强宣传引导，发挥示范带动作用，加快构建以产业生态化和生态产业化为主体的绿色经济体系，充分挖掘生态价值，做大金山银山。

（一）生态农业示范样板

1. 双髻山生态蜜柚产业示范园

（1）发展思路。依托广东顺兴种养股份有限公司现有的2 384亩自营蜜柚农场，采用生态种植技术，示范带动当地发展生态蜜柚产品，提升蜜柚品质，大力发展蜜柚精深加工，构建蜜柚全产业链条，开发一系列中高端蜜柚食品和饮品，推进蜜柚残渣等废弃物资源化利用，真正将蜜柚“吃干榨净”，实现产品提质增值，打造集蜜柚种植、加工、销售一体的产业示范园

（2）运行模式。

一是公司＋合作社＋农户＋市场经营模式。以公司为龙头，合作社为纽带，引进开发蜜柚新品种。通过统一供应优质种苗、统一配施有机肥料、统一采取病虫害绿色防控技术、统一品牌销售等方式，大力推进标准化生产和规模化经营，不断提升蜜柚品质和市场竞争力。

二是柚-沼-畜生态循环农业模式。推广“蜜柚＋生猪”“蜜柚＋肉鸡”等种养结合循环发展模式，配套建设养殖场和沼气池，适度发展标准化规模养殖业，将畜禽养殖废弃物经过好氧/厌氧堆肥处理后，作为有机肥用于蜜柚种植业，实现蜜柚基地带动养殖零排放、养殖粪便提供蜜柚种植优质有机肥，促进蜜柚种植绿色发展。

三是蜜柚全果综合利用模式。大力发展蜜柚精深加工，研发生产蜜柚干、柚皮糖、柚子茶、蜜柚饮料、蜜柚酒等系列产品、饮品，推进蜜柚废弃物资源化利用，坚持高端引领、品牌开发，让产品变

礼品、顾客变会员，延长产业链、提升附加值，实现加工转化增值。

四是蜜柚休闲观光模式。推动蜜柚种植与文化旅游、采摘观光融合发展，举办蜜柚观花、采摘、品尝、加工体验等活动。例如，在蜜柚的开花期（3月）举办蜜柚赏花踏青等主题活动，在蜜柚采摘期（9月）举办全国柚子节/柚产品博览会、国际柚子采摘节暨供需会等活动，不断扩大作为“中国蜜柚之乡”的社会影响。

（3）推介方式。

一是积极申报果-沼-畜循环利用、有机肥替代化肥、农业废弃物资源化利用等项目工程，打造示范样板，形成典型模式，在全国相关区域推广应用。

二是积极申报“大埔蜜柚”国家地理标志证明商标，打造区域公用品牌，组织参加各类产品展览、展销、交易会等，努力扩大大埔蜜柚的社会影响。

三是借助国家、地方主流媒体的充分报道，打造电商网络展示平台，加大对大埔生态环境、生态产品、长寿元素等宣传力度，不断开发游客资源，拓展产品销售渠道。

2. 西岩山生态茶园

（1）发展思路。在东部西岩山脉乌龙茶核心区，扶持做大1～2家茶叶产业化龙头企业，推进茶园土地流转集中，从育苗、施肥、修剪、改良土壤、绿色防控、机械采摘等方面开展标准化生产示范，着力打造生态有机茶园，不断提升茶叶标准化生产和卫生质量安全水平。以乌龙茶生产为核心，创新茶叶加工技术和加工工艺，制作中高档乌龙茶产品，大力开发乌龙茶饮料，积极推进茶叶种植与休闲观光、文化旅游相结合，打造绿色茶叶产业链条，加大茶叶品牌创建和宣传力度，擦亮“中国名茶之乡”的金字招牌。

（2）运行模式。

一是公司＋合作社＋农户种植模式。以公司为龙头、合作社为纽带，推进茶园土地流转集中，提高茶叶生产组织化程度，引进开发茶叶新品种，实施有机肥替代化肥行动，推进病虫害绿色防控技术措施，开展茶叶标准化生产示范，打造绿色生态茶园，适度发展有机茶产业。

二是茶-沼-畜生态循环农业模式。适度发展标准化规模生猪、肉鸡养殖业，将畜禽养殖废弃物经过沼气池或者好氧/厌氧堆肥处理后，作为有机肥施用于茶园，不断提升茶叶质量安全。

三是茶叶工厂化加工模式。在茶叶标准化种植和卫生质量稳步提升基础上，以中高档乌龙茶生产为重点，加快现有茶叶加工技术改造升级，创新乌龙茶加工工艺，实施乌龙茶标准化、规模化生产加工，着力降低成本、提高效益，配套生产适合乌龙茶产品包装的陶瓷工艺品容器，努力提升茶品包装外观与档次，开发礼品乌龙茶。大力开发乌龙茶饮料，加大市场宣传推广力度，做大乌龙茶饮料品牌。

四是茶园休闲观光模式。推动茶叶种植与文化旅游、采摘观光融合发展，打造茶园景观带，挖掘茶文化，开展茶叶采摘、制茶体验、现场品茗、茶山对歌、茶区民宿等活动，不断开发游客资源，提升茶产业附加值。

（3）推介方式。

一是讲好富硒乌龙茶故事。充分挖掘大埔县生态、富硒、长寿元素，通过种植展示、科学检测、权威发布、典型示范等方式，让具有大埔特色的富硒、长寿型乌龙茶深入人心，成为高品质茶的代名词。

二是培育区域乌龙茶公用品牌，通过参加产品博览会、展销会、媒体宣传等方式，打响大埔乌龙茶茶叶品牌，培育乌龙茶饮料知名品牌，打造“中国名茶之乡”。

（二）生态工业示范样板

1. 样板名称　怡丰园生态青花瓷示范区。

2. 发展思路　立足高陂镇青花瓷特色小镇“一核·三区”总体规划布局，依托青花瓷研究院的科技创新，加大人才培养引进力度，以生产特陶产品和工艺品为重点，以发展高档优质骨质青花瓷为主攻方向，加大资源整合，加强技术攻关，创新工艺流程，突出节能环保，推动绿色转型，融合产业发展，打造“生态青花瓷”知名品牌，推动传统青花瓷产业转型升级、提质增效。

3. 运行模式

（1）产业集聚发展模式。加大示范区同类资源整合，做大做强陶瓷龙头企业，大力发展陶瓷科技创新中心、原料集散调度中心、文化创意中心、物流服务中心等相关配套产业，推动企业关键技术创新，优化升级产业产品结构，不断完善产业链条，推动产业集群发展，增强示范区产业的凝聚力、带动力和竞争力。

（2）陶瓷＋文旅双创模式。以陶瓷产业为基础、文化旅游为纽带，通过创意、创新、智造，打造以青花瓷为主题的“陶瓷创意设计＋文化艺术交流＋文化休闲体验＋文化旅游度假”和“宜创＋宜业＋宜居＋宜游＋宜享”五位一体的“双创”产业示范区，建设高新技术陶瓷产业基地、陶瓷文化创意产业基地、国家工业旅游示范基地、陶瓷文化旅游目的地、智慧生态社区，举办陶瓷工业观光、陶瓷制作体验、陶瓷文化品鉴、陶瓷艺术欣赏、陶瓷科普教育等活动，推动“陶瓷＋文旅”互融互促发展。

（3）“特陶＋工艺品”高端引领模式。推动陶瓷产业由日用品、艺术陈设品生产向工业和医用陶瓷产品方向转化，大力发展高技术含量、高附加值、多功能陶瓷产品；通过产品创新、技术改造和工艺改进，提高特陶工业品的规模效益和产品附加值。注重发展高端青花瓷工艺品，强化设计创新和差异化、个性化研发，培育一批本土化陶瓷“工艺大师”，开展小批量、个性化、订单式生产，突出陶瓷设计、工艺、材质、图案、造型等方面特色，打造高端艺术精品，不断提升产品增值空间。

4. 推介方式

（1）打造区域陶瓷品牌。引导和鼓励陶瓷企业制定产业联盟标准，统一使用“大埔青花瓷”地理标志证明商标和“中国高陂陶瓷”注册商标，打造区域知名品牌。

（2）加大产品宣传力度。通过举办陶瓷产业博览会、产品交易会和产业联盟论坛等活动，加大宣传大埔青花瓷的美誉，突出大埔陶瓷“白如玉、明如镜、薄如纸、声如磬”的特点，奠定大埔县作为“中国青花瓷之乡”的重要地位。

（3）创新产品营销方式。健全陶瓷产品物流配送体系，稳定现有经销队伍和客户资源，大力发展电子商务，拓展网络销售渠道，开展网上绿色营销。以客家文化为纽带，积极拓展国内外特色细分市场，形成长期稳定的销售渠道。

（三）生态文旅示范样板

1. 样板名称　茶阳中华客家文化体验大观园。

2. 发展思路　以建设国家级文化生态保护实验区的核心区为契机，以茶阳古镇为重点，依托当地丰富的历史典故、古典建筑、客家民居、客家文化、民间艺术、大埔小吃等特色资源，将古民居的保护和修复、文化的传承和发展、小吃的体验和制作、生态的保护和利用与旅游业的开发等有机结合，打造成集古镇观光、历史探寻、文化休闲、科教娱乐、民俗体验等功能于一体的客家古镇生态文化旅游区。

3. 运行模式

（1）客家文化集中展示模式。广泛搜集大埔县乃至粤闽赣三地具有代表性的客家文化资料、资源和元素，进行时空梳理，内容涵盖衣、食、住、行，以及名人、轶事、神话、传奇等诸多方面，打造覆盖全球范围客家文化元素的中华客家文化大观园，集中展示客家人文历史及农耕、生活、礼仪、民居、饮食、工艺制品等诸多客家元素，并以大观园为载体，打造重点突出、条理清晰的特色旅游线路，吸引各方游客参观体验。

（2）千年古镇慢生活体验模式。对茶阳古镇及其周边古建筑进行保护修缮，包括父子进士牌坊、南洋古道骑楼、张弼士名居等；融进文化、历史、典故、科学等元素，让古民居焕发新活力。挖掘整理当地文化和民间艺术，如广东汉乐、广东汉剧、鲤鱼灯、仔狮灯、花环龙等，打造当地民间艺术展示传播中心。弘扬大埔县小吃文化传统，开展大埔县小吃集中展示体验区。配套建设工艺制作、农耕体验、骑马、垂钓、游船、休闲娱乐等服务设施和大埔县名特产品展销中心，打造慢生活体验小镇，吸引游客体验古风、感受清静、放松身心。

4. 推介方式

（1）加强客家文化宣传。举办中华客家文化大观园揭牌仪式暨首届中华客家文化研讨会，邀请相关领导、民俗专家及海内外客家名人参加，提升大埔县在客家文化中的地位和影响。每年举办一届规模较大的客家文化交流活动，围绕凝聚全球客家人亲情/感情这一主题，邀请主流媒体对其进行宣传报道。

（2）加强茶阳古镇宣传。以粤港澳大湾区为重点、面向全国，通过各类媒体、利用各种方式，对茶阳古镇的古建筑、古文化、名小吃、慢生活等进行包装宣传，打造粤港澳后花园的慢生活特色小镇，吸引周边游客前来放松体验，带动当地文旅产业发展。

（四）生态康养示范样板

1. 样板名称　瑞山森林康养休闲度假园。

2. 发展思路　依托当地良好的生态环境和长寿元素，以瑞山森林康养基地为实施主体，以旅游休闲、健康养老人群为主要对象，营造中长期宜住、宜养、宜乐的康养环境，大力发展观光式、候鸟式、疗养式旅居康养模式，努力打造集森林游憩、度假、疗养、运动、教育、养生、养老及食疗（补）等于一体，具有休闲、娱乐、养生、保健、养老等功能的康养休闲度假园，示范带动当地康养旅游产业发展。

3. 运行模式

（1）健康养生观光体验模式。依托当地空气清新、环境优美的生态环境及宜人的自然气候条件，以短期、短途游客为主要对象，以观光游览、休闲养生、采摘购物、农事体验、加工体验等为主要形式，打造生态体验、森林养生、气候养生、田园养生、矿物质养生等新型业态和产品，让游客通过养生观光体验，领略自然风光、体验养生设施、品尝养生产品、享受养生功能，为扩大宣传影响、吸引更多游客开展中长期健康养生观光奠定良好基础。

（2）健康养老旅游居住模式。依托当地良好的生态环境及健康长寿元素，以中长期、中长途游客为主要对象，以健康养老、健康长寿为主要目标，构建以养生度假、休闲娱乐、健康餐饮、中药康疗等为主要形式的健康养老旅游居住模式。依托当地生态环境和气候条件，大力发展暖冬御寒、夏季避暑旅居康养、景区体验等候鸟式旅居康养模式。依托当地富硒食品、中医药产品和配套医疗护理设施等，积极发展中医养生、西医护理、美食养生等疗养式旅居康养模式。建设标准、配套、舒适的康养公寓和服务设施，不断提升健康养老服务质量和医疗保障水平，吸引中老年游客和特定人群前来开展健康养老。

4. 推介方式

（1）加强长寿品牌宣传。以北上广、粤港澳大湾区等一二线城市和东北、华北、西北等冬季寒冷地区为主要对象，加大大埔县作为“中国长寿之乡”的宣传推介力度，吸引健康养生、养老人群来此游览观光和居住养老。

（2）加强康养产品宣传。以大埔县荣获“新时代·中国最佳康养旅游名县”（2018年）、瑞山森林康养基地荣获广东省首批10个省级森林康养试点示范基地为契机，加强县域康养产业和产品宣传，打造区域知名品牌。

四、谋划“两山”理论创新实践示范区建设宣传推介活动

（一）组织召开专题研讨会

《总体方案》初稿形成后，联系组织相关领域的高层领导和知名专家，在大埔县召开打造“两山”理论创新实践示范区专题研讨会，围绕研讨主题献计献策，进一步细化《总体方案》思路和具体措施，论证样板打造、品牌包装和项目实施等的可行性。

（二）组织开展采访报道

围绕大埔县生态环境优势、产业发展特色及“两山”理论创新实践示范区建设思路等内容，邀请中央电视台七频道、农民日报社等单位的媒体记者，开展实地采访和专题报道，加大相关内容的宣传力度。

（三）组织参加相关活动

加强与农业农村部、生态环境部、文化和旅游部等相关部门沟通协调，在生态循环农业示范建设、农村人居环境整治先进典型、休闲农业和乡村旅游精品工程、农产品品牌建设、农产品展销交易、国家级旅游度假区打造、“两山”理论实践创新基地等方面，积极推介大埔县的先进经验和典型模式，加大示范区建设宣传推广力度。

（四）积极争取项目资源

按照《大埔县“两山”理论创新实践示范区建设总体方案》具体内容和要求，积极向农业农村部等有关部门反映大埔县情况，积极争取政策、项目和技术等方面支持。

（五）努力提供专家支撑

在大埔县“两山”理论创新实践示范区谋划、论证、建设、验收等环节，组织动员相关领域专家资源，为开展政策咨询、方案论证、技术指导、人员培训等提供智力支撑。

五、强化“两山”理论创新实践示范区建设保障措施

（一）加强组织领导

成立大埔县推进“两山”理论创新实践示范区建设领导小组，形成党政主要领导牵头、相关职能部门参加、有关市场主体实施、社会广泛参与的分工协作、统筹推进工作机制。将示范区建设纳入大埔县乡村振兴和生态文明建设总体规划，制订阶段性实施计划，明确各阶段目标任务、时间节点和工作要求，实行项目化、清单化、责任化管理，研究解决示范区建设过程中的重大问题，构建全方位工作监督管理体系和行之有效的考核评价体系，确保各项任务按时保质完成。

（二）强化政策支持

积极争取中央和省、市有关扶持政策和资金项目，加大对示范区的重点投入力度。积极对接粤港澳大湾区相关产业，以生态保护、绿色发展为指导，加大招商引资力度。积极引导金融机构加大扶持力度，创新金融产品和投融资方式，助力传统产业转型升级、绿色发展。积极引进客家名人和乡绅乡贤，投身乡村建设，推动创新创业。完善政府购买服务、“PPP”模式、第三方治理等机制模式，加大社会资本投入力度，加快绿色产业、基础设施和配套服务设施建设，集中打造精品样板。完善生态补偿、绿色考评、优质优价、品牌创建、碳排放交易等方面政策机制，强化政策导向和政策保障。

（三）加大宣传力度

通过会议、文件、培训等方式，将示范区建设总体方案、各阶段目标任务、政策措施及具体要求等内容传达落实到相关地区和人群，让“两山”理论深入人心，推动形成保护生态环境、促进绿色发展、加强示范区建设的共识，让示范区建设成为大家的自觉行为。广泛利用新闻媒体等，以及参加各种会议、培训、活动等机会，大力宣传大埔县建设“两山”理论创新实践示范区的工作经验、典型模式、区域品牌和特色产品，营造良好的舆论氛围，吸引社会各方面支持、参与示范区建设。

贵州省受污染耕地安全利用生态补偿制度创设研究

（2020年）

耕地是农业发展的物质基础，也是国家粮食安全和农产品质量安全的源头保障。长期以来，由于我国耕地开发利用强度大，受土壤本底值大、工业污染排放、农业面源污染等因素影响，我国耕地不同程度受到污染。2010年，生态环境部和国土资源部调查显示，全国16.1%的土壤污染物超标，其中耕地土壤点位超标率达19.4%、超标面积约3.5亿亩。在耕地点位超标率中，属于轻微污染占13.7%、轻度污染占2.8%、中度污染占1.8%、重度污染占1.1%，说明重度污染耕地比例较小，多数受污染耕地可通过采取措施加以整治，达到安全利用。2016年5月，国务院印发《土壤污染防治行动计划》，明确提出到2020年，轻度、中度污染耕地实现安全利用的面积达到4 000万亩，重度污染耕地种植结构调整或退耕还林还草面积力争达到2 000万亩，受污染耕地治理与修复面积达到1 000万亩，受污染耕地安全利用率达到90%左右，污染地块安全利用率达到90%以上。

为加快推进受污染耕地安全利用，中央和地方各级政府制定出台了一系列相关政策制度，加大经费投入力度，集成示范推广受污染耕地安全利用技术模式，力争如期实现“土十条”提出的“421”目标任务。本报告以贵州省为典型案例，通过实地调查，了解掌握贵州省开展受污染耕地安全利用的总体情况，梳理中央和省里出台的相关政策制度，特别是生态补偿方面的做法和经验，分析存在的主要问题，提出推进受污染耕地安全利用生态补偿制度创设的有关思路和建议。

一、贵州省受污染耕地安全利用情况

（一）贵州省受污染耕地安全利用目标任务

贵州省地处我国西南部，分别与湖南、广西、云南、四川、重庆5个省份相接，位于长江和珠江两大水系上游交错地带。全省面积17.62万千米^2，耕地面积6 778万亩，常住人口3 600万人。2018年，全省地区生产总值14 806.45亿元，其中农林牧渔业增加值2 276.74亿元。全省地貌可概括分为高原山地、丘陵和盆地3种基本类型，素有“八山一水一分田”之说，92.5%的面积为山地和丘陵。

全省矿产资源丰富，已经探测到的矿种数量达到137种，其中88种已经探明了储量。汞、重晶石、化肥用砂岩、冶金用砂岩、饰面用辉绿岩、砖瓦用砂岩等保有储量列全国第一位；磷、铝土矿、稀土等保有储量列全国第二位；镁、锰、镓等保有储量列全国第三位。此外，煤矿、锑矿、金矿、硫矿、铁矿等在国内也占有重要地位。现已登记在案的矿产地多达3 266个，其中能源矿产地800余个、金属矿产地1 100余个、非金属矿产地1 200余个。矿业是贵州省的重要支柱产业。

伴随着矿业的开发利用，不可避免地对周边土壤环境带来污染，耕地污染问题比较突出。根据贵州省人民政府与生态环境部签署的《贵州省土壤污染防治目标责任书》，到2020年，全省要完成耕地土壤环境质量类别划定，受污染耕地安全利用的面积达到750万亩，受污染耕地治理与修复面积达到196万亩，重度污染耕地种植结构调整或退耕还林还草面积达到370万亩，受污染耕地安全利用率达到76%。可以看出，全省受污染耕地安全利用任务占全国“421”任务近1/5。各市（州）受污染耕地安全利用与治理修复责任目标见表1。

表1 贵州省市（州）受污染耕地安全利用与治理修复责任目标分解表

序号	市（州）	安全利用面积（万亩）	安全利用率（%）	治理与修复面积（万亩）
1	安顺市	59.06	76	15.43
2	毕节市	230.31	64	60.19
3	贵安新区	0	90	0
4	贵阳市	23.62	88	6.17
5	六盘水市	11.81	92	3.09
6	黔东南州	153.54	66	40.13
7	黔西南州	135.83	65	35.5
8	黔南州	59.06	78	15.43
9	铜仁市	35.43	90	9.26
10	遵义市	41.34	91	10.8
合计		750	76	196

贵州省仁怀市耕地土壤污染情况

截至2016年，全市耕地面积54 607.3公顷，占土地总面积的31.1%，其中永久基本农田面积40 803.1公顷、占耕地总面积的74.7%。根据重金属污染普查结果，全市85%以上的农用地点位处于无风险或低风险水平，50%以上点位处于无风险水平，但仍有14.7%的点位处于中高风险水平，污染点位的比例偏高。

2020年3月，贵州省农业农村厅、生态环境厅联合印发《贵州省2020年受污染耕地安全利用总体方案》。《方案》根据全国农用地土壤污染状况详查结果，经生态环境部会同农业农村部研究，对全省下阶段农用地安全利用等有关目标任务进行了调整，将原来受污染耕地安全利用、种植业结构调整或退耕还林还草、治理与修复三类任务，调整为安全利用、严格管控两类任务。规定贵州省到2020年底，需完成受污染耕地安全利用和严格管控的总任务为1 039.35万亩，其中安全利用面积834.75万亩、严格管控面积204.6万亩。

（二）贵州省受污染耕地安全利用主要措施

2019年4月，贵州省农业农村厅、省生态环境厅印发《关于做好受污染耕地安全利用工作的通知》，将受污染耕地按照安全利用、治理修复、严格管控3类分别提出具体措施。其中，安全利用类措施主要为农艺调控措施，包括低吸收品种替代、调节土壤酸度、开展水肥调控等；治理3修复类措施是在农艺调控等措施的基础上，进一步实施土壤调理、开展原位钝化、实施生物修复等。安全利用类与治理修复类措施主要针对轻中度污染耕地，而严格管控类措施针对重度污染耕地，可依据当地特色产业发展开展种植业结构调整，采取休耕、退耕还林还草等措施，逐步退出超标食用农产品生产。

2020年3月，按照生态环境部、农业农村部对贵州省受污染耕地安全利用目标任务调整要求，贵州省农业农村厅印发了《受污染耕地安全利用和严格管控工作推进方案》，将受污染耕地安全利用措施由原来三类调整为安全利用和严格管控两类，对安全利用类耕地，优先采用农艺调控、低积累品种替代等措施；对于严格管控类耕地，依法划定特定农产品严格管控区，优先采用种植结构调整、休耕、退耕还林还草等措施。在严格管控类耕地上，已发现水稻超标的区域，原则上禁止种植水稻。例如，改种除水稻外的其他食用农产品，应改种对目标污染物（如镉、汞、砷、铅、铬等）不敏感的高效品种。在耕地污染相对集中连片的区域，要以乡镇为单元完成受污染耕地安全利用集中推进区建设

（包括安全利用、严格管控），建立受污染耕地安全利用集中推进区。

二、贵州省受污染耕地安全利用生态补偿相关政策制度

贵州省是长江、珠江上游重要生态屏障和生态功能区，也是国家生态文明试验区。习近平总书记强调，贵州要守住发展和生态两条底线，正确处理发展和生态环境保护的关系，在生态文明建设体制机制改革方面先行先试，把提出的行动计划扎扎实实落实到行动上，实现发展和生态环境保护协同推进。

开展生态补偿是实现贵州省受污染耕地安全利用的重要经济手段，创设受污染耕地安全利用生态补偿制度，有利于发挥贵州生态文明体制机制创新成果优势，探索一批可复制、可推广的生态文明重大制度成果；有利于解决关系人民群众切身利益的突出资源环境问题，调动全社会参与生态环境保护的积极性；有利于促进生态补偿管理的规范化和标准化，推进生态文明建设迈上新台阶。

（一）地方性法规

于2014年7月1日施行、并于2018年11月29日经贵州省第十三届人大常务委员会第七次会议修正的《贵州省生态文明建设促进条例》第四十九条规定：省、市州人民政府应当按照保护者受益、污染者（破坏者）赔偿、受益者补偿的原则，逐步建立健全生态保护补偿机制。通过财政转移支付与资金、技术、实物补偿等方式，在全省八大水系、草海实施生态补偿，逐步对全省空气质量实行地区间生态补偿，并对生态保护区、流域上游地区和生态项目建设者、保护者、受损者提供经济补偿和经费支持。鼓励探索区域合作等形式进行生态补偿，推动地区间搭建协商平台，建立生态补偿市场化运作机制和横向转移支付制度。

2019年5月31日，贵州省第十三届人民代表大会常务委员会第十次会议通过的《贵州省生态环境保护条例》第二十九条规定：省人民政府应当将生态保护补偿纳入地方政府财政转移支付体系，建立健全生态保护补偿机制。积极推动地区间建立横向生态保护补偿机制。生态保护补偿实施办法、补偿标准及禁止开发区域和重点生态功能区名录由省人民政府制定。

（二）相关政策文件

2016年6月，贵州省人民政府办公厅转发省发展和改革委员会、省环境保护厅《关于加强长江黄金水道环境污染防控治理工作方案的通知》，明确提出全面推进水污染防治生态补偿机制。在开展清水江、红枫湖、赤水河、乌江等流域水污染防治生态补偿基础上，在省域内其他主要流域推广。积极争取国家支持，探索建立赤水河云贵川三省水污染防治生态补偿机制。

2016年12月，贵州省人民政府印发的《贵州省土壤污染防治工作方案》明确指出，采取有效措施，激励相关企业参与土壤污染治理与修复。研究制定扶持有机肥生产、废弃农膜综合利用、农药包装废弃物回收处理等企业的激励政策。加大耕地污染防治支持政策，健全绿色生态导向的农业补贴制度。积极配合国家相关部门在农药、化肥等行业开展环保领跑者制度试点。

2017年2月，贵州省人民政府办公厅印发的《关于健全生态保护补偿机制的实施意见》，明确提出完善耕地保护补偿制度。落实国家以绿色生态为导向的农业生态治理补贴制度，加大对农药化肥减量化、施用有机肥料和低毒生物农药农户的补助。在岩溶石漠化地区25°以下坡耕地和瘠薄地实施耕地休耕，并对休耕地农民给予资金补助。加大实施国家新一轮退耕还林（草）工程，完善地方补助政策。推进一般地区25°以上、重要水源地15°～25°坡耕地基本农田的退出，并争取纳入国家退耕还林（草）补助范围。退耕后营造的林木，凡符合国家和地方公益林区划界定标准的，及时纳入中央和地方财政森林生态效益补偿。

2017年5月，贵州省人民政府办公厅印发《贵州省贯彻落实〈西部大开发“十三五”规划〉实施方案》，明确提出完善生态保护补偿机制。建立完善森林、草地、湿地、水流、耕地生态保护补偿

体制机制，制定科学、合理、全面的生态保护补偿统计指标体系，多渠道筹措资金加大生态保护补偿力度，强化重点生态区域补偿，推进横向生态保护补偿，推进生态保护补偿制度化和法制化，实现全省森林、草地、湿地、水流、耕地等重点领域和禁止开发区域、重点生态功能区等重要区域生态保护补偿全覆盖，跨地区、跨流域横向生态保护补偿试点取得明显进展，初步建立多元化补偿机制，基本形成符合省情的生态保护补偿制度体系。

2017 年 10 月，中共中央办公厅、国务院办公厅印发的《国家生态文明试验区（贵州）实施方案》，要求制订实施受污染耕地安全利用方案，强化对严格管控类耕地的用途管理，鼓励土壤污染第三方治理，建立政府出政策、社会出资金、企业出技术的土壤污染治理与修复市场机制；制订出台贵州省健全生态保护补偿机制的实施意见，逐步在省域范围内推广覆盖八大流域、统一规范的流域生态保护补偿制度；建立以绿色生态为导向的农业补贴制度；依法建立强制性环境污染责任保险制度；建立生态环境损害赔偿制度。

2018 年 12 月，贵州省农业农村厅等六部门发布的《贵州省受污染耕地种植结构调整或退耕还林还草工作方案》，明确提出：建立耕地污染生态补偿制度，合理确定补偿标准，采取实物补偿或现金补贴等方式，切实保障农民受益不降低。制定出台对结构调整产业链的扶持政策，激发农民实施结构调整的自觉性和主动性，引导农民将重度污染耕地自愿退出农业生产。

2019 年 4 月，贵州省农业农村厅、生态环境厅联合印发的《关于做好受污染耕地安全利用工作的通知》，明确提出：加快建立以绿色生态为导向的农业补贴制度，鼓励各地统筹涉农等相关资金，将受污染耕地安全利用纳入种植结构调整等任务，加大资金支持力度。

（三）有关经费投入

贵州省在受污染耕地安全利用资金投入方面，除了积极争取中央土壤污染防治专项资金，并将其主要用于农用地周边涉镉等重金属行业企业提标改造、截断污染物进入农田途径、受污染耕地安全利用等方面以外，还多方面加大资金筹措力度，积极向省财政争取专项资金，要求各市（州）协调财政部门加大对土壤污染防治的财政投入力度，鼓励各地统筹利用涉农相关资金，形成多元化投入机制。充分发挥财政资金的引导功能，因地制宜探索通过政府购买服务、第三方治理、“PPP”模式、事后补贴等形式，吸引社会资本主动投资参与耕地污染治理修复工作；创新金融、保险、税收等支持政策，对开展安全利用和严格管控耕地的农业经营主体或市场主体优先实施信用担保、贴息贷款或税收减免，完善耕地污染防治保险产品和服务。

2019 年 6 月，贵州省生态环境厅根据中央环保投资项目储备库建设提供的农业农村部门土壤污染治理项目申报清单见表 2，总计 12 个项目，合计投资 178 314.64 万元，全部为国家资金。

表 2　贵州省农业农村部门土壤污染治理项目申报清单

项目名称	项目内容	项目投资（万元）
望谟县 2019 年耕地土壤环境质量类别划分及安全利用	农用地土壤质量类别划分。农用地土壤加密调查（385 个点位）。实施安全利用面积 0.8 万亩，其中农艺调控 0.4 万亩、土壤改良修复 0.3 万亩、土壤净化 0.1 万亩，约 35 000 元/亩	4 440.28
普安县 2019 年耕地土壤环境质量类别划分及安全利用	农用地土壤质量类别划分。农用地土壤加密调查（395 个点位）。实施安全利用面积 0.9 万亩，其中农艺调控 0.5 万亩、土壤改良修复 0.3 万亩、土壤净化 0.1 万亩，约 35 000 元/亩	4 617.52
册亨县 2019 年耕地土壤环境质量类别划分及安全利用	农用地土壤质量类别划分，农用地土壤加密调查（385 个点位）。实施安全利用面积 1.35 万亩，其中农艺调控 0.8 万亩、土壤改良修复 0.4 万亩、土壤净化 0.15 万亩，约 35 000 元/亩	6 772.52

（续）

项目名称	项目内容	项目投资（万元）
安龙县2019年耕地土壤环境质量类别划分及安全利用	农用地土壤质量类别划分。农用地土壤加密调查（950个点位）。实施安全利用面积5.79万亩，其中农艺调控3.0万亩、土壤改良修复2.0万亩、土壤净化0.79万亩，约35 000元/亩	33 747.81
兴仁市2019年耕地土壤环境质量类别划分及安全利用	农用地土壤质量类别划分。农用地土壤加密调查（395个点位）。实施安全利用面积3.5万亩，其中农艺调控1.8万亩、土壤改良修复1.2万亩、土壤净化0.5万亩，约35 000元/亩	21 146.08
贞丰县2019年耕地土壤环境质量类别划分及安全利用	农用地土壤质量类别划分。农用地土壤加密调查（395个点位）。实施安全利用面积5.5万亩，其中农艺调控2.0万亩、土壤改良修复2.2万亩、土壤净化0.8万亩，约35 000元/亩	33 417.72
晴隆县2019年耕地土壤环境质量类别划分及安全利用	农用地土壤质量类别划分。农用地土壤加密调查（340个点位）。实施安全利用面积2.4万亩，其中农艺调控1.2万亩、土壤改良修复0.8万亩、土壤净化0.4万亩，约35 000元/亩	16 460.13
义龙新区2019年耕地土壤环境质量类别划分及安全利用	农用地土壤质量类别划分。农用地土壤加密调查（380个点位）。实施安全利用面积5.5万亩，其中农艺调控2.0万亩、土壤改良修复2.2万亩、土壤净化0.8万亩，约35 000元/亩	33 334.29
兴义市2019年耕地土壤环境质量类别划分及安全利用	农用地土壤质量类别划分。农用地土壤加密调查（340个点位）。实施安全利用面积2.4万亩，其中农艺调控1.2万亩、土壤改良修复0.8万亩、土壤净化0.4万亩，约35 000元/亩	16 498.29
天柱县凤城镇和坪地镇镉污染农田安全利用示范项目	对天柱县16个乡镇254个土壤样品和33个稻米样品进行调查分析。针对凤城镇和坪地镇Cd污染农田进行修复治理，包括优先保护区农作物超标农田3 000亩，安全利用区农作物超标农田4 000亩	2 900
丹寨县受污染农田土壤治理与安全利用	对丹寨县7个乡镇农田土壤466个点位中超过筛选值的重金属污染物主要为Cd、As和Pb。选取南皋镇、龙泉镇、扬武镇和兴仁镇中典型区域，开展受污染耕地安全利用技术试点示范，面积10 000亩	3 000
龙里县受污染农田土壤治理与安全利用项目	根据耕地受污染情况，选择石灰施用技术、施肥优化技术、深翻耕等农艺调控措施和原位钝化技术、微生物修复技术等进行安全利用和土壤修复	1 980
合计		178 314.64

2019年4月，贵州省农业农村厅专门向省人民政府行文《关于申请解决2019年度农用地分类管理专项资金的请示》，围绕完成当年受污染耕地安全利用面积75万亩、治理与修复面积19.6万亩两项任务，申请解决2019年度农用地分类管理专项资金96 934万元，其中受污染耕地安全利用资金66 750万元[参照中央预算标准890元/(亩·年)]、受污染耕地治理与修复资金30 184万元[参照中央预算标准1 540元/(亩·年)]。

湄潭县加强对耕地保护责任主体的补偿激励

湄潭县建立与耕地地力提升和责任落实相挂钩的耕地地力保护补贴机制。积极推进中央和地方各级涉农资金整合，综合考虑耕地保护面积、耕地质量状况、粮食播种面积、粮食产量和粮食商品率，以及耕地保护任务量等因素，统筹安排资金，按照“谁保护、谁受益”的原则，加大耕地保护补偿力度。鼓励地方统筹安排财政资金，对承担耕地保护任务的农村集体经济组织和农户给予奖补。奖补资金发放要与耕地保护责任落实情况挂钩，主要用于农田基础设施后期管护与修缮、地力培育、耕地保护管理等。

遵义市设立重金属污染治理专项基金

遵义市以项目为支撑，切实增加重金属污染综合防治的投入，将治理资金列入本市财政预算，并保持每年按一定比例增长。编制重金属污染综合防治重点项目年度投资计划，将重点项目优先纳入国民经济社会发展计划和财政预算。足额安排新建、扩建、改建项目的环境污染治理资金，加大资金扶持力度，对于矿山、土地、水资源环境保护及涉重企业污染防治予以支持；对于重点项目，地方财政区别类型视情况给予适当支持，通过“以奖促治”“以奖代补”等方式，带动地方、企业和社会投入；且有条件的地方应积极安排资金，支持涉重企业淘汰落后产能。

三、贵州省受污染耕地安全利用存在的主要问题

尽管贵州省在受污染耕地安全利用方面出台了许多政策措施，也取得了一定成效。但是总体看，各市（州）工作进展不平衡，部分市（州）还存在责任不清、任务压实不够、资金途径不畅、实施进度滞后等问题。从生态补偿政策制度看，在生态环保建设和专项资金投入、森林生态效益补偿、流域生态补偿、生态扶贫和耕地保护补偿等方面，还缺乏受污染耕地安全利用的生态补偿综合性制度和法规，现有政策制度还不能够完全适应受污染耕地安全利用的需要。

（一）对受污染耕地安全利用生态补偿认识不足

贵州省是典型的碳酸盐岩分布区域，占国土面积的比例可达73%。其表生土壤和沉积物中的亲铜（硫）性成矿元素以镉、汞、砷为主，呈强聚集的地球化学高背景，其中镉的地球化学高背景尤为突出，贵州省地表土壤和沉积物中镉的地球化学背景值是中国水系沉积物和土壤地球化学丰度值的2.5～3.5倍。伴随着经济社会快速发展，污水灌溉、涉重金属企业“三废”排放、汽车尾气排放、不合理的农药和肥料使用等，导致耕地质量持续下降。根据2017—2019年贵州省生态环境厅、农业农村厅、自然资源厅三部门联合开展的《农用地土壤污染状况详查》结果表明，农用地土壤重金属污染问题突出，土壤中重金属镉、汞、铅的含量高，有明显较高的浸出活性，呈现典型的重金属地质高背景叠加人为污染特征。整体生态环境的恶化使得人们逐渐认识到土地利用过程当中对土地生态环境保护的重要性。面临人多地少的基本国情，粮食安全关系到经济发展、社会政治稳定，现行的耕地保护政策多是从保障国家粮食能够充足供给与维护农户的切身利益为出发点。作为传统的农业大国，耕地产出仍然是农户生存的根本来源。长期以来，农民认识不到耕地资源的生态价值和环境质量的重要性，认为与自己无关，被看作是其外部价值而被忽略，这也是造成农地利用效益低下、农地生态系统稳定性下降的主要原因。在现行的耕地保护工作当中，地方政府对耕地生态环境保护的重要性缺乏科普、正确引导，加上农户自身认识不足，其保护耕地生态环境的积极性也就缺乏一定的动力，这也是造成区域耕地生态环境质量下降的原因之一。

（二）受污染耕地安全利用生态补偿综合性法规缺失

有关受污染耕地安全利用生态补偿的规定，分布在环境保护与资源管理的法规与政策性文件当中。即使有一些法规作出了关于生态补偿的规定，但由于缺乏一部统领性的法规，使得这些规定比较零散、适用性不强。同时，由于这些法规、规章规定的管理权限和利益不统一，在适用过程中难以做到一致。例如，在环境保护立法中，注重对环境的保护，侧重对自然环境的恢复与保护；资源利用方面的立法，侧重资源的开采及利用，倾向于规范开采利用资源的行为。这种立法原则上的不统一，导致资源部门与环境保护部门在实践中很难协调合作，都以自己部门制定的法规、规章作为执法依据，在资源开发利用过程中环境保护问题上各自为政。因此，应当建立一部统一的关于环境保护与资源开

发的法规，避免各部门之间产生利益冲突。在制定过程中，不能把目光停留在固定的区域之内，要充分考虑环境资源的特点，设立区域生态补偿的管理协调机构，避免区域之间因资源的转移而加速生态环境的破坏。

对生态补偿已经作出规定的法规、规章及政策性文件，只是一些原则性、倡导性的规定，没有强制、详细的内容，很多关键领域和问题都没有涉及。例如，对补偿的领域、补偿的具体程序、补偿的可行性标准、补偿者与受偿者等主体之间的权利义务关系等规定缺乏统一要求。实质上，生态补偿是环境资源的多个利益主体重新分配利益的过程。要使生态补偿可具体实施，应当在法律规范中确定不同主体方之间的权利与义务关系，以及政府的责任、补偿的资金来源、补偿的管理与监督、争议的解决等。在补偿范围上的规定也很不全面具体，生态补偿的规定局限在一些单一要素的领域。现有规定较多是森林生态补偿，分为国家所有和集体所有的森林，并且采用不同的标准，除了天然林保护工程，很多特殊用途林及重点防护林没有包括在生态补偿的范围内。另外，在生态功能区、湿地、草原等领域，未作出全面规定，单行法规也缺失。因此，应尽快明确补偿的领域、程序、办法、各方主体之间的权利义务关系，更需要明确补偿的范围。贵州省地形复杂、各地差别较大，确定补偿的标准、范围、方式时要与当地情况相一致，以便更好地满足各个领域经济发展及环境保护的要求。

对生态补偿的原则规定，还需要实施细则来细化，不然生态补偿难以实施。目前，仅有笼统性的规定，并没有具体的实施措施及制度，法规、规章很难实施。在一些自然资源法中，只对生态补偿作出了原则性的规定，但却没有实施细则的具体规定，使得生态补偿在实际执行中于法无据，难以落实。

（三）市场补偿比例偏低

政府的转移支付和财政补贴是生态补偿最直接、最快速、最有效的手段，市场补偿只在较小范围内应用，所以市场在生态补偿制度中的运用还需加强。就环境产权来说，虽然贵州省有一家环境能源交易所，但是因为交易所设立与运行等所需的条件较高，所以在比较短的时间内难以形成较大规模。只有在法律制度、管理制度、技术手段不断完善及市场机制比较充分的条件下，市场补偿才能在一定范围内实施。目前，对一些关键的问题还没有形成一致意见，如交易的主体客体、交易原则、交易程序、跨区域交易等。对于环保产业来说，主要分布在东部沿海及经济较发达的省份，生态环境极其脆弱的贵州省所占的比例很小。从事环境保护生产的企业较少，加上环境产业技术服务产品开发少，咨询服务机构更少，环境保护工程从设计到施工及环境产品的营销都比较薄弱。

生态补偿中市场缺失有 3 个方面的表现：一是生态补偿市场政策缺失。由于生态补偿市场机制起步较晚，市场还十分不健全，与其他领域中的市场机制相比，生态补偿的实施也缺乏完善市场机制的政策。二是生态补偿的实施手段单一。由于实施生态补偿的市场机制不够健全，在市场交易的基础上实施的生态补偿手段也比较单一，实施的效果很不理想。三是公共的交易平台缺乏。在生态补偿实践中，生态环境受益者与受损者缺乏专门的谈判交易平台，生态环境受益者与受损者难以在信息充分的前提下进入市场，并通过谈判实现生态利益。虽然贵阳市成立了全国第 8 家环境能源交易所，亦是贵州省首家环境能源交易机构，但是该交易所提供的仅是咨询服务，缺乏生态补偿的交易平台与交易信息。在交易所成立初期，由于政策还不健全，人们对交易程序、交易的信息还不熟悉，更多是在环境事业融资服务、排污权交易服务、合同能源管理、节能减排技术交易、碳排放权项目服务等领域进行尝试。

提高生态补偿中市场补偿的比例，将更有利于生态补偿的实施。各级政府通常对生态补偿进行行政区域划分，某一区域的政府只对本区域的环境保护、生态建设进行管理，导致生态补偿在横向与纵向上的割裂，横向是不同区域政府对同一生态资源保护的割裂，纵向是中央政府与地方政府在环境保护的主管部门上的对立。生态环境本身具有一体性，相互依赖性，不同区域、不同主管部门的人为割裂不利于各种生态资源的整体保护与维持。相对于政府的补偿，市场补偿从效益与成本着手，引领当事人对环境保护的关注与经济效应并重。把市场补偿引入到生态补偿的制度设计中来，将两者进行有机结合，不但可以有效弥补政府补偿资金来源单一，更加利于生态补偿的整体一致性。

（四）补偿资金筹措不足

长期以来，受“环境无价、资源低价”错误观念影响，尽管政府部门也采取了一定措施来保护环境，但由于环境问题演变的惯性及环境风险的不确定性等，导致人类在发展与环境总体演变的倾向上把握不定。因此，当经济利益与环境问题产生冲突时，经济部门往往将经济利益放在首位。在这种错误观念的影响下，对生态环境保护资金投入不足也就成了普遍现象。由于资金投入的不足，贵州省很多地区的环境保护工作受到了较大阻碍。一些自然保护区由于缺乏经费，严重阻碍了保护区的建设和发展。还有一些保护区由于资金投入不足，缺乏专门的环境保护专业机构和人员，工作难以运转。生态补偿的资金存在两大问题。首先，是资金来源单一。在目前的生态补偿中，以政府的补偿为主要形式，而政府补偿资金主要来源于财政专项转移支付、排污费的征收等，资金来源单一。生态补偿资金筹措不足，严重阻碍了生态补偿机制的建立健全。生态补偿需要投入大量的资金，没有充足的资金保障，一切生态补偿机制只能是空谈。在现阶段经济欠发达、环境问题比较严峻的情况下，生态补偿所需的成本巨大，单靠政府的补偿投入是远远不能满足需求的；应当拓宽融资的渠道，制定各种优惠政策，鼓励私人参加到生态环境保护的队伍中。其次，生态补偿资金监督管理不到位。保护和改善生态环境及治理被污染的环境是生态补偿资金的主要用途。当下，生态补偿中存在资金使用不规范、使用不明确、缺乏监督的现象，影响了生态环境保护者和建设者的积极性。因此，资金的使用需要合理有效的法律规定实施程序，可以成立专业性的生态补偿资金管理公司，运用市场化的手段来运作，让补偿资金不断增多；同时，在补偿资金的立项和投资过程中要更加科学化、民主化，增强资金使用的透明度。

四、受污染耕地安全利用生态补偿制度创设建议

习近平总书记指出，把住生产环境安全关，就要治地治水，净化农产品产地环境；要全面落实土壤污染防治行动计划，强化土壤污染管控和修复，让老百姓吃得放心。

2016 年 5 月，国务院办公厅印发《关于健全生态保护补偿机制的意见》，明确提出：实施生态保护补偿是调动各方积极性、保护好生态环境的重要手段，是生态文明制度建设的重要内容。耕地是生态补偿的重点领域之一，到 2020 年要实现对耕地的生态补偿全面覆盖；建立以绿色生态为导向的农业生态治理补贴制度，对在重金属污染区实施耕地轮作休耕的农民给予资金补助；研究制定相关生态保护补偿政策。

着眼于构建受污染耕地安全利用生态补偿长效机制，从法律法规、制度设计和配套政策等方面提出以下建议。

（一）加强法治建设和体制创新

1. 统一法律制度基本理论 目前，学术界对耕地生态补偿制度的概念、价值目标、法律关系等没有统一的界定，有必要对其加以系统的、具体的规范，为完善我国生态补偿法律制度提供理论依据。

2. 健全生态补偿法律体系 我国还未出台系统的、专门的关于生态补偿方面的法律，有关耕地生态补偿的立法只是散见于环境保护基本法、一些自然资源和环境要素污染防治单项法律法规和一些部门法中。这些法律法规主要针对污染防治，立法目的不以生态补偿为主，其中原则性规则偏多，可操作性差，不够系统，偏重于不同主体权限和利益；如何界定利益主体享有的权利、负担的义务及承担的责任，以及补偿的内容、程序、标准、监管、评估、环境资源产权制度等关键而需要细化的问

题，未能作出具体、细致的规定，强制性补偿少，自愿性补偿多，致使效果不明显。应该更加系统地对其进行补充修改，作为一项基本制度加以制定，确立有关的耕地生态补偿原则与标准，制定具有可操作性的生态补偿实施办法和程序，为生态补偿提供法律基础。

3. 完善生态补偿管理监督体系 我国的环境管理体系实行从中央到地方或部门的垂直管理体系。不同领域的生态补偿问题有不同的行政部门负责管理，这样容易造成部门之间因利益问题难以达成共识，导致生态补偿工作效率低下。应加强部门间的合作与明确分工，既能对生态补偿工作统一管理，又能防止相互推诿的现象，提高工作效率。在自然资源产权制度方面，应建立相关机构，对自然资源的经济价值、社会价值、生态价值属性进行勘探、测量、统计予以储存，并随时对其跟踪。

目前，国际上的通行做法主要是从两个方面对生态补偿标准加以考量。首先，根据生态环境系统所提供的生态环境服务价值来确定标准；其次，根据生态环境保护产生的机会成本来确定标准。贵州省可以借鉴国际上的做法，对全省各方面要素加以综合考量，制定出适合贵州省的补偿标准。

建立相应的监督部门，加强对资金支出、使用的监督，建立生态补偿资金使用绩效考核评估制度，对财政专项的各类补助资金的使用绩效进行严格考核。在此基础上，对补偿资金的使用过程，进行全程监督和跟踪，并加以考核和审计，同时建立相关的奖惩制度，促使生态补偿资金更好地发挥出价值功能。

（二）构建受污染耕地安全利用生态补偿制度

1. 关于目标和框架 要建立以绿色生态为导向的耕地生态补偿制度，初期在目标的选择上不能过于多元化，应包括耕地质量保护、耕地的可持续利用和食品安全。通过政策引导农民转变土地利用方式和生产方式，这与德国的耕地生态补偿制度的目标设定相似，因此补偿制度框架可以借鉴德国的“生态农业补贴＋休耕补贴”的两部式设计。但资金来源的有限性决定了贵州省的耕地生态补偿不可能采用广覆盖、高标准的模式，必须强调资金的使用效率，将补偿资金用在环境敏感度高和环境收益率高的土地上。

2. 要运用市场机制 在补偿机制的设计上，政府购买的模式并不意味着市场机制就会无所作为。在补偿对象的筛选和补偿标准的确定上，利用市场竞争机制可以大大提高生态补偿的效率和效果，但应用市场机制对补偿对象和补偿主体都有较高的要求。例如，在竞争性议价的过程中，需要政府部门对土地的环境收益进行综合评估和打分，农民则要对评分结果作出合理反应，如知晓成本收益高的环境保护活动内容。在市场经济发达、地方财力充裕的地区，可以尝试在耕地生态补偿机制中引入市场竞争机制。利用市场机制也可以使用生态标签的方式，对以生态农业种植方式产出的农产品发放生态农产品市场标识，由消费者直接对生产者进行补偿。这要求政府制定出对生态农业经营的监督和甄别制度，为向生态农业转型的农民提供培训、信息和咨询服务，向消费者宣传生态农产品的价值和特点。实践证明，这种方式可以使生态农业产生良好的自生能力，脱离政府补贴自我发展。

3. 要分级管理 在更广大的尚不具备市场基础的地区，适宜采用分级管理的方式。需要说明的是，如果生态环境已经遭到破坏或严重干扰，超出了生态系统阈值，是不属于生态补偿范畴的。土壤被高度侵蚀、严重退化或严重污染的土地，是无法通过生态补偿恢复其生态系统服务功能的。对于关系国家粮食安全的基本农田，以生态农业方式种植的，应对农民增加的劳动投入和减少的产出进行补偿。确定补偿金额的基准线应该是改变土地生产方式之前的劳动投入和产出收益，并结合当地作物种植类型、平均产出、土地租金率和农民人均收入。对于一般农田，测定其污染或退化程度，按照中度、轻度污染或退化水平，以基本农田生态补偿标准的一定百分比确定补偿金额。例如，中度水平，以基本农田补偿标准的80％执行；轻度水平，以基本农田补偿标准的50％执行。休耕补贴应有最小休耕面积限制，按损失的作物产出收益进行补贴。

4. 关于机制设计 补偿主体是地方政府，补偿对象是耕种土地的农民。实质上，补偿主体和补偿对象之间是委托-代理关系。地方政府委托农民实施环境友好的耕种方式，以保护耕地质量、可持续地利用耕地生态服务。农民作为代理人，其生产、保护行为和受偿意愿都不易观测，短期内又存在着使用化工产品可获得较高的潜在私人收益。因此，可以运用机制设计理论对耕地生态补偿机制进行设计。为了最优化激励效果，农民参与耕地生态补偿项目应该是基于自愿的原则，项目的持续期必须足够长。虽然短期内存在委托人和代理人的利益冲突，但是从长期来看，双方的利益是一致的，即保护耕地质量对双方都是有利的。发放补偿金应该基于监测结果，而不是事前发放。尽量监测那些易于测量的目标是否得到满足，如耕地生态环境的变化、食物质量、休耕的要求等。根据监测的结果，决定补偿金发放的比例。

（三）建立长效机制和配套支撑政策体系

通过征税、设立产业准入门槛、开展社会团体捐赠、制定生态管护员制度、发展生态产业等，不仅能够补充生态补偿资金，也能够促进产业结构调整、促进生态产业发展与民生改善，从而推动绿色发展，落实重点生态功能区生态补偿政策。同时，应建立市场化、多元化的生态补偿机制，增加生态补偿资金渠道。

要建立持续长效的生态补偿管理机制和配套支撑政策体系。目前，政府生态补偿管理职能分散在财政、林业、农业、水利、生态环保、自然资源等许多部门，为实现生态补偿效果和生态环境保护的目的，需要建立强有力的、多部门合作的生态补偿管理机制，建立重点生态功能区生态补偿协调机制，以便在资金投入、整治项目和监督管理方面形成合力。要建立生态补偿的科学决策机制、综合协调机制、责任追究机制、绩效评估机制、社会参与机制、市场化机制等，构建持续长效的生态补偿机制，为项目区的生态保护提供一个持续长效的生态补偿机制。

图书在版编目（CIP）数据

农业生态环境保护政策研究 / 朱平国，孙建鸿，王瑞波编著 . —北京：中国农业出版社，2021.6

ISBN 978-7-109-28941-3

Ⅰ. ①农… Ⅱ. ①朱… ②孙… ③王… Ⅲ. ①农业环境保护—环境保护政策—研究—中国 Ⅳ. ①X322.2

中国版本图书馆 CIP 数据核字（2021）第 240281 号

中国农业出版社出版

地址：北京市朝阳区麦子店街 18 号楼

邮编：100125

责任编辑：刘 伟　　文字编辑：胡烨芳

版式设计：杨 婧　　责任校对：周丽芳

印刷：中农印务有限公司

版次：2021 年 6 月第 1 版

印次：2021 年 6 月北京第 1 次印刷

发行：新华书店北京发行所

开本：889mm×1194mm 1/16

印张：9

字数：262 千字

定价：56.00 元
